BIBLIOTHÈQUE
DES MERVEILLES

PUBLIÉE SOUS LA DIRECTION
DE M. ÉDOUARD CHARTON

———

PRODUCTION DE L'ÉLECTRICITÉ

20666. — PARIS. IMPRIMERIE LAHURE

9, RUE DE FLEURUS, 9

BIBLIOTHÈQUE DES MERVEILLES

PRODUCTION
DE L'ÉLECTRICITÉ

PAR

J. BAILLE

OUVRAGE
ILLUSTRÉ DE 124 VIGNETTES SUR BOIS

PARIS

LIBRAIRIE HACHETTE ET Cⁱᵉ

79, BOULEVARD SAINT-GERMAIN, 79

1890

PRODUCTION
DE L'ÉLECTRICITÉ

LIVRE I

PILES HYDRO-ÉLECTRIQUES

CHAPITRE I

GÉNÉRALITÉS

Il a été parlé déjà d'un certain nombre de piles hydro-électriques affectées au service spécial de la télégraphie et de la téléphonie. Ces piles sont caractérisées par un débit faible et constant. Mais il a fallu, pour d'autres applications importantes de l'électricité, établir des générateurs d'énergie électrique pouvant fournir des courants intenses et constants.

Le nombre de *piles à grand débit* créées dans ces dernières années est très considérable. Nous allons examiner celles d'entre elles que la pratique a adoptées plus ou moins complètement et en montrer les avantages et les défauts.

Le débit d'une pile est d'autant plus grand que sa force électromotrice est plus grande et que sa résistance propre est moins considérable. D'une manière générale, une bonne pile doit posséder une très grande force électromotrice et avoir une résistance très faible; de plus, ces deux facteurs doivent se maintenir constants jusqu'à épuisement complet de l'un des produits chimiques actifs dont la pile est composée.

Avant tout, il faut se rappeler que le plus grand obstacle au fonctionnement continu et constant d'une pile est le phénomène de la *polarisation*, qui consiste dans la formation de bulles d'hydrogène allant s'accumuler à l'un des pôles de la pile, et ayant pour effet d'arrêter ou d'amoindrir la production du courant.

Aussi, le perfectionnement le plus important de la pile a-t-il consisté dans l'emploi des moyens qui peuvent produire la *dépolarisation*. Ces moyens sont nombreux.

On peut donner à l'électrode positive une surface assez considérable pour que l'hydrogène n'en recouvre jamais qu'une faible portion. Mais il vaut mieux empêcher l'hydrogène de se fixer sur cette électrode. On y arrive par l'agitation, ou bien en employant des disques animés d'un mouvement de rotation et plongeant en partie dans le liquide; ou bien encore en renouvelant constamment le liquide par un dispositif à écoulement continu.

Enfin, le moyen le plus généralement employé consiste dans l'absorption de l'hydrogène par des corps capables de le transformer en eau par l'oxydation. Ce dernier procédé est reconnu le meilleur par la pratique.

Il est encore une condition d'ordre économique que doivent remplir les piles et qui n'est pas négligeable. Pendant que la pile est à circuit ouvert, c'est-à-dire lorsqu'elle ne produit pas de travail extérieur, il faut empêcher aussi que l'électrode soluble ne soit peu à peu dissoute par le liquide et ne produise ainsi un travail intérieur inutile. Le zinc qui compose presque toujours la lame polaire négative peut être protégé contre l'attaque des liquides acides par l'amalgamation. On plonge le zinc à amalgamer dans un vase contenant du mercure et de l'eau acidulée, et l'on étale le mercure au moyen d'une brosse, avec laquelle on frotte la surface du zinc. Mais ce procédé ne produit qu'une amalgamation superficielle. Plusieurs constructeurs de piles lui préfèrent l'amalgamation dans la masse, obtenue par l'incorporation du mercure au zinc en fusion.

PILE BUNSEN

Cette pile, une des plus anciennes, emploie deux liquides séparés mécaniquement, mais non électriquement, par un vase en porcelaine demi-cuite, terre assez poreuse pour permettre le contact des deux liquides, mais assez compacte pour empêcher leur mélange rapide.

En réalité, c'est à Grove (1839) que l'on doit cette disposition. Il employait, comme plus tard Bunsen, l'eau acidulée au dixième par de l'acide sulfurique, et l'acide azotique concentré. L'électrode soluble était un cylindre de zinc amalgamé et la lame positive était en platine

Pour donner à cette dernière plus de développement, Poggendorff la replia en forme d'S.

Bunsen a remplacé la lame de platine par une plaque de charbon de cornue, ou par du charbon artificiel moulé en forme de cylindre creux. Les autres parties de la pile ont la même forme que dans la pile Grove (fig. 1). La consommation de zinc étant assez grande dans cette pile destinée à de grands débits, on a avantage à se servir de lames de zinc épaisses; mais la dépolarisation serait meilleure, si la surface du zinc était plus petite par rapport à celle de l'électrode positive.

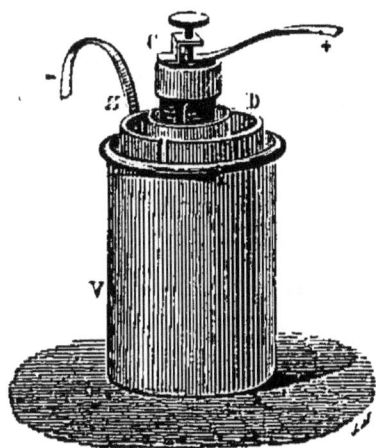

Fig. 1. — Pile de Bunsen.

Quoi qu'il en soit, l'acide nitrique concentré employé dans cette pile est un puissant oxydant et, par conséquent, un très bon dépolarisant. Mais il présente un certain nombre d'inconvénients qui font de plus en plus restreindre l'emploi de l'élément Bunsen, avantageusement remplacé par les piles au bichromate. En premier lieu, l'acide azotique concentré coûte assez cher, et son degré de concentration, de 36° B. qu'il est au début, est bientôt abaissé à 25° B. A partir de ce moment, il n'est plus utilisable dans la pile. Il est vrai que l'on peut encore s'en servir pour différents usages, décapage des métaux, etc., mais il résulte de chiffres fournis par M. Becquerel que pendant que la pile dépense la valeur de 1 franc en zinc, la consommation d'acide azotique est de 1 fr. 50.

De plus, l'acide azotique présente le grave inconvénient de dégager des vapeurs rutilantes répandant une odeur très désagréable et préjudiciables à la santé.

Ces défauts ont fait rejeter la pile Bunsen dans les applications domestiques ; mais, en dehors des usages domestiques, les piles tendent de plus en plus à être remplacées par les machines d'induction. On n'en trouve plus guère que dans quelques petites installations de galvanoplastie et dans les laboratoires.

PILES AU BICHROMATE DE POTASSE

La pile au bichromate de potasse a été imaginée par Poggendorff. Elle a été modifiée par les constructeurs, qui en ont fait varier les formes, les dimensions, la composition du liquide.

Cette pile est formée par deux lames, charbon et zinc, plongeant dans un liquide contenant de l'eau, de l'acide sulfurique et du bichromate de potasse. Ce dernier corps constitue le dépolarisant, l'acide sulfurique facilite la dissolution du bichromate.

La force électromotrice obtenue par la combinaison de ces éléments oscille entre 1,8 et 2 volts ; on voit qu'elle est assez élevée. Elle est d'ailleurs variable avec les proportions dans lesquelles les différents produits qui la composent ont été mélangés.

La formule que Poggendorff donna en 1842 indique 100 grammes de bichromate de potasse dissous dans un litre d'eau bouillante avec 50 grammes d'acide sulfurique. Delaurier, se basant sur une réaction chimique[1]. préconise un mélange de 200 grammes d'eau, 18 gr. 4 de bichromate de potasse et 42 gr. 8 d'acide sulfurique.

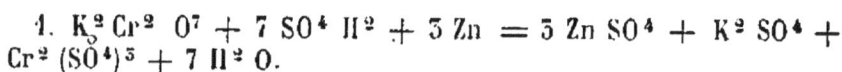

---

[1]. $K^2 Cr^2 O^7 + 7 SO^4 H^2 + 3 Zn = 3 Zn SO^4 + K^2 SO^4 + Cr^2 (SO^4)^3 + 7 H^2 O$.

Le résultat final de la réaction est une dissolution contenant du sulfate de zinc et de l'alun de chrome.

Enfin, on peut trouver dans le commerce un produit connu sous le nom de sel Dronier et qui n'est autre qu'un mélange composé d'une partie, en poids, de bichromate de potasse et de deux parties d'acide sulfurique. En dissolvant ce produit dans l'eau, on a directement le liquide excitateur.

Une des formes les plus pratiques qui aient été données à la pile au bichromate est celle réalisée depuis de

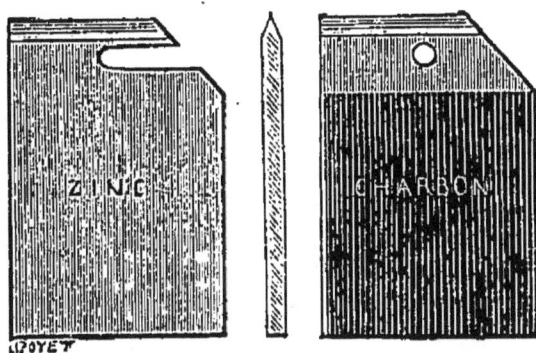

Fig. 2. — Électrodes de la pile Trouvé.

longues années par M. G. Trouvé et désignée ordinairement par le nom de *pile à treuil*.

Deux lames de charbon de grandes dimensions servent de pôle positif; entre elles est intercalée une lame de zinc mesurant, comme les charbons, 15 centimètres de côté. Le zinc est fortement amalgamé, il est muni d'une encoche (fig. 2) permettant de le retirer à volonté pour procéder à son remplacement. Tout le système est suspendu à un treuil et on peut le remonter lorsque la pile ne fonctionne pas.

Il faut ajouter que les charbons sont cuivrés à la

partie supérieure, assurant ainsi un bon contact aux attaches et diminuant notablement la résistance.

Les six éléments, représentés dans leur ensemble par la fig. 5, fournissent une source d'électricité d'un dé-

Fig. 5. — Pile à treuil.

bit considérable et d'une constance suffisante pendant 6 heures environ pour un débit moyen.

M. Trouvé a réussi à produire une dissolution sursaturée de bichromate en procédant de la façon suivante. Il prépare d'abord une solution saturée de bichromate de potasse dans l'eau, il verse ensuite en mince filet et très lentement jusqu'à 450 grammes d'acide sulfurique

par litre. On arrive ainsi à dissoudre environ 250 grammes
de bichromate. C'est à cette réserve considérable de
dépolarisant qu'il faut attribuer la constance de l'élément
Trouvé. La pratique a, du reste, démontré que l'on peut
se contenter de 150 grammes de sel par litre. L'alun de
chrome formé reste en dissolution dans ce liquide et ne
se dépose pas en cristaux sur les lames de charbon.

La force électromotrice d'un pareil élément est au
début de 2 volts, mais tombe rapidement au régime
normal de 1,9 volt. La résistance intérieure ne dépasse
pas 0,08 ohm. On a pu faire débiter à un élément en
court circuit 24 ampères pendant 20 minutes sans polarisation. La pile n'est épuisée qu'après avoir fourni
180 000 coulombs ou 50 ampères-heure.

Malgré sa grande constance, la pile de M. Trouvé ne
peut être utilisée que d'une manière intermittente, tant
à cause de la polarisation, qui n'est jamais complètement
évitée, que par suite de l'épuisement relativement rapide
du liquide excitateur. Le renouvellement constant de
ce liquide et le remplacement facile des zincs usés,
telles sont donc les conditions que doit remplir une
pile à fonctionnement ininterrompu.

Une solution pratique de cette question a été indiquée
par M. Hospitalier. Elle consiste dans l'emploi d'une
pile à écoulement continu.

Le liquide actif, contenu dans un grand récipient,
coule goutte à goutte dans le vase poreux de la plus
élevée des piles disposées en gradins (fig. 4). Un tube de
trop plein le conduit dans la pile suivante, et ainsi de
suite jusqu'à un vase récepteur, où l'on recueille le
liquide qui sert de nouveau jusqu'à épuisement complet.

Le zinc, employé en longues baguettes, est maintenu
verticalement dans un vase poreux percé de trous et

dont le fond contient du mercure. Ce dernier entretient
l'amalgamation du zinc, qui descend peu à peu, au fur
et à mesure de son usure.

Ainsi disposées, ces piles fonctionnent jour et nuit
pendant plusieurs mois. Les seules manipulations qu'elles
exigent consistent dans le renouvellement relativement

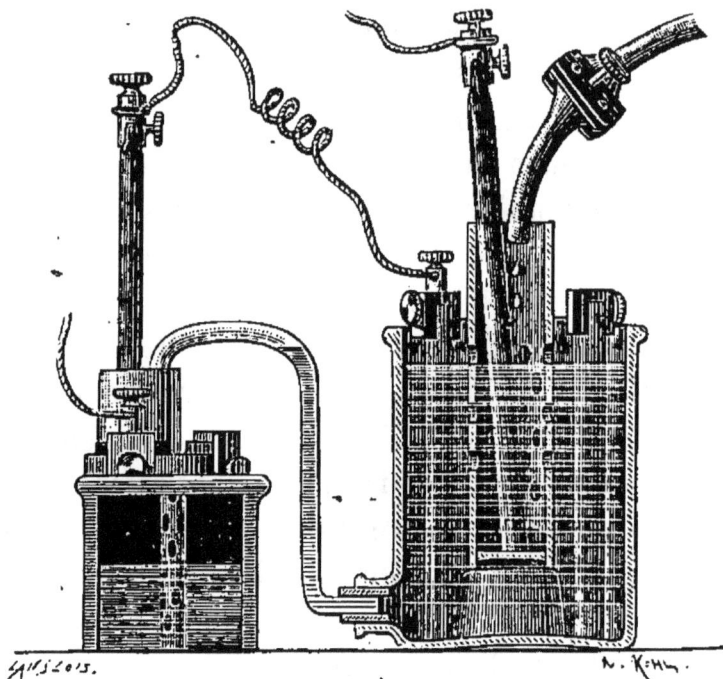

Fig. 4. — Détail d'un élément de la pile à écoulement.

peu fréquent des éléments actifs. Ces soins sont, du
reste, simplifiés par la préparation facile du liquide. Il
suffit de jeter dans le récipient des cristaux de bichromate et de verser par-dessus l'eau acidulée. Lorsqu'on
remplace les zincs usés, on peut en utiliser jusqu'aux
dernières parcelles, en les jetant au fond du vase poreux.
Le mercure les met en communication électrique avec
la baguette de zinc.

Dans ces conditions, on réalise une pile pratique.

recommandable pour les installations domestiques et qui se prête avec avantage à la charge des accumulateurs. C'est ainsi qu'elle est appliquée par M. Hospitalier à l'éclairage électrique domestique.

Pour augmenter encore les effets dépolarisants du bichromate de potasse, on a créé un modèle de pile dans lequel le zinc et le charbon plongent dans deux liquides différents séparés par une cloison poreuse. Cela revient à remplacer dans la pile Bunsen l'acide azotique du vase poreux par le liquide excitateur, dont nous avons donné plus haut quelques formules.

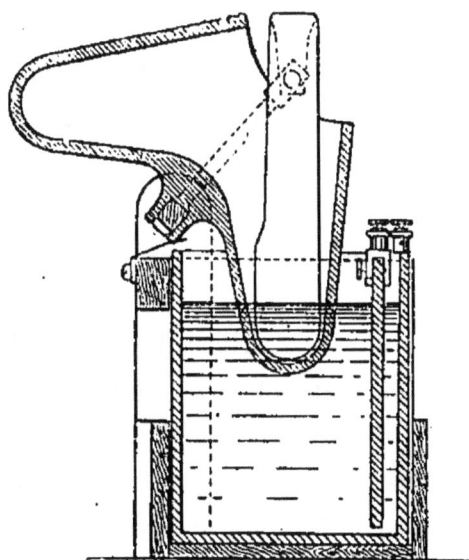

Fig. 5. — Pile à déversement de M. Radiguet.

M. Radiguet a donné à cet élément une forme spéciale en créant la *pile à déversement*. Ce dispositif a pour but de pouvoir retirer à volonté, non seulement le zinc de la solution, mais encore de séparer les deux liquides l'un de l'autre.

A cet effet, le zinc est contenu dans un vase de construction assez originale. La figure 5 fait voir les deux compartiments de ce vase, dont l'un, celui de gauche, est en porcelaine émaillée, l'autre, en terre poreuse. Ce dernier contient le zinc et, dans la position de travail, l'eau acidulée. Lorsqu'on veut mettre l'élément en non-activité, on fait tourner le vase à déversement de 90 degrés de droite à gauche. L'eau acidulée coule dans le compartiment étanche et le zinc est soustrait à toute action chimique. Une rotation en sens inverse remet le tout en activité. On peut du reste régler le débit en faisant plonger le vase poreux plus ou moins dans l'intérieur de l'élément. Ce résultat est obtenu au moyen d'un levier et d'une crémaillère.

Il est à craindre que les avantages présentés par ce dispositif assez compliqué ne soient pas de nature à racheter son prix d'établissement.

PILE DU COMMANDANT RENARD

Le commandant Renard, dont le nom est devenu si populaire depuis ses expériences d'aérostation, est l'inventeur d'une pile dont la qualité principale est son énergie spécifique considérable, c'est-à-dire qu'elle contient une quantité d'énergie très grande dans un poids relativement faible.

Le liquide actif est une solution chlorochromique renfermant de l'acide chlorhydrique et de l'acide chromique à équivalents égaux. Le zinc n'est pas amalgamé et le pôle positif est formé d'une lame d'argent recouverte d'une couche mince de platine sur ses deux faces.

Cette pile présente toutes les qualités de la pile au bichromate, avec cet avantage qu'elle est d'une régularité parfaite, qu'elle a un débit quintuple, et que, à poids égal, le liquide employé dégage une fois et demie plus d'énergie totale que le liquide au bichromate. Il n'y a à craindre, avec la pile Renard, aucun dépôt de cristaux, de sorte que son nettoyage est instantané, lors même qu'elle a été laissée longtemps en repos après épuisement du courant.

Pour permettre l'application de cette pile à la production directe de la lumière, elle a été agencée d'une façon spéciale. Ses éléments, au nombre de sept, dissimulés dans une enveloppe commune, constituent un ensemble compact. Toutes les communications des éléments entre eux sont établies en permanence sur une plaque de jonction en ébonite. Le liquide est versé dans le collecteur par un orifice supérieur; et, quand la charge est complète, le niveau de ce liquide est tel qu'il ne baigne pas les zincs, qui restent inactifs.

Pour mettre la pile en activité, il suffit de boucher l'orifice supérieur et d'insuffler de l'air dans le collecteur au moyen d'une poire en caoutchouc faisant office de pompe. Le liquide monte simultanément dans tous les éléments et il ne reste qu'à fermer le circuit pour faire jaillir le courant.

On a réalisé ainsi une lampe portative qui constitue un appareil domestique facile à soigner et pas trop encombrant.

Voici quelques chiffres se rapportant à cette pile :

Différence de potentiel normale utile. . .	10 à 11 volts
Intensité normale du courant.	4 ampères
Durée moyenne.	6 heures
Énergie spécifique	30 watts-heure
Prix de la bougie-heure.	0 fr. 03

PILE DE LALANDE ET CHAPERON

Quoique se rapprochant de la pile précédente par sa grande énergie spécifique, la pile de Lalande et Chaperon diffère entièrement des éléments que nous avons étudiés jusqu'ici.

Nous avons déjà eu l'occasion de la décrire à propos

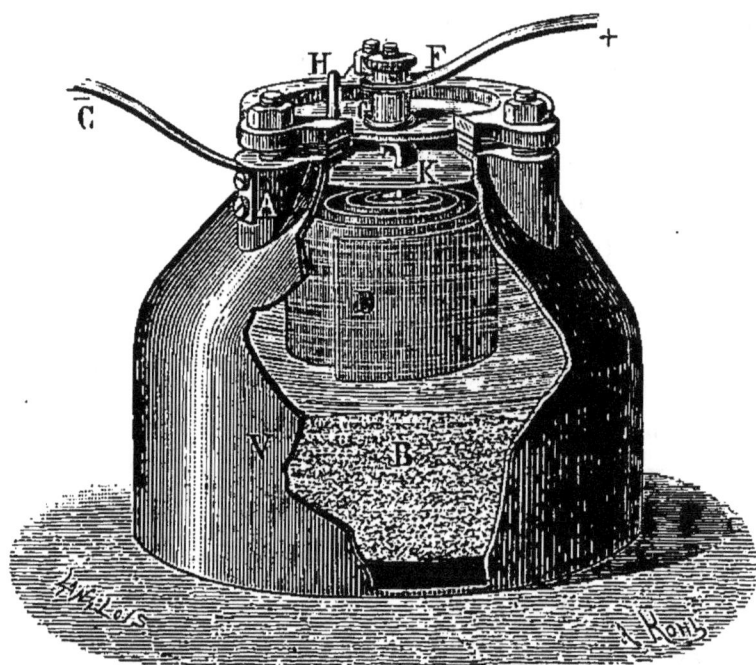

Fig. 6. — Pile de Lalande et Chaperon.

de son application dans la télégraphie. Mais elle peut aussi être disposée de façon à fournir un grand débit, et dans cet ordre d'idées elle a produit de bons résultats pratiques. Rappelons sommairement les réactions chimiques sur lesquelles est basé cet élément.

Le dépolarisant, dans cette pile, est solide; l'oxygène

est fourni par de l'oxyde de cuivre en contact avec le pôle positif. Le liquide est une dissolution à 30 ou 40 pour 100 de potasse caustique. Lorsque la pile travaille, le zinc est transformé en oxyde de zinc, produit soluble dans la potasse et formant avec cette dernière du zincate de potasse. L'hydrogène se porte au pôle positif, y rencontre la couche d'oxyde de cuivre qu'il réduit. Ainsi, d'un côté attaque du zinc, de l'autre formation de cuivre métallique, voilà le travail de la pile. De plus, il faut remarquer, comme avantage considérable, que lorsque le circuit extérieur n'est pas fermé, aucune réaction ne se passe dans la pile : elle ne consomme pas à circuit ouvert.

A côté des modèles dont il a déjà été parlé dans le premier volume de cet ouvrage, nous devons signaler un élément à grande surface et produisant un grand débit. Il se compose, ainsi qu'on peut le voir par la figure 6, d'un vase en fonte mince constituant le pôle positif. Ce vase peut être fermé hermétiquement par un couvercle en ébonite, supportant le zinc, formé par une longue lame enroulée en spirale.

La pile de Lalande et Chaperon a été soumise à de sérieux essais, qui ont prouvé qu'elle constitue un générateur d'électricité pouvant se substituer avec avantage aux autres piles pour les diverses applications connues et que ses qualités de constance et de durée lui assurent de nouvelles et nombreuses applications dont les piles connues jusqu'ici n'étaient pas susceptibles.

D'après des expériences faites par M. d'Arsonval, la pile à potasse-oxyde de cuivre, comparée aux meilleurs accumulateurs, leur est supérieure comme énergie emmagasinée. La quantité d'électricité donnée par la pile est 5 fois plus grande que celle fournie par l'accumulateur de même poids.

Dans quelques branches spéciales de l'industrie, cette pile peut trouver des applications avantageuses. C'est ainsi qu'elle a été appliquée dans quelques ateliers au nickelage de pièces de diverses formes en laiton poli, en particulier de tubes de 60 centimètres de long environ; 6 éléments à auge ont été montés dans ce but : le courant qu'ils ont fourni a été assez intense pour être utilisé dans une grande cuve à nickelure. Pendant très long-temps les piles, sans être touchées, ont pu largement suffire au travail. Ce travail est du reste fort inter-mittent, pouvant aller jusqu'à 10 heures par jour, ou s'arrêtant au contraire plusieurs jours de suite. La somme des heures pendant lesquelles les piles ont ainsi fonctionné est de 174.

PILE O'KEENAN

Cette pile est basée sur les mêmes réactions chimiques que la pile Daniell; mais elle est agencée de façon à fonctionner à peu près automatiquement.

Voici, d'après les constructeurs mêmes, la théorie de son fonctionnement.

La figure 7 représente en coupe un élément; en $p\,b$ se trouvent deux lames de plomb formant le pôle positif et plongeant dans une dissolution saturée de sulfate de cuivre. Au milieu de l'élément, se trouve une cloison poreuse ouverte à ses parties supérieure et inférieure, et contenant le zinc formant le pôle négatif, ainsi qu'une solution de sulfate de zinc.

La partie supérieure de cette gaine plonge dans l'eau pure, et la partie inférieure dans le sulfate de zinc, assez concentré, qui remplit le fond de l'élément.

Si l'on vient à fermer le circuit, il y a formation de

sulfate de zinc dans la gaine poreuse sur toute sa hauteur par l'attaque du zinc, en même temps que réduction du sulfate de cuivre et dépôt de cuivre métallique à la surface des lames de plomb, dans le compartiment à sulfate de cuivre.

Le sulfate de zinc résultant de l'attaque du zinc augmente la densité du liquide de la gaine et le force à descendre dans le sens des flèches; cette descente détermine un appel d'eau prise à la partie supérieure et un refoulement de sulfate de zinc à la partie inférieure de la gaine poreuse.

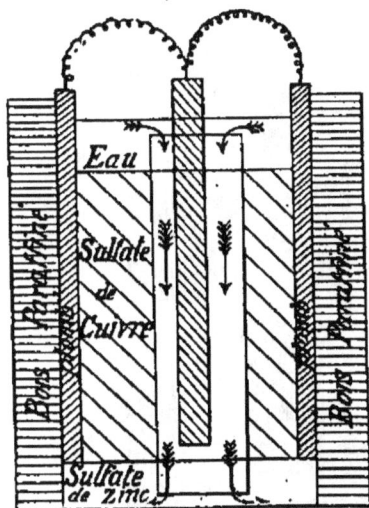

Fig. 7. — Élément O'Keenan.
B, Bois paraffiné; S, Sulfate de cuivre; Z, Sulfate de zinc.

Tant que fonctionne l'élément il y a donc circulation *automatique* d'eau et de sulfate de zinc dissous; si l'on coupe le circuit, tous les liquides s'arrêtent automatiquement d'eux-mêmes et toute usure cesse.

Nous ne décrirons pas toutes les dispositions prises pour entretenir un niveau, une épaisseur et une densité constantes des divers liquides. Une dizaine d'éléments sont disposés dans une cuve placée sur une étagère munie de tous les accessoires. Cette cuve occupe le haut de la figure 8, en bas est un tiroir rempli de cristaux de sulfate de cuivre que l'on charge dans la pile au moyen d'une pelle. Sur la planche intermédiaire sont représentés deux accumulateurs en charge. Cette pile est en effet destinée à charger des accumulateurs, pour

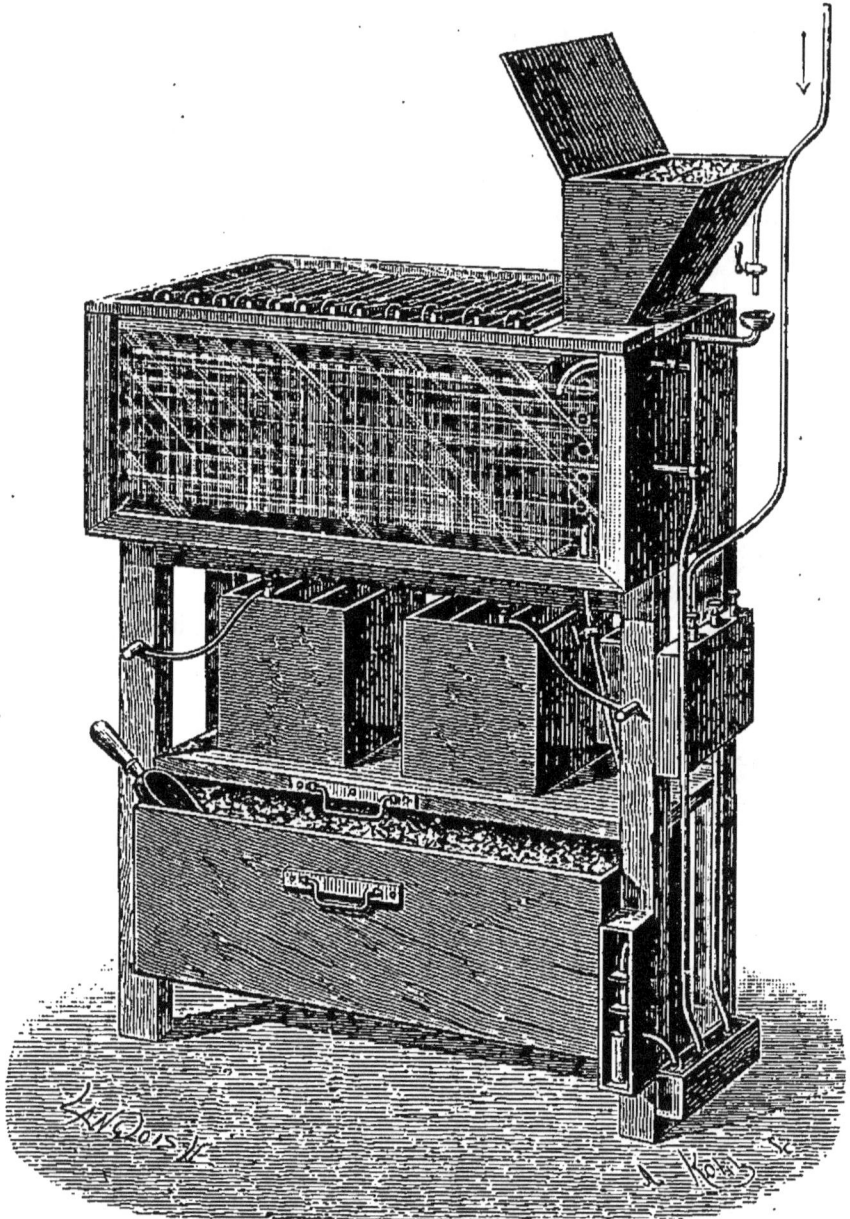

Fig. 8. — Pile O'Keenan.

produire par leur intermédiaire l'éclairage domestique par lampes à incandescence.

2

CHAPITRE II

ACCUMULATEURS

Supposons que, après avoir fait travailler une pile jusqu'à complet épuisement, nous la fassions traverser par un courant en sens inverse de celui qu'elle débitait, la théorie indique que nous devons provoquer des réactions chimiques inverses de celles qui ont eu lieu dans la pile pendant son fonctionnement, de sorte qu'au bout d'un certain temps nous aurons ramené la pile à son état primitif. C'est un effet que l'on peut constater avec plusieurs piles, entre autres celle de MM. de Lalande et Chaperon, qui se prête très bien à cette expérience. Ces piles sont donc *réversibles*.

Grove avait déjà réalisé une pile réversible, en produisant un courant par la combinaison de deux électrodes en platine plongeant l'une dans de l'hydrogène, l'autre dans de l'oxygène. Mais, outre que la résistance intérieure d'un pareil élément serait trop grande et par conséquent le débit trop faible, il faut considérer aussi que dans la pratique de grandes difficultés s'opposeraient à l'emploi de cette pile à gaz.

Ce n'est qu'en 1859 que l'on parvint à utiliser la réversibilité de certaines réactions chimiques. C'est au regretté G. Planté que la science électrique est redevable de la découverte des piles dites secondaires, ou accumulateurs. M. G. Planté, alors ingénieur dans la maison Christophe, remarqua que, si l'on employait dans l'électrolyse de l'eau deux électrodes en plomb, l'une d'elles se peroxydait, tandis que l'autre se recouvrait d'hydrogène ; et en les faisant communiquer entre elles on obtenait ensuite un courant d'une remarquable intensité. Dès lors, le savant et infatigable chercheur poursuivit la réalisation pratique d'une pile basée sur ce principe. Le résultat de ces recherches fut une pile, ayant une force électromotrice considérable et capable de fournir des courants très intenses, le courant de charge servant à la former pouvant être très faible, mais durant plus longtemps. En d'autres termes, on fournit à ce couple une certaine quantité d'énergie électrique par un courant faible et lent, et l'on recueille cette même énergie sous une tension plus forte et avec un débit plus intense et plus rapide. L'accumulateur n'est donc qu'un *transformateur* d'énergie électrique.

ACCUMULATEUR PLANTÉ

Les premiers accumulateurs Planté étaient constitués par deux longues lames de plomb enroulées en spirale et séparées électriquement par de la toile à voile. Ce système plongeait dans un vase renfermant de l'eau acidulée au dixième, en volume, par de l'acide sulfurique. Mais la toile à voile ne résistait pas longtemps à l'acide, elle fut remplacée par deux jarretières en caoutchouc qui empêchaient les lames de plomb de venir en contact pendant leur enroulement (fig. 9).

Pour charger cet accumulateur, on le fait traverser pendant un certain temps par le courant de quelques éléments de pile. La force électromotrice inverse de ce couple est d'environ deux volts, il faut donc plusieurs éléments de pile pour vaincre cette force contre-électro-motrice. Les accumulateurs Planté fournissent d'ailleurs un courant incomparablement plus intense que celui des piles, intensité qui dépend naturellement du plus ou moins grand développement donné aux lames de plomb.

Fig. 9. — Accumulateur Planté.

Lorsqu'on a chargé pour la première fois un couple Planté nouvellement construit, on observe que les effets que l'on peut en obtenir sont assez faibles. Mais si l'on opère plusieurs charges et décharges successives, on constate une notable amélioration, et ces opérations doivent être répétées assez souvent pour amener l'accu-mulateur à fonctionner d'une façon normale. On dit qu'un accumulateur a besoin d'être *formé* pour pouvoir être utilisé dans de bonnes conditions.

Pour bien nous rendre compte du fonctionnement de

ces appareils qui tiennent aujourd'hui une place si considérable dans l'industrie électrique, examinons les réactions qui ont lieu pendant leur charge et leur décharge. On a discuté beaucoup sur cette question sans arriver à une conclusion bien nette. A l'heure actuelle on ne connaît pas encore d'une façon bien déterminée ce qui se passe dans un accumulateur pendant les deux phases de son fonctionnement. Quoi qu'il en soit, on peut s'arrêter à la théorie résumée par M. Éric Gérard, professeur à l'Institut électro-technique de Liège.

« Pendant la charge, l'eau est décomposée; l'oxygène se porte sur l'anode et s'unit au plomb pour former du peroxyde de plomb, à teinte brune caractéristique; la cathode se recouvre d'hydrogène qui se dégage. Après un certain temps, quand la surface de l'anode est complètement recouverte d'une couche d'oxyde, l'oxygène se dégage également. Il faut arrêter la charge à ce moment, car l'on ne gagne plus rien à laisser passer le courant.

« Quand on opère la décharge, en réunissant directement les deux électrodes, le peroxyde de plomb passe par un état inférieur d'oxydation; l'oxygène mis en liberté se rend de l'anode à la cathode, à laquelle il se combine; l'acide sulfurique transforme les oxydes simples ainsi formés en sulfate de plomb insoluble, que l'on retrouve en dépôt sur les électrodes. Ces actions chimiques fournissent l'énergie que représente le courant de décharge.

« Supposons que l'on fasse passer de nouveau le courant de charge dans l'accumulateur. Le sulfate de plomb déposé sur les électrodes sera décomposé, et l'acide sulfurique reconstitué. L'oxygène provenant de la décomposition de l'eau forme du peroxyde de plomb sur l'anode.

Sur la cathode, l'hydrogène réduit le sulfate de plomb en plomb métallique.

« Tout revient donc au même état qu'après la première charge, si ce n'est que la quantité de peroxyde de plomb formée sur l'anode est plus considérable et que la cathode se trouve recouverte d'une couche de plomb pulvérulent. Par suite de ces deux circonstances, le second courant de décharge aura une durée plus grande que le premier.

« En renouvelant un grand nombre de fois les deux opérations consécutives, charge et décharge, on arrive à former des couches d'oxyde assez épaisses pour fournir des courants de décharge de longue durée. Cette série d'opérations s'appelle *formation* de la pile. »

Pour rendre la formation plus rapide, M. Planté a proposé de chauffer le liquide; mais cette manipulation mal commode est avantageusement remplacée par un décapage profond des lames de plomb, obtenu en les plongeant pendant quarante-huit heures dans de l'acide azotique étendu de la moitié de son volume d'eau. On arrive ainsi à rendre le temps de formation beaucoup plus court.

De prime abord, il semblerait inutile de se servir des accumulateurs comme intermédiaires dans la production de l'énergie électrique. Mais il faut considérer que le véritable rôle des accumulateurs consiste dans la transformation de l'énergie électrique, et M. Planté l'a bien indiqué dès l'origine, en appliquant ses couples à convertir un courant de grande intensité et de faible tension en un autre, plus rapide, de haute tension mais de faible intensité.

A cet effet M. Planté réunissait ses accumulateurs en quantité. Il pouvait ainsi les charger avec le courant de

deux ou trois éléments Bunsen, leur force électromotrice ne pouvant devenir supérieure à 2,5 volts
environ. Lorsque la charge était complète, on couplait
tous les éléments en tension et l'on pouvait alors
obtenir des courants de décharge à très haut potentiel. La manipulation était, du reste, simplifiée par

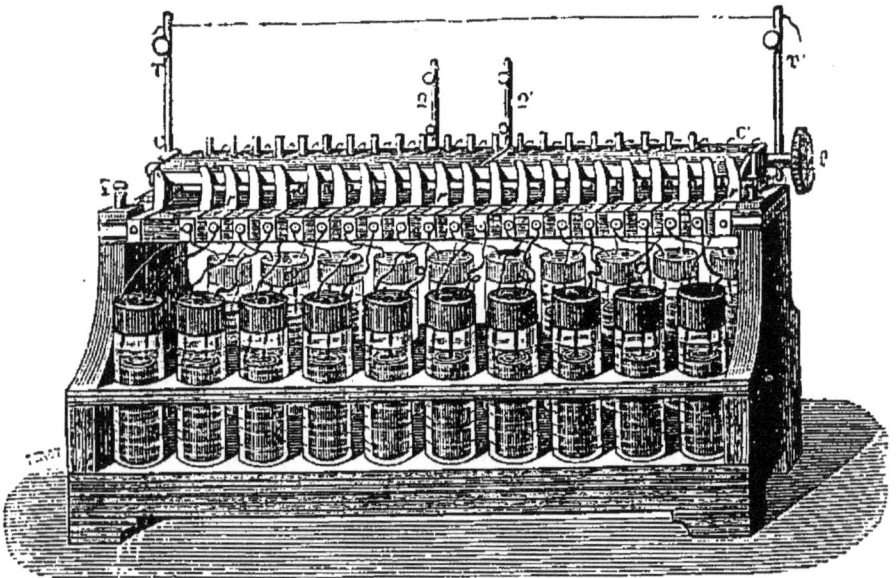

Fig. 10. — Batterie Planté.

l'emploi d'un commutateur spécial, représenté figure 10.
Dans la première position, tous les couples sont en
quantité; et quand on tourne l'axe B d'un demi-tour on
effectue le couplage en tension. Cet appareil, connu
sous le nom de machine rhéostatique, a permis à
M. Planté d'exécuter ses belles expériences sur les décharges électriques.

Avant d'aborder la description et l'étude d'un certain
nombre de systèmes d'accumulateurs, il est indispen-

sable de connaître les généralités que nous allons développer.

Pour se former une opinion sur la valeur des différents systèmes, il faut tenir compte des principales données suivantes : *capacité spécifique*, *débit spécifique* et quelquefois *énergie spécifique*.

La *capacité spécifique* d'emmagasinement s'exprime par le nombre de coulombs ou d'ampères-heure que peut emmagasiner un kilogramme d'accumulateur. Le *débit spécifique* est le nombre d'ampères débité par kilogramme de plaques : c'est un nombre variable avec les applications. L'*énergie spécifique* indique le nombre de watts-heure ou de kilogrammètres que peut contenir un accumulateur par unité de poids.

Dans les installations fixes, il est utile de se placer dans les conditions de meilleur rendement. Le *rendement* d'un accumulateur est le rapport de l'énergie dépensée pour la charge à l'énergie, fournie par la décharge. Pour avoir un bon rendement, il convient de ne pas dépasser un débit de un ampère par kilogramme de plaques, car le rendement diminue lorsqu'on vide plus rapidement les appareils. Il est sacrifié dans quelques types à grand débit spécifique, où la préoccupation d'avoir une grande puissance spécifique prime toutes les autres considérations. Sous ce rapport on peut classer les accumulateurs en trois catégories :

Types à décharge lente. . . . . . . 10 à 11 heures de décharge.
    —   moyenne . . . .   5 à 6   —
    —   rapide. . . . . .   3 à 4   —

Au point de vue de leur constitution, les accumulateurs à deux plaques de plomb forment une classe

qu'il convient de diviser en deux catégories distinctes :
accumulateurs formés 1° en surface, 2° en profondeur.

ACCUMULATEURS FORMÉS EN SURFACE

Le type de ces accumulateurs est le couple secondaire
de M.. G. Planté, dont nous venons de parler. La force
électromotrice de ce couple est de 2,5 volts environ,
pendant les premières minutes après le passage du courant de charge, ensuite elle décroît constamment, mais
reste supérieure à 1,9 volt pendant la plus grande partie
du temps que dure la décharge. L'expérience montre
qu'il faut arrêter le travail, lorsque la force électromotrice est tombée à 1,6 volt environ.

Quant à la quantité d'énergie électrique que l'on peut
emmagasiner, elle peut atteindre 8 000 kilogrammètres
par kilogramme de plomb. La capacité spécifique d'un
élément Planté bien formé est de 10 ampères-heure par
kilogramme de plaques.

Dans les accumulateurs formés en surface; on a tout
avantage à rendre celle-ci maximum pour un poids de
plomb donné ; en employant de grandes plaques, on
augmente d'abord la capacité et on diminue dans le
même rapport la résistance intérieure. M. Reynier a
fait un travail destiné à montrer quelle surface on peut
donner à un kilogramme de plomb selon la forme extérieure sous laquelle on l'emploie. En lame de 1 millimètre d'épaisseur, il présente une surface de 0 m.q. 18 ; en
fil de 1 millimètre de diamètre sa surface est de 0 m.q. 35
en grenailles de 1 millimètre de diamètre on arrive à
0 m.q. 52.

Aussi différents constructeurs ont-ils cherché à améliorer les accumulateurs au plomb en employant ce dernier sous les formes qui permettent un grand développement superficiel. C'est ainsi que M. de Kabath forme ses plaques en empilant des bandelettes de plomb minces et percées de trous. Mais comme ces bandelettes sont très minces, l'oxydation a vite atteint le cœur de ces lamelles, qui alors tombent en morceaux. Il faut ajouter que la charge se répartit très mal sur ces plaques, l'extérieur étant attaqué plus énergiquement et l'intérieur restant mal formé. Des couples locaux s'établissent et occasionnent une consommation inutile, en circuit ouvert. La charge se conserve donc mal, ce qui est un sérieux désavantage.

M. Reynier a employé des plaques de plomb gaufrées dans ses accumulateurs. Le débit de ces couples, considérable au début, tombe rapidement; leur capacité est de 3 à 4 ampères-heure par kilogramme.

Mentionnons encore les essais de MM. Elieson et Simmen. Les plaques de M. Elieson sont constituées par un grillage dont chaque ouverture contient une spirale formée par une longue bande de plomb mince, enroulée avec de l'amiante. M. Simmen a augmenté la surface utile en formant les plaques avec du plomb feutré (vermicelle de plomb) comprimé modérément dans un châssis.

ACCUMULATEURS FORMÉS EN PROFONDEUR

Les accumulateurs dont nous nous sommes occupés jusqu'ici présentent cet inconvénient d'exiger un long

temps de formation. M. Planté avait déjà indiqué la voie
à suivre pour abréger considérablement ce temps, en
déposant sur la lame positive de l'oxyde de plomb tout
formé, du minium. La difficulté était de rendre cette

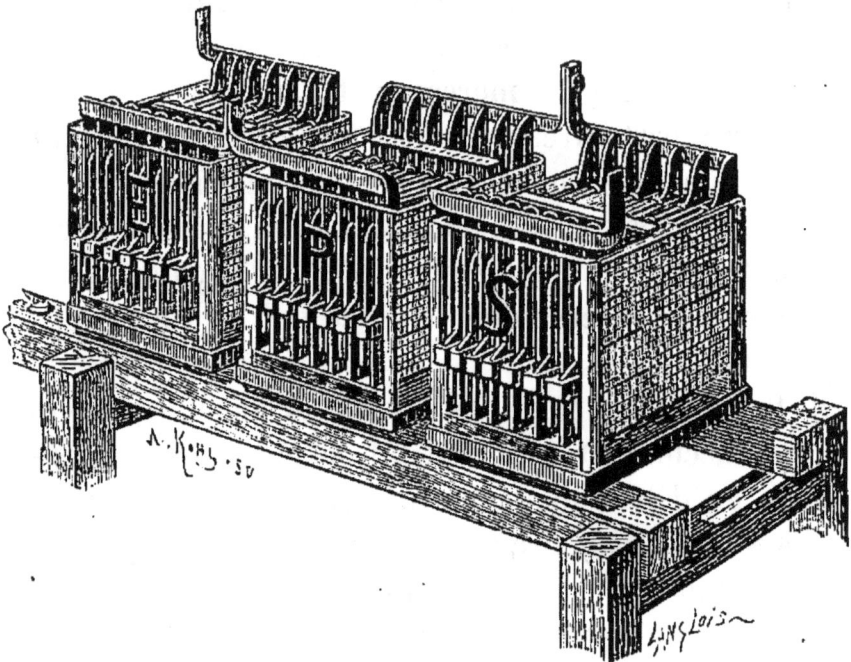

Fig. 11. — Accumulateurs de l'*Electrical Power Storage* C°.

couche de minium assez adhérente pour que le courant de charge ne pût la désagréger.

M. Faure reprit ces recherches en 1881. Il enveloppa
la plaque positive avec sa garniture de minium dans
un sac de papier-parchemin ou de feutre. Mais ces matières ne résistaient pas suffisamment à l'action corrosive
de l'acide et la couche de minium s'écaillait, laissant
le plomb à nu.

Aussi les accumulateurs Faure-Sellon-Volckmar, in-

ventés en 1882, marquent-ils un grand progrès dans
la construction des éléments secondaires, et les types
encore actuellement en usage ne sont que des dérivés
de ces premiers appareils. MM. Sellon et Volckmar réussirent à rendre le minium fortement adhérent au support de plomb en le logeant dans un grand nombre de
petits trous percés dans le plomb. Ces trous étaient
munis d'une rainure intérieure, obtenue à l'aide d'un

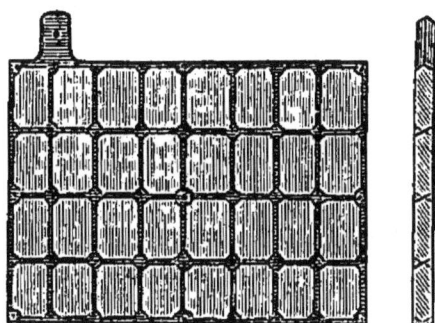

Fig. 12. — Plaque Gadot.

système spécial de perforation. Le minium, fortement
comprimé dans ces ouvertures, était solidaire avec la
plaque et ne pouvait tomber.

Le grillage de plomb ne se trouve donc plus avoir que
le rôle de support; aussi l'a-t-on rendu plus solide,
moins attaquable, en le constituant par un alliage de
plomb et d'antimoine, quelquefois avec adjonction de
mercure. De plus, au lieu de percer des trous dans une
plaque de plomb, on coule simplement un grillage, dont
les ouvertures sont carrées et présentent une arête intérieure. Les trous sont remplis avec un mélange de litharge et de minium.

Ces accumulateurs, exploités par l'*Electrical Power
Storage C°*, ont donné lieu à un grand nombre de modifications. La plupart des brevets portent sur un changement de la forme de l'alvéole. Ainsi M. Gadot coule
deux plaques à trous évasés, qu'il applique ensuite l'une
contre l'autre, de façon à emprisonner les pastilles
d'oxyde de plomb dans l'évasement intérieur ainsi formé. Les deux parties sont
rivées avec du plomb. Dans quelques modèles les pastilles sont de très grandes dimensions. On peut demander à ces accumulateurs de 6 à 8 ampères-heure par
kilogramme de plaques, mais leur capacité maxima atteint 10 à 11 ampères-heure
par kilogramme.

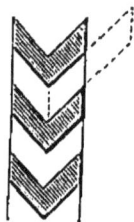

Fig. 13. — Sec-
tion de la plaque
Menges.

Dans les plaques Menges les alvéoles ont la forme d'un V.
L'originalité de cette disposition est dans le démoulage,
qui se fait obliquement, à 45 degrés.

M. Kothinsky a fait des plaques munies de rainures présentant la forme
indiquée par la figure. Il dispose les
plaques horizontalement.

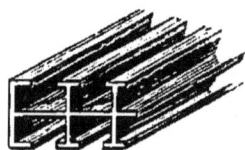

Le caractère général de tous ces
systèmes consiste dans la tendance à

Fig. 14. — Plaque
Kothinsky.

augmenter la surface des pastilles au détriment de celle
du plomb-support. Néanmoins ce n'est que dans les
types destinés au transport que l'on réduit le poids du
grillage de plomb. Pour les accumulateurs à poste fixe
on a, en effet, tout avantage à faire des plaques épaisses
pour éviter une détérioration rapide.

Quel que soit le système de plaques, le montage
d'un accumulateur se fait ordinairement de la façon
suivante. Les plaques garnies de leurs pastilles bien

séchées sont toutes fixées à deux tiges qui réunissent l'une les électrodes positives et l'autre les électrodes négatives. Les points de jonction doivent être formés par une soudure autogène, pour éviter qu'il ne se forme des couples locaux. Dans quelques types les bornes elles-mêmes sont en plomb. L'épaisseur des tiges de communication doit être calculée d'après le débit maximum de l'accumulateur. Il convient de ne pas dépasser une densité de courant de 5 ampères par millimètre carré de section.

Les plaques sont séparées les unes des autres par des jarretières de caoutchouc de 3 à 6 millimètres d'épaisseur. On a employé des baguettes de verre pliées en épingles à cheveux, mais elles sont trop fragiles et trop sujettes à se déplacer. On a aussi proposé, pour maintenir les plaques, l'emploi de la fibre molle, matière isolante aujourd'hui très employée dans l'appareillage électrique.

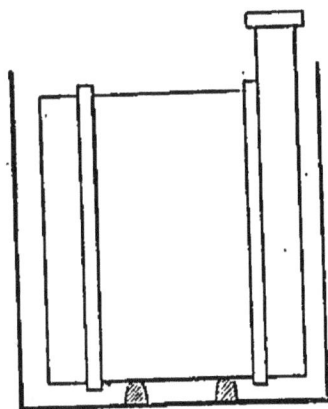

Fig. 15. — Montage des plaques.

Les vases devant contenir les plaques sont ordinairement en verre, bois verni, ébonite, grès, etc. Les vases en verre, lourds et trop fragiles, se recouvrent d'humidité, favorisent le grimpement des sels, et mettent l'accumulateur à la terre. On tend à les remplacer par des boîtes en ébonite ou des boîtes en bois de chêne garnies intérieurement d'un mastic inattaquable aux acides. On empêche le grimpement des sels en enduisant les bords d'une couche de cire, et on l'en garnit aussi les queues et tiges des plaques.

On dispose dans le fond des vases deux taquets destinés à supporter les plaques. L'inconvénient de cette disposition, c'est que les pastilles qui tombent s'amoncellent entre les plaques et forment des courts circuits. Il serait donc plus recommandable de suspendre les plaques à une certaine hauteur au-dessus du fond du vase; mais le poids des plaques rend cette disposition peu pratique.

Pour faciliter les communications M. Poulain emploie des queues recourbées trempant dans des rigoles de

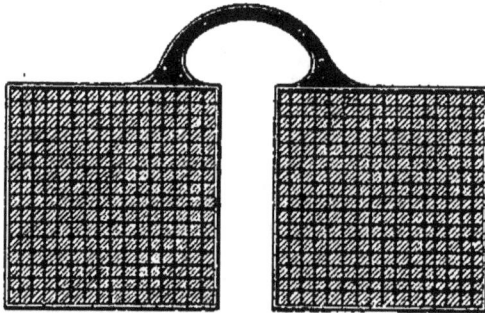

Fig. 16. — Plaques jumelles.

mercure. MM. Philippart se servent d'une disposition présentant plusieurs avantages. Chacune des plaques positives d'un accumulateur est rendue solidaire avec une plaque négative de l'élément suivant par l'intermédiaire d'une lame de plomb arquée. Ces plaques jumelles présentent de grandes facilités pour l'emballage, le transport et le montage. A cause de leur indépendance on peut, en cas d'accident, les réparer ou les renouveler facilement. Mais cette disposition n'est pratique que lorsqu'on se sert d'une nombreuse série d'accumulateurs.

Le liquide des accumulateurs est ordinairement formé par 9 parties, en volume, d'eau distillée et 1 partie d'acide sulfurique pur à 66° B. Sa densité est de 1,17 à 1,18. Cette densité change pendant la charge; on devrait donc employer un grand volume de liquide pour avoir une constance relative. Dans tous les cas il est nécessaire, lorsque le volume est petit, d'élever la densité du liquide pour qu'il ne puisse s'épuiser avant les plaques. Les variations de densité peuvent d'ailleurs être notées pour l'évaluation approximative de la charge.

ACCUMULATEURS DIVERS

A côté des accumulateurs à deux lames de plomb, on a cherché de différents côtés à utiliser la réversibilité d'autres couples. La plupart de ces essais ont fourni des résultats peu pratiques, à cause que la plupart de ces éléments ne gardent pas la charge. Sans parler des recherches faites par M. Reynier sur des combinaisons de plomb avec zinc ou plomb avec cuivre, nous devons pourtant mentionner ici les résultats obtenus par MM. Commelin et Desmazures.

La pile de Lalande et Chaperon est réversible, de plus elle possède une grande énergie spécifique; c'est ce qui a déterminé MM. Commelin et Desmazures à en faire un accumulateur. A cet effet, ils constituent la plaque négative par une toile en fer étamé, l'électrode positive par une plaque de cuivre obtenue de la façon suivante : on réduit des battitures de cuivre par l'électrolyse et on comprime ce cuivre réduit sur une toile du même métal au moyen d'une pression de 500 à 1 000 kilogrammes par centimètre carré. On enferme cette plaque positive dans un sac en parchemin. Le tout est plongé dans le liquide que contient la pile Lalande et Chaperon, lorsqu'elle est complètement déchargée, c'est-à-dire une solution de zincate de potasse.

Avec cette pile secondaire on arrive à emmagasiner un cheval-heure dans 26 kilogrammes d'accumulateur. Mais il faut la faire travailler immédiatement
après la charge, si l'on ne veut perdre une certaine
quantité d'énergie.

M. Réper, de Liège, a fait un accumulateur en empri-
sonnant du chlorure de zinc dans un cylindre de fonte
à parois épaisses et hermétiquement clos. L'électrolyse
du chlorure de zinc produit du chlore gazeux qui établit
dans le cylindre une pression suffisante pour sa liqué-
faction. Le cylindre doit pouvoir résister à une pression
de 5 à 6 kilogrammes par centimètre carré. La recom-
binaison du chlore au zinc produit une force électromotrice assez élevée.

EMPLOI DES ACCUMULATEURS

Depuis que de nombreux perfectionnements ont fait
des accumulateurs des appareils pratiques, ceux-ci ont
pu être utilisés dans toutes les branches de l'industrie
électrique. Leur puissance de transformation, si l'on
peut s'exprimer ainsi, est en effet considérable. Convertir
de faibles différences de potientiel en de hautes tensions,
et inversement, est devenu chose facile par leur intermédiaire. Mais ce n'est pas là le point de vue sous lequel
on peut le mieux juger de leur importance. Il arrive
dans beaucoup de cas que l'on a besoin d'une grande
puissance pendant un temps assez court, mais que l'on
ne dispose que de la faible puissance d'une pile ou d'une
petite machine électrique. Dans ces conditions l'emploi
des accumulateurs est tout indiqué; on chargera un
poids convenable d'accumulateurs au moyen de cette
petite puissance électrique pendant un temps très long,

et l'on emmagasinera ainsi une grande quantité d'énergie, qui pourra ensuite être débitée en un courant très puissant mais de moindre durée.

Un autre avantage des accumulateurs est la constance du courant qu'ils fournissent, au moins entre certaines limites. L'éclairage électrique par accumulateurs est d'une fixité très grande ; la galvanoplastie, qui exige des courants très constants, se trouve très bien de leur emploi. Ils servent du reste, dans beaucoup de cas, de régulateurs, lorsqu'on les utilise concurremment avec les sources d'électricité primaires ; leur rôle peut alors être assimilé à celui du volant dans une machine motrice.

Il va sans dire que leur propriété d'emmagasinement a déterminé leur emploi dans le transport et l'éclairage des véhicules et dans une foule d'applications moins importantes dont nous aurons à nous occuper dans la suite.

Il est évident que l'on ne peut passer par l'intermédiaire des accumulateurs sans consentir à une certaine déperdition de l'énergie emmagasinée ; mais cette déperdition est très faible si l'on se place dans de bonnes conditions d'utilisation. En définitive, les dépenses les plus grosses, résultant de l'emploi de ces appareils, sont l'amortissement de leur prix d'achat et les pertes dues à l'usure ; leur entretien est assez facile. Il faut ajouter qu'ils occupent un emplacement assez grand, surtout en considérant que leur poids ne permet ordinairement pas de les superposer.

CHAPITRE III

PILES THERMO-ÉLECTRIQUES

Les phénomènes fondamentaux de la thermo-électricité ont été découverts en 1821 par Seebeck. Ce savant observa que lorsqu'on chauffait la soudure de deux métaux dissemblables, on créait à cet endroit une force appelée *force thermo-électromotrice*. Un barreau de bismuth est soudé aux deux extrémités d'une lame de cuivre de façon à former un circuit fermé. Lorsqu'on chauffe l'une des soudures on constate que le circuit est parcouru par un courant électrique, allant du bismuth au cuivre en traversant la soudure chaude.

Ce courant obéit à certaines lois, établies en 1823 par A.-C. Becquerel. La force thermo-électromotrice dépend de la nature des deux métaux en contact; elle est, entre certaines limites, proportionnelle à la différence de température entre la soudure chaude et le reste du circuit.

Ces forces thermo-électriques sont d'ailleurs très faibles, et l'on est obligé, lorsqu'on veut obtenir un effet utile, de grouper un grand nombre de couples de façon à recueillir la somme des forces électromotrices. On parvient à ce résultat en soudant l'un à la suite de l'autre des barreaux des deux métaux et en disposant les points de jonction pairs d'un côté, impairs de l'autre. En chauffant la série des soudures paires et refroidissant l'autre, on a une pile thermo-électrique dont la force électromotrice totale est comparable à celle d'une pile hydro-électrique.

Une des principales données qui président au choix des métaux à employer dans la construction d'une pile de ce genre est le *pouvoir thermo-électrique* des différents métaux. Ce terme désigne la grandeur de la force électro-motrice développée entre les soudures de deux métaux par une différence de température de 1 degré centigrade. Dans la table ci-dessous, on a pris comme point de comparaison le plomb; les métaux dont les noms sont contenus dans cette table sont thermo-positifs par rapport à ceux qui les suivent. Ainsi un couple formé de bismuth et d'antimoine donnerait un courant allant du bismuth à l'antimoine à travers la soudure chaude. Les pouvoirs thermo-électriques sont exprimés en millionièmes de volts (microvolts) par degré centigrade, à une température moyenne de 20 degrés centigrades.

SÉRIE THERMO-ÉLECTRIQUE (MATTHIESSEN).

Bismuth du commerce en fil	97,0	Antimoine pur en fil .	2,8
		Argent pur	5,0
Bismuth pur en fil. .	89,0	Zinc pur.	5,7
Cobalt.	22,0	Cuivre galvanoplastique	5,8
Argent allemand . . .	11,75	Antimoine du commerce	
Mercure.	0,418	en fil	6,0
Plomb	0	Arsenic	13,56
Étain	0,1	Fer, fil de piano . . .	17,50
Cuivre du commerce . .	0,1	Phosphore rouge . .	29,70
Platine	0,9	Tellure	502,00
Or	1,2	Sélénium	807,00

Si l'on veut connaître, par exemple, le pouvoir thermo-électrique d'un couple bismuth-antimoine, on n'a qu'à faire la somme des valeurs absolues par rapport au plomb; le résultat sera donc $89,0 + 2,8 = 91,8$ microvolts par degré centigrade.

Le couple le plus sensible aux différences de tempé-

rature serait donc fourni par le bismuth du commerce
allié au sélénium. Mais même pour les appareils scientifiques, on se contente d'employer le bismuth et l'antimoine. Dans l'industrie, on ne pourrait appliquer ces
deux métaux, d'abord à cause de leur prix élevé et aussi
parce qu'on ne pourrait les soumettre à des températures
un peu élevées sans détériorer la pile. On a donc utilisé
divers métaux et alliages qui ne sont pas trop fusibles et
ont un pouvoir thermo-électrique considérable.

PILE CLAMOND

Un des premiers qui se soient occupés de l'établissement d'une pile thermo-électrique industrielle est M. Clamond. Après de nombreuses recherches, il a construit
une pile dont tous les détails sont remarquablement
étudiés, et qui a donné de bons résultats.

Voici comment est disposé cet appareil :

Il se compose, en principe, d'un calorifère, autour
duquel sont disposés les soudures paires des éléments
thermo-électriques, les soudures impaires étant munies
de lames mécaniques qui facilitent ce refroidissement.

Un foyer F, où l'on peut brûler du coke ou tout
autre combustible, envoie ses gaz chauds dans la cheminée par l'intermédiaire de trois conduits concentriques T, O, P en fonte de fer. On oblige ainsi les gaz
à céder une partie de leur chaleur à ces pièces de fonte,
qui la communiquent ensuite aux couples C.

Ces derniers sont munis sur leurs faces extérieures
de grandes lames en cuivre D, dans le voisinage desquelles
s'établissent des courants d'air qui maintiennent les
soudures froides à une température relativement basse.

Le système thermo-électrique proprement dit est

constitué par de petits blocs de 3 centimètres sur 2 de
côté et formé d'un alliage de zinc et d'antimoine. Ils

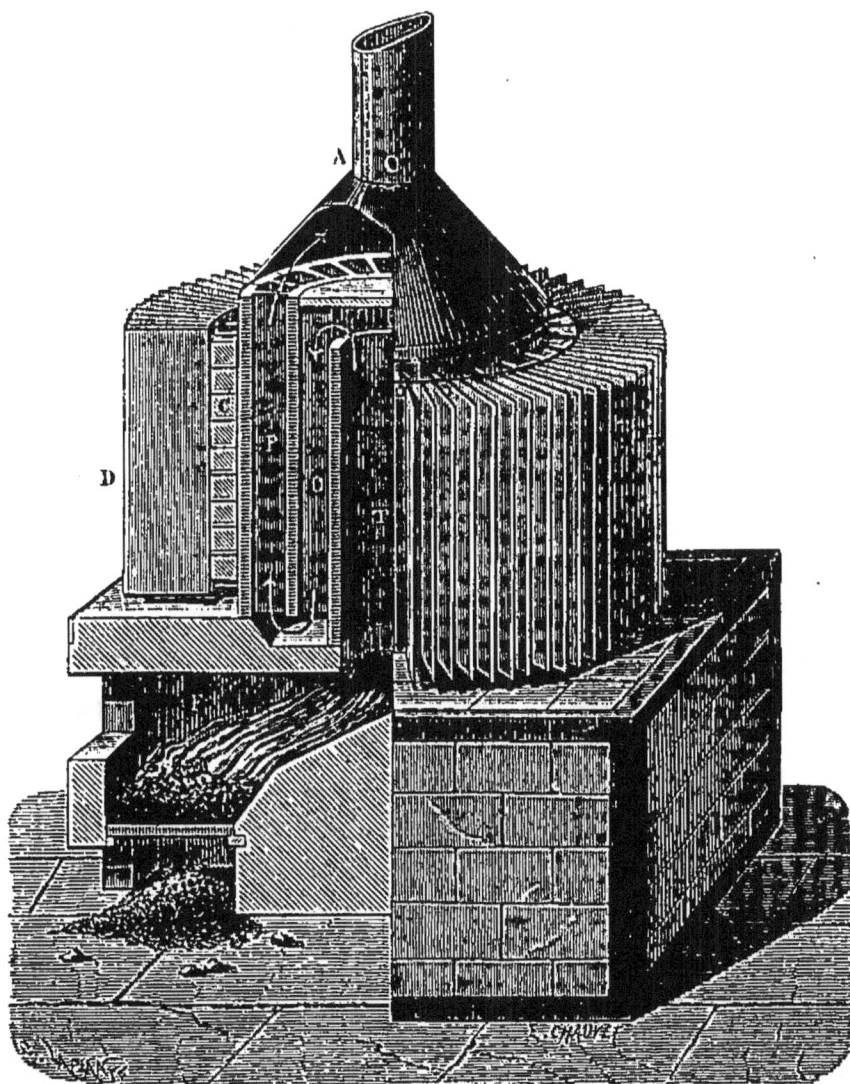

Fig. 17. — Pile thermo-électrique de Clamond.

communiquent entre eux, par des lames de fer-blanc ré-
pliées en Z (fig. 18) et forment alors des petites colonnes
d'une dizaine d'éléments, séparés les uns des autres par

des carrés de papier d'amiante comme on le voit dans la figure 19.

La pile thermo-électrique revêt ainsi une forme très pratique, et il n'est pas douteux qu'elle puisse rendre de grands services, quand elle est appliquée d'une manière judicieuse. Le rendement de cet appareil est très faible; il ne transforme en énergie électrique qu'une petite partie de la chaleur qu'on lui fournit; mais si l'on utilisait la chaleur émise par rayonnement, on se trouverait dans d'assez bonnes conditions. Ce n'est qu'en lui faisant jouer le double rôle de

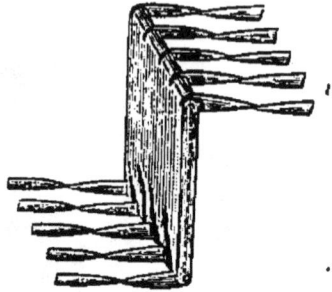

Fig. 18.

calorifère et de générateur électrique que l'on peut obtenir une bonne utilisation du combustible.

La pile que nous venons de décrire a une force électro-motrice de 109 volts et sa résistance intérieure ne dépasse

Fig. 19.

pas 15 ohms. Dans ces conditions cet appareil fournit une puissance électrique d'un demi-cheval avec une consommation de 10 kilogr. de coke par heure.

Le seul, mais grave inconvénient, que l'on puisse reprocher à cette pile, c'est de se détériorer assez facile-ment, les métaux qui y entrent étant assez fusibles. M. Carpentier, constructeur, a cherché à remédier à cet état de choses en apportant d'importantes modifications

à la pile Clamond. Les métaux et alliages employés par
M. Carpentier sont encore le fer et un alliage de zinc et
d'antimoine; mais chaque élément est contenu dans un
casier d'une couronne en terre réfractaire mince. De
cette façon les éléments sont protégés contre l'action
directe du feu. Ils peuvent d'ailleurs fondre sans qu'il
en résulte un arrêt du fonctionnement, le métal fondu
ne pouvant sortir des compartiments et reformant en se
refroidissant les éléments avec leur forme primitive.

PILE CHAUDRON

Ce générateur n'est qu'une modification de la pile
Clamond. Les deux métaux sont du fer étamé et un
alliage contenant deux tiers de zinc et un tiers d'antimoine environ. La lame en fer étamé est recourbée en

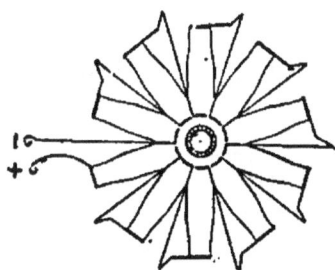

Fig. 20. — Couronne de la
pile Chaudron.

ailette pour faciliter le refroidissement par l'air extérieur.
Les éléments sont groupés
en couronnes, comme la
figure 20 en montre un exemple. Un certain nombre de
ces couronnes sont superpo-
sées et séparées par des ron-
delles d'amiante.

Ces piles thermiques sont
destinées à être chauffées au gaz. A cet effet, elles sont
munies d'un régulateur de pression réglant l'accès du
gaz, qui passe par la tubulure T (figure 21), munie du
dispositif de Bunsen. Le gaz se rend ensuite dans un
tuyau en terre réfractaire A, percé de trous, et la combustion a lieu dans l'espace annulaire D.

On construit trois types de ces appareils : le type G

pour la galvanoplastie, le type A pour la charge des accumulateurs et le type L pour les laboratoires. Voici

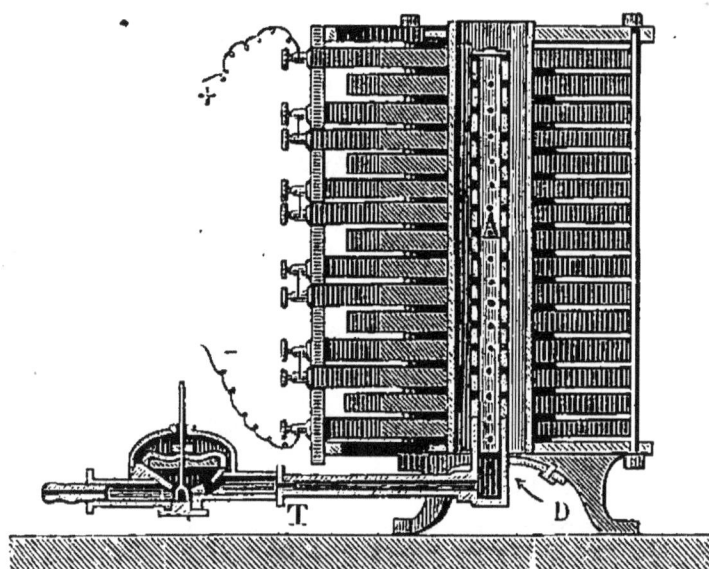

Fig. 21. — Coupe de la pile Chaudron.

un résumé des expériences auxquelles ont été soumis ces différents types :

Types.	G	A	L
Nombre d'éléments.	50	60	90
Force électromotrice totale en volts (tous les éléments en tension). .	2,9	3,8	5,5
Résistance intérieure en ohms. .	0,38	0,71	1,3
Intensité en court circuit, en ampères.	7,4	5,35	4,24
Puissance maxima disponible en watts.	.5	5	6
Consommation en litres de gaz par heure.	200	200	200

Avec cet appareil le cheval-heure électrique correspond à une consommation de gaz de 50 mètres cubes. Afin de bien utiliser ce volume de gaz, il convient de se

placer dans les conditions où la puissance disponible
est maxima : cela a lieu quand la résistance extérieure
du circuit égale la résistance intérieure de la pile, c'est-
à-dire lorsque l'intensité est moitié de ce qu'elle serait
en court circuit. C'est qu'en effet la dépense est constante

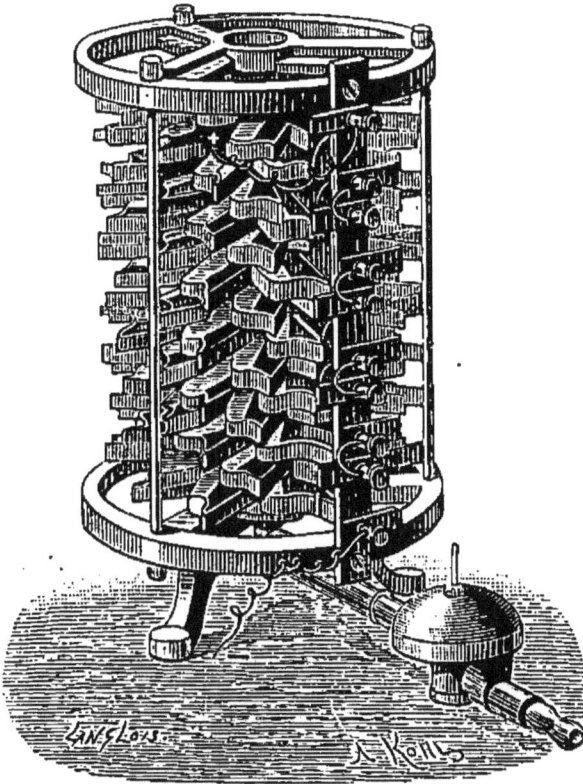

Fig. 22. — Pile Chaudron.

dans cet appareil, qui se distingue par là de la pile
hydro-électrique dont la dépense diminue avec l'intensité.

Les piles thermo-électriques peuvent être utilisées dans
beaucoup d'applications. Leur force électromotrice peut
être modifiée à volonté par le couplage des éléments.
Néanmoins on ne peut recommander leur application que

dans deux cas. Elles peuvent être très utiles dans les laboratoires, lorsqu'on a besoin d'un courant très constant, comme pour toutes les opérations électrolytiques, telles que : analyse électrochimique, galvanoplastie, etc. D'autre part, dans certains cas, rares il est vrai, la pile thermique pourrait servir dans l'usage domestique, à la condition toutefois de ne pas laisser perdre la chaleur émise par rayonnememt.

LIVRE II

MACHINES D'INDUCTION

CHAPITRE I

INDUCTION

La foudre n'a pas cessé d'être une cause de terreur. Nous sommes impuissants devant elle; les formidables colères de la nature nous épouvantent, car nous ne savons encore ni les prévoir, ni les rendre inoffensives.

Aujourd'hui, cependant, nous pouvons, selon notre bon plaisir, imiter ces terribles phénomènes et les répéter, sinon aussi grandioses, du moins aussi émouvants. Il y a déjà plus de trente ans que, chaque soir. M. Robin étonnait et amusait son public en lui montrant de véritables éclairs et de véritables tonnerres. Dans tous les cours de physique, on fait complaisamment assister de nombreux spectateurs à ces magnifiques expériences. C'est là, du reste, un des sujets qu'affectionnent le plus le public et les professeurs, comme si, en prouvant que nous pouvons, à certains moments, commander à l'électricité, en nous familiarisant avec la foudre, nous acquérions le droit de ne pas trembler devant elle.

Au reste, les phénomènes d'induction qui nous ont permis d'imiter en abrégé cette effrayante force de la nature, ne sont pas seulement un prétexte à expériences. Douée de propriétés nouvelles, transformée, pour ainsi dire, dans les machines d'induction, l'électricité est encore devenue apte à de nouvelles et nombreuses applications pratiques.

DÉCOUVERTE DE L'INDUCTION

A la suite de la fameuse expérience d'Œrsted, Ampère se mit à étudier l'action des courants électriques sur les aimants, et aussi l'action réciproque des seconds sur les premiers. Il sut tirer ainsi du fait isolé, découvert par le physicien suédois, de nombreuses et importantes conséquences; six mois lui suffirent pour poser les bases de cet immense travail et créer l'électro-magnétisme, source féconde de la télégraphie et de nombre d'autres applications de l'électricité. Conduit par ses conceptions théoriques, Ampère pressentit l'induction et indiqua qu'il y avait là une mine à découvrir; mais les expériences qu'il entreprit dans ce sens n'aboutirent pas, et il laissa à de plus heureux que lui la gloire d'achever sa découverte.

Ce fut Faraday, l'illustre physicien anglais, qui en 1832 s'aperçut qu'un fil, parcouru par un courant électrique et approché brusquement d'un autre fil à l'état naturel, développe dans ce dernier un courant instantané d'électricité. Tel fut le premier phénomène d'induction. Faraday l'étudia avec soin, pour en bien apprécier les conséquences.

Si le fil parcouru par le courant, au lieu de s'approcher du fil naturel, s'en éloigne, le résultat est le même; mais

si les fils restent immobiles à côté l'un de l'autre, rien
ne se produit. De même, l'expérimentateur peut ne pas
faire mouvoir les fils; il peut simplement lancer ou retirer
brusquement le courant électrique, et, par suite de ce
seul fait, le fil naturel est encore traversé par un courant
instantané d'électricité. Enfin, ce qui est très curieux, en
approchant ou en éloignant d'un fil naturel non plus un

Fig. 25. — Induction d'un fil par un courant.

fil traversé par un courant, mais un morceau de fer
aimanté, on produira les mêmes effets. Ces courants
instantanés sont appelés *courants induits*, et ils sont
révélés par un galvanomètre ou une boussole ordinaire.

Ainsi, par une simple action mécanique, en faisant
mouvoir un fil électrisé ou un aimant dans le voisinage
d'un fil naturel, on produit dans celui-ci un courant induit d'une très courte durée, mais qui peut devenir
très énergique, selon la vitesse imprimée au fil électrisé : il n'est donc plus besoin de pile pour produire

un courant électrique. Tels sont les grands faits découverts par Faraday.

Voilà donc deux séries de faits, séparés jusqu'à ce jour, les phénomènes magnétiques et les phénomènes électriques, maintenant rapprochés et confondus. Ampère avait déjà énoncé cette vérité d'une hardiesse extrême : « Les aimants sont des corps traversés d'une manière permanente par des courants électriques. »

Nous avions vu d'abord des faits qui semblaient n'avoir aucun rapport les uns avec les autres; nous avions été trompés par la dissemblance des effets au point d'en conclure la dissemblance des causes. Mais, par une étude plus approfondie, nous avons reconnu notre erreur. Une même cause peut produire des effets très divers.

Ainsi marche la science : à chaque pas elle renverse et détruit une erreur. On a

Fig. 24. — Induction d'un fil par un aimant.

d'abord entassé des faits pêle-mêle, sans ordre et comme si chacun d'eux était dû à une cause spéciale; puis, du milieu de ce fouillis de choses, par l'étude sérieuse des unes et des autres, des nouvelles et des anciennes, des utiles et des inutiles, on a vu se dégager lentement la vérité. Alors tout a été éclairé d'un jour nouveau : les faits se sont groupés avec ordre en se rapprochant mutuellement, et on a pu contempler la simplicité de la science.

Le génie d'Ampère a ouvert la voie en réunissant

l'électricité et le magnétisme. De ce grand fait sont déjà sorties d'importantes conclusions.

Ainsi, un morceau de fer est aimanté d'une manière passagère par un courant électrique, et c'est là le principe de la télégraphie.

Un fragment d'acier, au contraire, aimanté par un courant électrique, conserve son aimantation ; il emmagasine, pour ainsi dire, l'électricité, et peut ensuite la manifester à un moment donné ; il devient un réservoir qui paraît inépuisable et capable de produire des courants électriques, tout seul, sans pile, sans générateur apparent. De même dans une machine à vapeur, le volant, qui paraît être au premier abord une cause de dépense inutile de force, est, au contraire, un vaste réservoir de travail, et permet à la machine de fonctionner régulièrement, même lorsque la force motrice est pour un instant suspendue. C'est en cela que consiste la valeur pratique de l'idée d'Ampère et le principe sur lequel sont fondés les appareils d'induction.

L'assimilation hardie qu'Ampère avait faite immédiatement après l'expérience d'Œrsted, entre un aimant et un fil traversé par un courant, est aujourd'hui considérée comme une vérité des mieux établies ; toutes les conséquences que le raisonnement tire de ce fait étrange au premier abord, sont vérifiées par l'expérience : ainsi un fil de cuivre traversé par un courant, est un véritable aimant, car il attire fortement la limaille de fer dont on l'approche.

Une des conséquences les plus remarquables qu'Ampère avait déduites de son hypothèse n'avait pu, pendant longtemps, être vérifiée expérimentalement, et l'illustre savant avait même un moment douté de sa théorie. Mais l'induction, cette brillante découverte de Faraday, acheva la démonstration en donnant complètement raison au physicien francais.

Faraday étudia soigneusement les conditions et les lois de l'induction. On a vu quelles sont les différentes manières dont on peut faire naître un courant induit; il reste à rechercher les propriétés de ce nouveau courant, même produit d'une manière si différente des autres.

Les courants induits ont toutes les propriétés des courants ordinaires; comme eux, ils marchent avec une vitesse infinie; comme eux, ils aimantent un morceau de fer doux et pourraient servir à faire marcher des télégraphes; il existe même des systèmes fondés sur l'emploi de ces nouveaux courants, et présentant par cela certains avantages que nous signalerons plus tard.

Ces courants, développés par l'induction, donnent de fortes secousses, et cette propriété les rapproche de l'électricité de la machine que nous savons identique à la foudre. Le courant produit par une pile ne donne pas de secousses considérables; on peut tenir à la main les deux pôles d'une pile; le plus souvent, on ne ressent rien, ou seulement à peine un léger chatouillement aux articulations des mains. On sait, en effet, que les différences entre les états électriques de deux points voisins dans le circuit d'une pile n'est pas très considérable, et insuffisante pour donner une secousse. Au contraire, dans la machine à plateau de verre, dont on se sert encore, deux points voisins sont toujours à des états électriques très différents, souvent même assez différents pour qu'il jaillisse une étincelle entre eux.

Les courants induits déterminent dans les circuits un état électrique analogue à celui que déterminerait la machine. Leur apparition est brusque, leur durée instantanée; ils parcourent tout le fil en un temps si court qu'on peut à peine le concevoir, et, pendant ce moment rapide, le courant induit, d'abord nul, croît, puis décroît et redevient nul. Donc jamais deux points voisins n'auront un même état électrique ; et c'est ce qui fait que les secousses produites par ces sortes de flux électriques sont comparables à celles que donnent les machines.

Un courant peut déterminer dans un fil voisin un second courant électrique. Il peut également en déterminer un dans son propre circuit. Ainsi, lorsqu'on lance l'électricité dans un fil, avant que l'équilibre se soit établi, pendant que le premier flux d'électricité chemine le long du circuit, allant d'une extrémité à l'autre, le fil peut à chaque instant être considéré comme divisé en deux portions, l'une à l'état neutre, l'autre déjà électrisée ; dès lors celle-ci agira sur la première, et déterminera chez elle un courant induit. C'est là ce qu'on appelle l'*extra-courant*, dont les effets ont été difficilement démêlés de ceux du courant principal, auxquels ils sont superposés, soit pour les augmenter, soit pour les amoindrir ; ce phénomène est aussi connu sous le nom de *self-induction*, expression très employée aujourd'hui.

BOBINE D'INDUCTION

Pour produire un courant induit, on enroule un fil autour d'un cylindre en bois ; le fil est recouvert de soie, et les spires sont ainsi isolées les unes des autres, de sorte qu'on a un circuit qui peut être très long. Puis, au-dessus de ce premier fil, et quelquefois en même temps que lui, on enroule un second fil également recouvert de soie. C'est là une bobine d'induction. Le fil dans lequel le courant sera lancé, puis interrompu, est le *fil inducteur* ; l'autre, dans lequel on recueillera les courants produits, est le *fil induit*; chaque spire du premier agit sur une spire voisine du second, et le courant produit pourra être très énergique.

En augmentant le nombre de tours faits par le fil inducteur, on peut augmenter considérablement la force du courant induit. On a trouvé un autre moyen très curieux d'arriver au même but : c'est de placer à l'intérieur de la bobine une série de tiges de fer doux. Sous l'influence du courant inducteur, ce fer doux va s'aimanter, et ajoutera alors son action à celle du courant lui-même; le courant induit en sera grandement fortifié.

Tels sont les principes d'après lesquels sont construites les bobines d'induction : deux fils enroulés sur un cylindre en bois, et, dans ce cylindre, des tiges de fer qu'on peut retirer à volonté, voilà tout l'appareil. Chaque fois qu'on lancera un courant dans le premier fil, si faible qu'il soit, le second sera traversé par un courant induit très rapide, mais très énergique, et qui, en raison même de ses qualités, sera propre à certains effets particuliers.

Il se développe deux courants induits, l'un au début, au moment même où on lance l'électricité dans le fil, l'autre à la fin, au moment où on la retire : on peut répéter cette série aussi longtemps et aussi rapidement que l'on veut; les courants qui en résulteront pourront devenir assez fréquents et assez intenses pour former une succession ininterrompue de manifestations électriques. Il faut concevoir cependant que ces deux courants, développés pendant une seule expérience partielle, n'ont pas tout à fait les mêmes qualités; ils sont *inverses* l'un de l'autre.

La pile possède deux pôles, c'est-à-dire deux points où se recueille l'électricité. Celle-ci se produit dans l'appareil, nous ne savons pas trop comment; et la série des

phénomènes déterminés par la réunion métallique des
pôles est attribuée à une sorte de courant d'électricité
allant de l'un à l'autre. Cette explication est purement
hypothétique, mais elle donne une image palpable et
presque complète des phénomènes. La pile peut donc
être assimilée à une double pompe, comparaison uniquement symbolique. Les pôles, caractérisés l'un par le
zinc, l'autre par le cuivre ou le charbon, représentent
chacun un appareil différent. Le pôle charbon serait
une pompe foulante, et l'électricité engendrée dans la
pile est continuellement poussée en avant dans le canal;
le pôle zinc, au contraire, serait une pompe aspirante,
et l'électricité du canal est énergiquement appelée par
lui. Lorsque les pôles sont réunis, la pompe foulante
envoie continuellement dans le canal un flux d'électricité, lequel se trouve encore aspiré par l'autre extrémité. Ainsi se trouve établi le courant entre les deux
pôles. Cette comparaison est certainement fort éloignée
de la réalité, mais provisoirement elle n'est pas inutile,
et il faut attendre pour la rectifier que la vérité ait été
découverte.

On admet donc que l'électricité se dirige du pôle
charbon au pôle zinc. Et comme une pile n'est pas né-
cessairement organisée avec ces substances, on a donné à
ces extrémités des noms indépendants et n'ayant aucune
signification par eux-mêmes. Ainsi l'extrémité charbon
est appelée pôle *positif*, l'extrémité zinc pôle *négatif*.

Dans chaque science, on rencontre ainsi des termes
empruntés à des idées préconçues, à des comparaisons
peu rigoureuses. A l'origine, l'imagination travaille sur
des faits superficiellement connus; elle crée des systèmes, des suppositions, pour expliquer ce que la
raison ne comprend pas encore. Plus tard la science a

marché, les faits sont éclairés d'un jour tout nouveau;
les erreurs tombent peu à peu, les ombres s'effacent;
mais trop souvent les termes restent consacrés par un
long usage; ils embarrassent l'esprit et couvrent notre vue
d'une sorte de verre coloré qui nous altère la vérité. Il
faut alors assez d'énergie pour réagir contre les habi-
tudes prises et contre les tendances de notre inertie;
il faut déchirer ce bandeau dont la fausse transparence
déforme la vraie physionomie des objets; il faut bien
savoir que les mots dont on use, les termes que l'on emploie, sont détournés de leur signification habituelle.
C'est là un effort nécessaire pour toutes les appellations
de la science de l'électricité, telles que les mots : courants, pôles, positif, induction, etc.

On supposait donc autrefois que le courant d'électricité partait du pôle charbon positif, suivait le fil, et
arrivait au pôle zinc négatif. Si, par un moyen quelconque, nous intervertissons brusquement les extrémités
du fil de telle sorte que le fil qui touchait le charbon
soit maintenant attachée au zinc, le fil sera traversé par
un courant dirigé en sens contraire du premier. C'est là
ce qu'on appelle inversion de courant. On se sert de cet
artifice pour produire certains effets. Ainsi, dans la télégraphie, on intervertit quelquefois le fil de ligne avec le
fil de terre; et, dans l'expérience d'Œrsted, on peut à
volonté faire mouvoir l'aiguille aimantée à droite ou à
gauche.

Un courant induit qui finit est inverse d'un courant
qui commence. Dans un cas, l'extrémité de droite du fil
induit représentait une pompe foulante; elle devient
pompe aspirante dans l'autre cas : les rôles sont changés,
et ce fait est assez important pour avoir nécessité les
réflexions précédentes.

BOBINE DE RUHMKORFF

En 1855, un prix de 50 000 francs fut institué pour récompenser le savant qui inventerait là machine électrique la plus puissante et la plus utile : le but était surtout d'encourager la recherche de l'application de l'électricité comme force motrice. Une étude approfondie de la question montra bientôt que cette application si désirée était encore aujourd'hui une utopie irréalisable, et la commission généralisa le sujet du concours; le prix devait être donné tous les cinq ans. En 1860, on trouva qu'aucune machine ne répondait convenablement à ce qu'on avait désiré, et le prix ne fut pas décerné. En 1865, aucune machine nouvelle n'avait été inventée.

Mais, en raison de l'importance qu'avait prise la bobine d'induction déjà construite en 1851, en raison des nombreuses applications qu'on lui avait trouvées, on jugea bon de décerner à M. Ruhmkorff le prix de 50 000 francs. La commission craignit, en se montrant trop difficile, de décourager les chercheurs et de faire dire aux ignorants qu'il était au moins étrange qu'en dix ans, en ce siècle de science, il n'eût pas été découvert une machine électrique remarquable.

M. Ruhmkorff, de simple ouvrier mécanicien, est devenu constructeur d'appareils; à ses précieuses qualités de praticien il joint un grand amour de la science, une admirable curiosité de recherche. Il emploie tout son temps, presque toutes ses ressources à chercher, à fureter en électricité, découvrant par-ci par-là quelques petites choses auxquelles les savants n'avaient pas pensé, donnant de bonsconse ils à tous, aux grands et aux petits, qui l'écoutent et le remercient[1].

1. M. Ruhmkorff est mort à Paris en janvier 1878.

La machine de M. Ruhmkorff est une véritable bobine
d'induction, telle que celle qui a déjà été décrite. Sur
un cylindre en carton s'enroule un fil assez épais; ce fil,
gros et court, fait plusieurs tours sur le cylindre, et ses
extrémités viennent aboutir à deux boutons placés sur le
support de l'appareil : c'est là le fil inducteur qui sera
parcouru par le courant de la pile.

Autour de ce premier fil s'en enroule un second assez
fin, mais très long. Dans les premières machines, ce
second fil avait une longueur totale de 8 à 10 kilomètres; dans les machines nouvelles, la longueur est de
50 à 60 kilomètres. Le fil fait un très grand nombre
de tours et vient aboutir à deux tiges. Dans ce second
fil se développent les courants induits, et on les recueille
sur ces tiges.

Chacun de ces fils de cuivre est isolé avec grand soin;
le second surtout est recouvert d'un enduit de gomme
laque. Les tours que font les fils autour du cylindre
sont ainsi séparés les uns des autres, et l'électricité est
obligée de suivre cette longue route entre les deux pôles.
La séparation des spires est une condition nécessaire, et
la négligence du constructeur sur ce point amènerait
infailliblement la rupture de l'appareil. Aussi, afin de
pouvoir réparer la bobine, quand par une cause quelconque elle a été mise hors de service, on a soin de la
diviser en tranches; celles-ci sont entièrement libres,
et chacune d'elles ne communique qu'avec les voisines.
Le fil sortant de la première tranche s'enroule un très
grand nombre de fois sur la seconde, et n'en sort que
pour recommencer sur la troisième. Quand donc la
machine est dérangée, on n'a qu'à remplacer la tranche
reconnue défectueuse.

Au-dessus de ces couches de fil, on a tendu une

couverture de soie verte, pour le plaisir des yeux. La bobine se termine à ses deux extrémités par deux plaques en verre qui la supportent et l'attachent au pied. De plus la bobine est creuse, et le vide intérieur est rempli d'un fort paquet de fils de fer, par lesquels les effets d'induction sont renforcés.

Dans l'épaisseur de la planche, qui forme le pied de la machine, est un appareil particulier, un *condensateur*. Il est formé de deux lames d'étain, collées sur les deux faces d'une feuille de taffetas, de telle sorte que les métaux ne se touchent pas entre eux. Chacune de ces lames communique avec une des extrémités du fil inducteur, et par cette disposition les effets sont considérablement augmentés. C'est là le condensateur de M. Fizeau, dont l'explication exigerait de longs détails. Il agit dans la bobine d'induction à peu près comme le volant dans la machine à vapeur; son rôle est d'augmenter et de régulariser les effets, et de faire en sorte que les courants inverses soient toujours égaux.

Ce n'est que par une interruption du courant inducteur que l'on peut obtenir des courants induits. Il faut donc l'interrompre souvent, afin d'obtenir des effets plus fréquents. A cet effet, la bobine est munie d'une pièce particulière appelée *interrupteur*, et analogue à la sonnerie tremblante qui est en usage dans la télégraphie. Un mouvement continuel et rapide de va-et-vient, une sorte de tremblement imprimé à une tige; tel est ici encore le principe de l'interrupteur.

Sur une des extrémités de la bobine, les fils de fer intérieurs traversent la plaque et se terminent par une tête en fer doux. Au-dessous est un petit marteau également en fer doux, dont le bras communique avec une des extrémités du fil inducteur, tandis que l'enclume qui le supporte est reliée à l'un des pôles de la pile. Tant que le marteau repose sur son enclume, le courant passe dans le fil inducteur, produit les effets connus et, entre autres choses, aimante le fer intérieur de.la bobine. Celui-ci, étant aimanté, attire le marteau, le soulève et le sépare de l'enclume; aussitôt le courant ne passe plus, le fer est désaimanté, le marteau retombe et le courant repasse immédiatement. Cette succession de faits recommence continuellement, et le marteau est animé d'un tremblement très vif. A chaque soulèvement, le

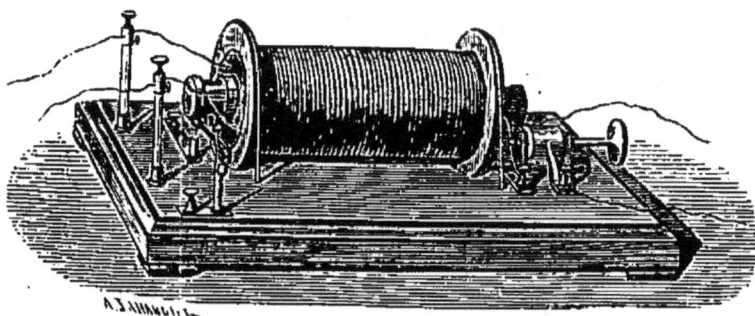

Fig. 25. — Petite bobine de M. Ruhmkorff, avec interrupteur
à trembleur.

courant est retiré, à chaque abaissement le courant est renvoyé dans le fil inducteur. Si les interruptions se succèdent rapidement, les courants induits se suivront à des intervalles très courts et donneront lieu à des effets continus.

Cet interrupteur à trembleur a de plus l'avantage de se régler à volonté, suivant qu'on relève et qu'on abaisse l'enclume, et de donner par suite des tremblements rapides ou lents. Cependant, dans les grandes machines, telles que les construit actuellement M. Ruhmkorff, cette partie de l'intrument a disparu et a été remplacée par un petit appareil spécial, indépendant du reste de la machine. C'est tout simplement une tige munie d'un contrepoids et animée d'un mouvement d'oscillation. Selon qu'on élève ou abaisse le contrepoids, les oscillations sont plus ou moins rapides. A chaque oscillation, la tige ferme le courant et l'ouvre aussitôt après, et l'on obtient les mêmes effets qu'avec le marteau. Seulement ici, il faut une pile spéciale, composée de deux éléments, pour faire mouvoir la tige et entretenir son mouvement.

La puissance des effets obtenus dépend de la force du courant inducteur, et on en doit régler convenablement l'intensité. Il ne faut pas que ce courant soit trop faible, on n'obtiendrait que des effets médiocres; il ne faut pas qu'il soit trop fort, la bobine se romprait; le fil, très fin, serait brûlé ou fondu sous l'action de courants trop énergiques. Ordinairement, on attelle à la bobine une pile de Bunsen formée de 15 à 20 éléments, et le courant fourni par cette pile est inducteur.

EFFETS OBTENUS

La bobine de Ruhmkorff peut être considérée comme servant à transformer l'électricité de la pile en électricité de la machine, et l'on sait déjà les différences essentielles qui existent entre ces deux sortes d'électricité. Le fil induit est soumis, par intervalles très rapprochés, à la seule influence du courant de la pile, et alors s'accomplit dans l'intérieur de la bobine un travail dont nous avons déjà analysé les éléments; puis on recueille des courant induits instantanés et extrêmement énergiques.

Avec cette bobine, on reproduit les effets de la foudre les plus extraordinaires et les plus bizarres; cette reproduction, spectacle attrayant pour les esprits sérieux, est

l'occasion d'expériences devenues vulgaires et que je vais
d'abord décrire.

Lorsque les deux extrémités du fil induit sont formées
en pointes de platine très rapprochées l'une de l'autre,
entre ces pointes jaillit aussitôt une série de fortes étincelles. Chacune d'elles est la manifestation d'un courant
induit. On peut éloigner les pointes de platine, les étin-

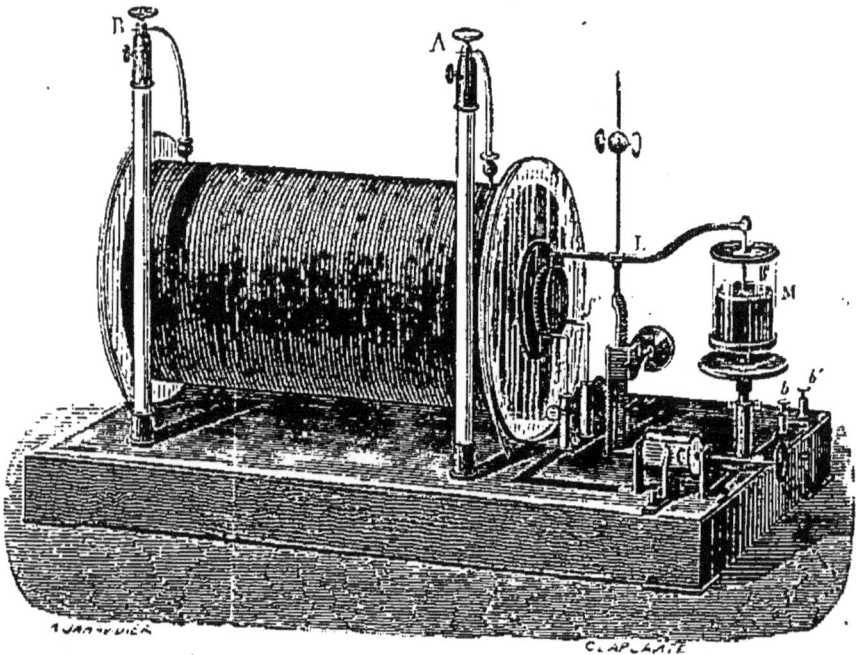

Fig. 26. — Grande bobine de M. Ruhmkorff avec interrupteur,
à contrepoids.

celles s'allongent, se courbent en sinuosités fantasques;
elles font crépiter l'air sous ces détonations répétées;
elles se suivent longues et rapides, bruyantes et lumineuses, et l'on sent autour de la machine cette odeur sul-
fureuse qui accompagne les forts orages, et que l'on
croyait jadis être l'odeur propre de l'électricité. Il n'y
a pas à s'y tromper : c'est l'éclair, c'est le tonnerre imité
par nos appareils humains.

On peut ainsi obtenir dans l'air des étincelles longues de 0m,50 à 0m,60 et quelquefois plus longues encore. Si l'on saupoudre de limaille de cuivre une longue bande de papier gommé, et si l'on suspend cette feuille desséchée entre les pôles, l'étincelle jaillira entre les grains de poussière métallique. Entre deux particules successives se produira une petite étincelle; et comme ces éclairs partiels sont très rapides et très rapprochés, l'œil n'aperçoit qu'un seul éclair d'une grande longueur. On a pu obtenir par ce moyen des étincelles de 4 à 5 mètres, rappelant par leur forme, leur éclat et leur détonation, les véritables éclairs naturels. La seule différence consiste en ce que les éclairs naturels ont plusieurs lieues de longueur; car tous nos efforts ne pourront jamais atteindre la grandeur et la puissance de la nature.

Avec une bobine, comme avec une machine électrique, on peut charger des condensateurs, des bouteilles de Leyde, des batteries. Mais, tandis qu'avec la machine il faut un temps assez long pour charger une bouteille de Leyde, avec la bobine d'induction il ne faut que peu d'instants, car le débit d'électricité est immense. On peut même, avec des dispositions faciles à imaginer, obtenir une décharge très rapide d'un condensateur; alors l'étincelle se modifie. Ce n'est plus ce long éclair grêle et bleuâtre, dont les sinuosités traversent l'espace; c'est une étincelle courte, épaisse, lumineuse, et surtout bruyante. On voit une série rapide de larges étincelles, blanches, sonores, et on entend des éclats secs, répétés, analogues à de nombreux coups de feu.

La foudre fond les fils métalliques, les cordons de sonnette, etc.; l'étincelle d'induction peut également fondre et volatiliser des fils métalliques assez fins. Il se dessine alors, sur une feuille de papier placée au-dessous une trace noire ou jaunâtre, suivant que le fil est en fer, en cuivre ou en or. C'est la vapeur métallique violemment projetée sur le papier, et affectant les formes les plus étranges, les arborescences les plus riches. C'est ainsi que les cordons de sonnette fondus par la foudre sont projetés sur le mur voisin; une tache noirâtre indique le passage de l'électricité.

Les fils de la bobine se fondraient de même, si on laissait se produire des courants asssez puissants. C'est là aussi un danger qu'il faut éviter pour les fils de lignes télégraphiques, et surtout pour les câbles sous-marins. Dans la télégraphie, on veut employer non plus les courants directs, mais les courants induits; on trouve à cette substitution divers avantages : mais le danger que je signale est assez réel pour avoir fait considérer jusqu'ici cette question comme insoluble. On peut maintenant se rendre compte des nombreuses ruptures des câbles sous-marins, et entre autres de celle du câble transatlantique de 1858, qui se brisa quelques jours après avoir été posé. On avait lancé dans ce long câble un courant très énergique, que l'on croyait nécessité par une pareille longueur. Ce courant avait déterminé dans l'armature extérieure un courant induit tout aussi énergique; mais lorsque la dépêche fut arrivée, les courants induits restèrent ajoutés les uns aux autres; le faisceau de fils de fer extérieur formait condensateur, et la ligne était devenue une immense bouteille de Leyde. Aussi, bientôt le câble agonisa; quelques mots passèrent encore, confus et inachevés, puis tout fut fini : le fil avait été fondu et l'enveloppe isolante crevée en maints endroits. Il n'y aurait eu qu'une seule chose à faire, c'eût été de décharger la ligne, en faisant communiquer pendant un instant l'armature protectrice et le fil intérieur (inversion des courants), mais ces phénomènes n'avaient pas encore été bien étudiés. Depuis lors, on est devenu prudent, et l'on n'envoie plus dans les lignes sous-marines que des courants excessivement faibles. Le câble transatlantique de 1865 fonctionne avec un courant imperceptible, qui ne fait dévier que de quelques secondes une légère aiguille aimantée.

L'étincelle d'induction foudroie les animaux, les oiseaux, par exemple; les plus fortes machines construites par Ruhmkorff sont assez puissantes pour tuer un taureau. Si l'on était frappé d'une de ces épouvantables décharges de la machine, les vaisseaux sanguins seraient déchirés, les muscles paralysés, le système nerveux serait fortement ébranlé; si l'on n'était pas tué sur le coup, on éprouverait des douleurs

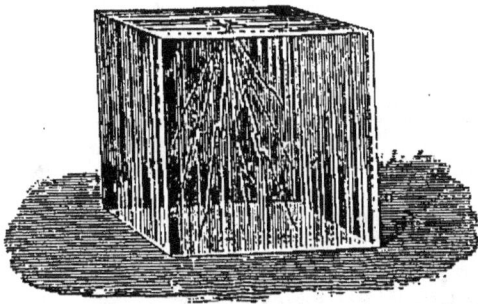

Fig. 27. — Cube de verre percé par l'étincelle.

atroces que ne payerait certainement pas le *royaume de France*, ainsi que le dit l'inventeur de la bouteille de Leyde. Aussi ne doit-on manier la machine de Ruhmkorff qu'avec le plus grand soin. Ce n'est qu'avec un long bâton de résine ou de verre que l'on touche les fils et que l'on dirige l'étincelle.

La foudre brise les objets, perce les murailles, fait éclater les glaces les plus épaisses : la foudre artificielle produit les mêmes effets. Si l'on place un cube de verre très épais entre les deux pointes où jaillit l'étincelle, de façon que les pôles ne soient séparés que par le verre, la décharge éclatera entre les pôles, et le verre sera percé de part en part suivant plusieurs lignes sinueuses, indiquant la route parcourue par l'électricité.

Au lieu de nous borner à imiter la foudre, nous pouvons obtenir des effets lumineux tout nouveaux et dont la nature ne nous donne pas le spectacle. L'éclair traversant l'air a toujours la même couleur et les mêmes caractères; si l'étincelle traverse d'autres milieux, combinés et préparés artificiellement, elle se colorera et se présentera à nos yeux avec des caractères spéciaux. On prend des tubes en verre desquels on a retiré l'air, pour y introduire de très petites quantités de gaz divers; on forme des dessins avec ces tubes en verre, des lettres par exemple; on peut également réunir des tubes divers, les uns renfermant de l'hydrogène, où l'étincelle est rouge, les autres de l'air, où elle est violette, etc.; lorsque l'étincelle jaillira dans cette série de tubes, les dessins apparaîtront flam-

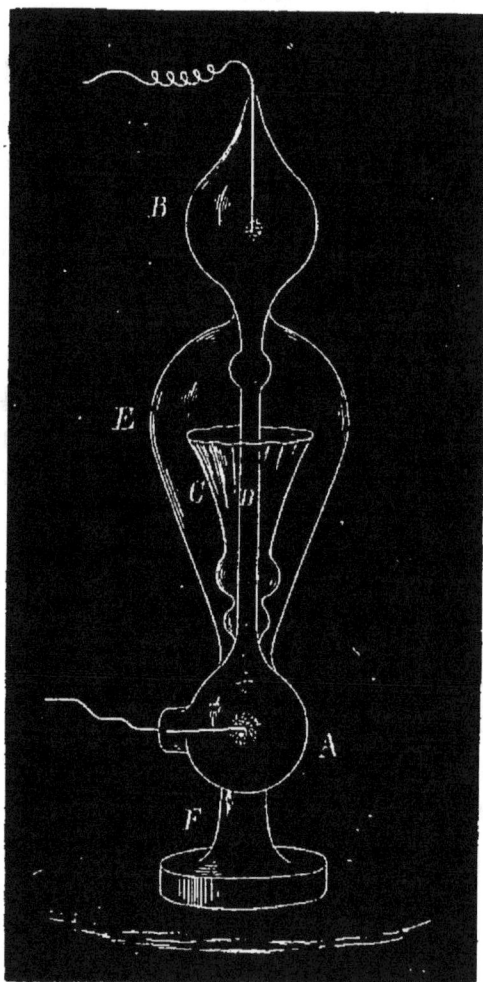

Fig. 28. — Vase en verre d'urane.

boyants, et l'éclat des couleurs ne nuira pas au velouté et à la douceur des teintes.

L'étincelle est formée par la superposition de deux lueurs. L'une entoure le pôle positif; elle est dans l'air d'une couleur très intense. Partant de l'un des pôles, elle s'avance entre les deux fils et s'arrête avant d'atteindre le fil négatif. L'autre lueur est bleuâtre, très peu intense et beaucoup moins longue que la première. Le mélange de ces deux couleurs donne à l'éclair sa nuance violette.

Lorsqu'on examine avec précaution une étincelle d'induction traversant un des tubes dont on vient de parler, on reconnaît que l'étincelle négative bleue est formée d'une teinte continue, tandis que l'étincelle positive rouge, au contraire, présente des *stratifications*. On distingue en effet, autour du pôle positif, une série de bandes brillantes rouges, séparées par des bandes obscures. Ces stratifications sont transversales, et disparaissent peu à peu vers le milieu de l'étincelle. La cause de cet étrange phénomène est inconnue, mais ces faits suffisent pour établir une nouvelle distinction entre les deux pôles d'un courant électrique.

Non seulement le gaz qui remplit le tube, mais la nature du verre influe sur la couleur de l'étincelle. On montre ordinairement un apppareil formé d'un vase en verre d'urane, lequel est enfermé dans un œuf de verre ordinaire. Lorsque l'étincelle passe, le verre d'urane devient verdâtre, une colonne de feu descend jusqu'au fond du vase, et de ce vase lumineux jaillissent des gerbes violettes.

On se sert encore de l'étincelle d'induction pour produire des explosions; par exemple, pour mettre le feu à une mine, sans danger, avec certitude même lorsque le terrain humide ne permettrait pas aux mèches ordinaires de brûler jusqu'à l'âme.

C'est ainsi qu'est déterminée l'explosion des torpilles fixes, servant à la défense des côtes. Un système de lentilles et de prismes, analogue à celui qui forme la chambre noire des dessinateurs, renvoie l'image des objets extérieurs sur une carte détaillée. Un surveillant peut suivre avec attention la marche des navires ennemis; aussitôt qu'ils passent dans le rayon d'action de la torpille tel qu'il est indiqué sur la carte, le courant lancé par une forte bobine de Ruhmkorff fait éclater la cartouche.

On peut également mettre le feu à des canons chargés, sans que les servants de la pièce soient exposés au feu ennemi. On tire plusieurs coups à la fois, par exemple toute la bordée d'un navire, sans qu'il y ait personne sur le pont ni autour des pièces.

PRINCIPE DES MACHINES D'INDUCTION

Si l'induction mutuelle entre deux bobines a trouvé une application intéressante dans la bobine d'induction, d'autres phénomènes analogues ont donné lieu à la création d'une foule d'appareils de la plus haute utilité.

La bobine d'induction n'est pas un générateur d'électricité : on lui fournit de l'énergie électrique sous une certaine forme et l'on recueille cette même énergie sous une autre forme; on accomplit une transformation de l'électricité. Ainsi le courant de 2 éléments Bunsen envoyé sous une pression de 3 volts et une intensité de 2 ampères, reparaît dans le circuit secondaire avec un potentiel de 5 000 volts, par exemple, et une intensité de 0,002 ampère, en supposant qu'il n'y a pas eu de perte par suite de cette transformation.

Il faut aussi remarquer que dans la bobine de Ruhmkorff l'induction est produite par les variations du courant traversant une des deux bobines fixes. Le mouvement d'un aimant mobile à côté d'une bobine, au contraire, permet, à l'aide des *machines magnéto-*

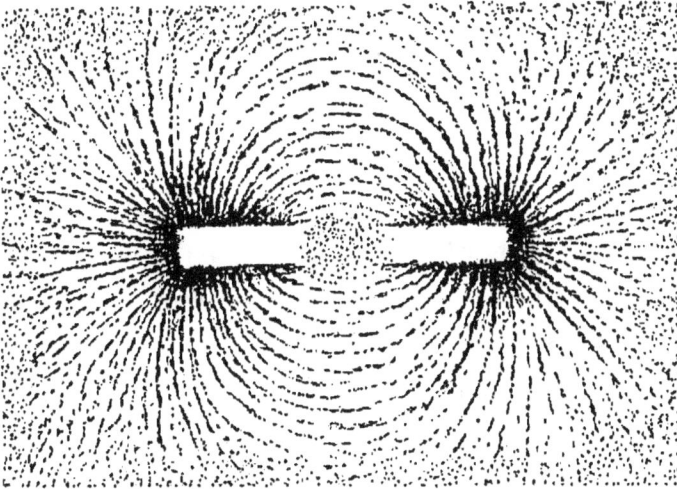

Fig. 29. — Fantôme magnétique.

électriques, de transformer directement le mouvement mécanique en courant électrique.

L'industrie électrique n'a commencé à prendre son véritable essor que grâce aux générateurs mécaniques d'électricité, et elle doit aux nombreux perfectionnements de ces derniers l'admirable développement qu'elle a pris dans ces dix dernières années; aussi doit-on insister plus particulièrement sur les notions indispensables à la bonne intelligence du fonctionnement de ces machines.

Examinons de plus près le phénomène de l'induction

magnéto-électrique. On sait que le simple déplacement d'un aimant devant une bobine produit un courant dans celle-ci. Simplifions et remplaçons la bobine par une seule spire de fil : l'effet produit est moins intense, mais la nature du phénomène n'est pas changée. Laissons maintenant l'aimant fixe et déplaçons la spire, nous constatons encore la présence d'un courant d'induction.

Que l'on sépare les deux organes qui ont servi à ces expériences et qu'on les soumette à un examen attentif. Plaçons au-dessus de l'aimant une feuille de papier et saupoudrons-la de limaille de fer. On pourrait s'attendre à voir la limaille se répartir uniformément sur le papier? il n'en est rien : nous la voyons, au contraire, se grouper en une série de lignes courbes symétriquement rangées autour de l'aimant, allant d'un pôle à l'autre et formant ce qu'on appelle un *fantôme magnétique*. Les lignes elles-mêmes sont celles suivant lesquelles s'exercent les forces magnétiques et ont reçu de Faraday le nom de *lignes de force*. L'espace occupé par ces lignes de force, c'est-à-dire tout l'espace soumis à l'action de l'aimant, forme le *champ magnétique*.

Les lignes de force choisissent toujours le chemin qui leur offre le moins de résistance. Il suffit, par exemple, de placer dans le champ magnétique un morceau de fer doux, pour que les lignes de force viennent s'y concentrer : le fer doux étant meilleur conducteur magnétique que l'air.

Que reste-t-il à faire pour produire ces courants? nous n'avons plus qu'à faire mouvoir notre spire de fil de cuivre dans le champ magnétique. Le courant d'induction qui s'y développera sera d'autant plus énergique, que le champ magnétique sera lui-même plus intense et que la vitesse de déplacement de la spire sera plus rapide, c'est-à-dire que le nombre de lignes de force coupées pendant une seconde sera plus considérable.

Rien n'est maintenant plus facile que de construire une machine magnéto-électrique de la forme la plus simple. Que nous faut-il pour cela? L'élément producteur d'un champ magnétique intense, c'est-à-dire un aimant très énergique; ensuite une spire de fil de cuivre que nous monterons sur un axe de manière à pouvoir lui imprimer un mouvement de rotation rapide, dans la partie du champ qui contient le plus de lignes de force. Cette dernière circonstance aura pour conséquence de faire passer le plus grand nombre possible de lignes de force par unité de surface de la spire; c'est ce qu'on exprime encore en disant qu'on rend le *flux de force* maximum.

ÉLÉMENTS DES MACHINES

Étudions une des formes les plus simples qui aient été données à la machine d'induction; celle de Clarke, aujourd'hui hors d'usage, excepté pour quelques applications médicales, convient très bien pour donner une idée des éléments dont sont généralement composées les machines électriques.

Un aimant en fer à cheval A B est fixe, et devant lui tourne une bobine *t* de fil induit, enroulé autour d'un morceau de fer doux; telle est la machine de Clarke. L'aimant, très puissant, est composé de lames d'acier clouées ensemble sur une planchette verticale; la bobine, composée de fil de cuivre très fin et d'une longueur de 750 mètres environ, est double; dans la position initiale, chacun des morceaux de fer doux qui forment l'âme

d'une bobine est placé devant un des pôles de l'aimant :
le fer doux est aimanté, et il forme l'armature de l'aimant

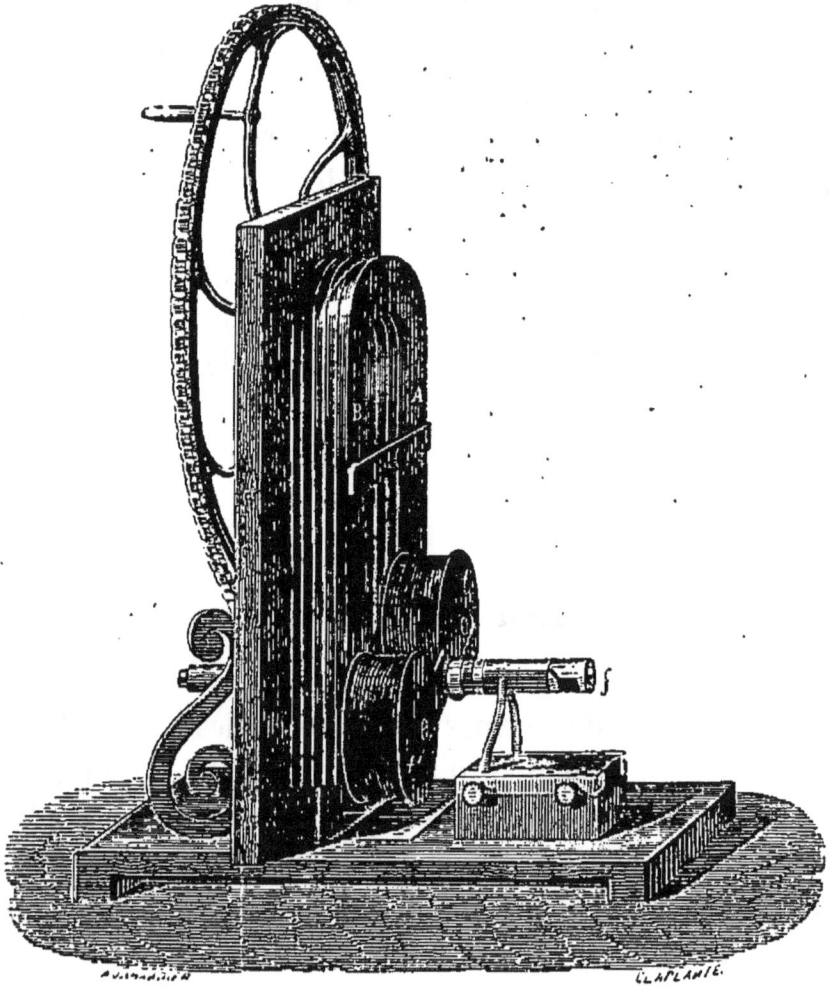

Fig. 50. — Machine de Clarke.

fixe. Cette double bobine est vissée sur un axe f que
l'on peut tourner au moyen d'une grande roue extérieure.

Lorsque la double bobine a fait un quart de tour, le

fer doux s'est complètement désaimanté, car il n'est plus en face de l'aimant : donc en allant de la première à la seconde position, la bobine a été soumise à une variation de flux qui a produit un courant induit d'un certain sens. Lorsque la bobine aura fait un demi-tour, le fer doux sera réaimanté et il y aura eu production d'un courant induit de sens contraire au premier, puisque le flux est allé en augmentant pendant le deuxième quart de tour et en diminuant pendant le premier. Il en sera de même pour le demi-tour suivant, de sorte qu'à chaque révolution complète de l'axe, la bobine est traversée par quatre courants induits, dus aux quatre variations de flux de force.

Ce sont des courants de cette nature, amplifiés et transformés suivant les besoins dans les nouvelles machines, qui servent aujourd'hui à presque tous les usages de l'énergie électrique. La machine de Clarke, en particulier, avait donné naissance au télégraphe magnéto-électrique de Siemens, dans lequel elle remplaçait la pile et le manipulateur. Il faut ajouter quelques remarques applicables non seulement à cette machine, mais d'une manière générale à toutes les machines d'induction du même genre.

Le fer doux qui compose les noyaux des deux bobines doit être d'excellente qualité; il doit en effet se désaimanter dès qu'il n'est plus placé dans la zone active de l'aimant. Le fer de mauvaise qualité, soumis à des variations d'aimantation, ne perd pas facilement son magnétisme; alors les pièces de fer des électro-aimants s'échauffent, elles ne reviennent pas à leur état initial. Ce phénomène, connu sous le nom de *magnétisme rémanent* (hystérésis magnétique), est très préjudiciable au bon fonctionnement des machines; il en résulte une perte d'énergie, c'est une des causes du mauvais rendement de certaines machines mal construites

Comme l'action de l'aimant est d'autant plus énergique que l'on s'en approche davantage, on a tout intérêt à ne laisser qu'une très petite distance entre les noyaux et l'aimant. Cet espace, occupé par de l'air ou par du fil de cuivre, a reçu de M. Cabanellas le nom caractéristique d'*entrefer*. Sa résistance magnétique étant très considérable, il faut chercher à le réduire au minimum. C'est pour cette raison que dans toutes les machines bien construites, cet espace est le plus petit possible. Il va sans dire que l'on donnera aussi aux pièces de fer une petite résistance en les faisant courtes et de grosse section.

NATURE DES COURANTS

La machine de Clarke nous a donné une série continue de courants alternativement de sens contraires; autrement dit, un courant dû à des forces électromotrices alternatives, qui peuvent être représentées par une

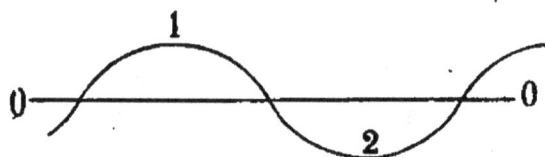

Fig. 31. — Courants alternatifs.

courbe continue, comme celle de la figure 31, caractéristique des *courants alternatifs*.

Il est clair que ces courants ne pourraient être appliqués en galvanoplastie, où l'on a besoin d'un courant toujours de même sens. Par contre, ils sont utilisables dans les applications calorifiques, telles que l'éclairage électrique.

Dès l'origine on a cherché à donner à tous ces courants partiels le même sens, à les *redresser*. Au moyen d'un organe spécial, le *commutateur*, que l'on voit appliqué à la machine de Clarke, on a rabattu la boucle 2 de la figure 31 au-dessus de l'axe O O, et les *courants redressés* se représentent alors graphiquement comme l'indique la figure 32.

On remarquera que ces courants passent périodiquement par une valeur nulle. Il serait donc désavantageux d'employer ces courants à la charge des accumulateurs par exemple, de sorte que leur usage est

Fig. 32. — Courants redressés.

soumis presque aux mêmes restrictions que celui des courants alternatifs.

Il paraîtrait donc peu utile de produire le redressement des courants, si l'on n'était parvenu, par une combinaison judicieuse des courants redressés, à former une autre espèce de courants, ne devenant jamais nuls et dont les variations même sont très atténuées. Sans être d'une constance parfaite, ces courants sont semblables à ceux d'une pile et sont du reste couramment substitués à ces derniers. Pour arriver à ce résultat on a eu recours à une sorte de commutateur multiple que l'on appelle le *collecteur*. Cet organe réunit les différentes parties induites, de telle façon que le courant recueilli est formé par la somme d'un grand nombre de courants redressés et n'est que très légèrement ondulé.

La figure 55 en montre la courbe. On peut dire que ce courant, dit *courant continu*, est applicable dans tous les cas où le renversement périodique n'est pas nécessaire.

Il est encore une dernière sorte de courant, dont la

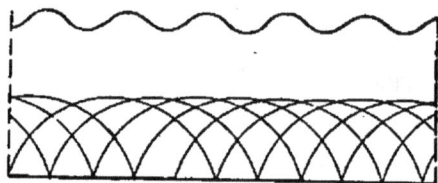

Fig. 55. — Courant continu.

force électromotrice est absolument constante et que l'on nomme pour cette raison *courant continu constant* : il peut donc être représenté par une simple droite parallèle à l'axe O O. Les moyens de le produire industriellement étant encore trop restreints, nous n'insisterons pas sur ses applications.

CHAPITRE II

MACHINES A COURANTS ALTERNATIFS

PREMIÈRES MACHINES

Aussitôt que Faraday eut découvert l'induction, les Anglais cherchèrent à tirer parti de cette nouveauté.

Tous les efforts se dirigèrent immédiatement vers le phénomène curieux de la production des courants induits, sous l'influence des aimants mobiles : on comprenait que ce nouveau mode d'engendrer les courants électriques sans piles était appelé à un grand avenir.

M. Pixii construisit en 1832 une première machine magnéto-électrique, consistant en un aimant en fer à cheval tournant devant un électro-aimant de même forme, dans lequel étaient produits des courants alternativement renversés.

En 1833 fut présentée à la Société Royale de Londres la machine de M. Ritchie, de forme déjà moins primitive que la précédente. Quatre morceaux de fer doux suivant les génératrices équidistantes d'un cylindre, portaient quatre bobines qui tournaient entre les pôles d'un aimant en fer à cheval. Les courants engendrés étaient conduits à deux bagues métalliques fixées sur l'arbre et sur lesquelles frottaient deux balais, servant de pôles à la machine.

Peu de temps après, M. Clarke inventa la machine dont nous avons déjà donné la description. Cet inventeur n'a du reste fait que transformer et rendre plus pratique la première idée de M. Pixii.

Mais on ne pouvait songer à une application industrielle de ces premiers essais. La pratique demandait des engins beaucoup plus puissants. Parmi les nombreux inventeurs qui se consacrèrent à cette époque au perfectionnement de ces appareils, M. Nollet fut un des plus heureux : il parvint à créer un type qui, après quelques transformations dues à M. J. van Malderen, devint la célèbre machine de l'*Alliance*.

Au lieu d'un seul aimant fixe, cette machine magnéto-

Fig. 34. — Machine de l'*Alliance*.

électrique en contient cinquante-six, distribués sur un châssis immobile. Ce châssis est une série de sept tranches octogonales. On a disposé huit aimants très énergiques sur un même plan vertical, un sur chaque côté de l'octogone, et ce plan se répète sept fois. Entre les groupes d'aimants passent les bobines; elles sont formées d'un double fer doux entouré de fil de cuivre recouvert de soie. Au repos, chaque fer doux se place devant un des pôles de l'aimant et forme armature. L'ensemble de toutes ces bobines est porté par un arbre mobile que l'on fait tourner par un moyen quelconque.

Quand l'arbre tourne, chaque bobine s'approchant ou s'éloignant d'un pôle d'aimant fixe est parcourue par un courant induit très puissant et instantané. Tous ces courants partiels, développés dans chacune des cent douze bobines, se réunissent en un seul dont la puissance est énorme; car on comprend qu'avec des soins et de l'attention on peut enrouler les fils sur les bobines et les rattacher les uns aux autres, de telle sorte que tous ces courants se renforcent en s'ajoutant les uns aux autres. Les bobines tournant très vite, les courants induits se succèdent à des intervalles excessivement courts et forment un courant alternatif représenté par la courbe de la figure 31.

Cette machine était construite par la Compagnie l'*Alliance,* qui s'était formée vers 1855 et qui s'était proposé de construire et de perfectionner les machines magnéto-électriques.

MACHINE DE MÉRITENS

C'est celle d'entre les machines actuelles qui se rap-

proche le plus de la machine historique de l'*Alliance*.
Comme elle est encore aujourd'hui en fonction dans
quelques applications spéciales, nous en donnons la description détaillée.

Comme dans la machine précédente, un induit composé d'un grand nombre d'électro-aimants tourne devant
une série d'aimants permanents fixés sur un châssis.

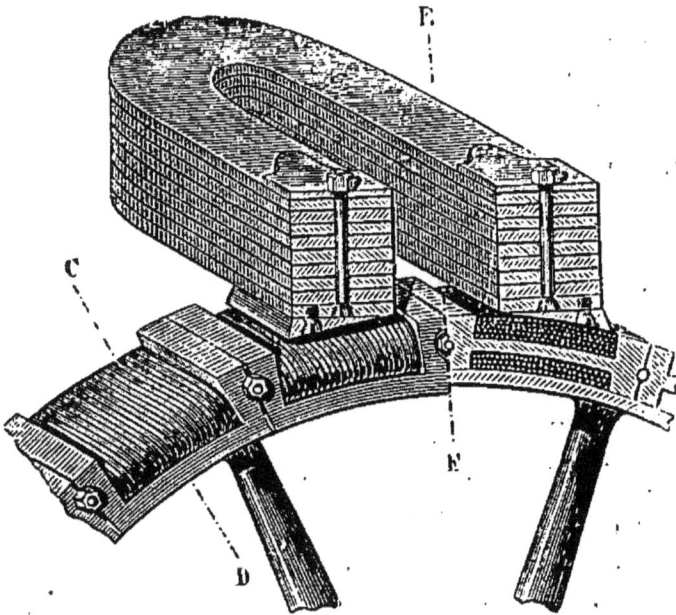

Fig. 35. — Détail de l'anneau de Méritens.

Mais les électro-aimants sont autrement disposés. Ils
sont légèrement recourbés en arcs de cercle et fixés bout
à bout de manière à former un anneau de grandes dimensions. Cet anneau est monté sur une roue en bronze et
tourne devant les aimants inducteurs disposés horizontalement sur deux carcasses en bronze. La figure 35 montre comment sont disposés ces organes. Les bobines, au
nombre de seize, nécessitent l'emploi de huit aimants
permanents.

Plusieurs détails de construction, que nous verrons utilisés dans d'autres machines, sont à noter. Les aimants permanents les plus énergiques, à poids égal, sont, comme l'a indiqué M. Jamin, formés de feuilles aimantées séparément, puis réunies. Dans la machine de M. Méritens, chaque aimant en U est composé de huit lames en acier de bonne qualité. Chacune de ces lames est aimantée séparément, et par leur réunion en un seul faisceau, on obtient un champ magnétique très puissant et constant. Le noyau de fer des électro-aimants est formé par la superposition d'un grand nombre de feuilles de tôle douce. On atteint par ce moyen deux buts différents. D'une part, la construction de l'anneau est ainsi considérablement simplifiée; ces feuilles de tôle étant simplement découpées à l'emporte-pièce et faciles à mettre sous la forme voulue. Mais, d'un autre côté, on arrive aussi à détruire, partiellement du moins, les effets des *courants de Foucault*. On conçoit, en effet, que par la rotation de l'anneau dans le champ magnétique, on crée des courants d'induction non seulement dans les bobines, mais aussi dans la masse même du fer; et, à cause de la division de cette masse métallique en un grand nombre de feuillets séparés par du papier, les courants élémentaires de Foucault ne se réunissent pas.

Les bobines de l'induit traversent successivement des champs magnétiques alternativement de sens contraire, et le flux de force qu'elles embrassent va tantôt en augmentant, tantôt en diminuant, devient nul, change de signe, etc. De la sorte on obtient une succession de courants ondulés alternatifs qui s'ajoutent, les bobines étant reliées en tension. Une extrémité du circuit communique avec le bâti de la machine, l'autre est reliée à un anneau, fixé sur l'axe de rotation et sur lequel appuie un balai.

C'est en ces deux points que l'on recueille le courant alternatif total.

Dans une machine plus puissante que celle reproduite

Fig. 36. — Machine de Méritens.

dans la figure, M. de Méritens a disposé les aimants comme dans la machine de l'Alliance. La figure montre la réunion sur un même axe de cinq anneaux comme celui que nous venons de décrire, qui tournent à l'intérieur de cinq couronnes d'aimants. On peut coupler ces

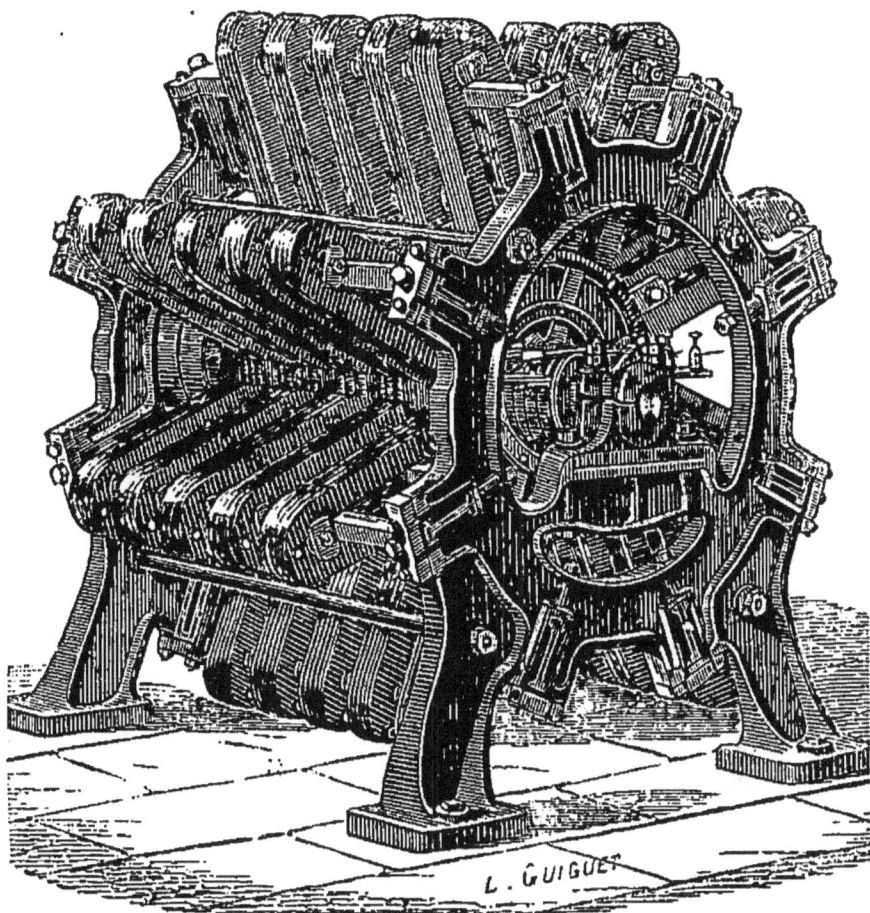

Fig. 57. — Grande machine de Méritens.

différents anneaux à volonté, soit en tension, soit en quantité.

Nous avons étudié le phénomène de la self-induction (ou extra-courant) qui produit, comme nous l'avons vu, une force électromotrice contraire à celle qui engendre le courant primaire dans une bobine. Nous savons aussi·

que ce courant de self-induction dépend des variations du courant primaire. Il nous suffit, pour le moment, de rappeler que ce phénomène tend toujours à
s'opposer à l'augmentation d'intensité du courant qui
traverse une bobine, et cela avec d'autant plus d'énergie
que cette bobine est composée d'un plus grand nombre
de tours de fil.

Dans la machine de Méritens, où chaque bobine in-
duite comprend un très grand nombre de spires, la self-
induction joue un rôle considérable; et c'est à cette
particularité qu'est dû l'emploi de cette machine pour
la production de puissants foyers lumineux dans les
phares.

MACHINE DE LONTIN

Avec cette machine, nous commençons l'étude de
générateurs à courants alternatifs qui se distinguent des
précédents par un système d'inducteurs différents. On a
remplacé les aimants permanents par des électro-aimants
à noyau de fer doux dont les hélices magnétisantes sont
alimentées par une source d'électricité séparée.

Les aimants permanents, quoique perfectionnés dans
ces dernières années, sont en effet loin de produire les
mêmes effets que les électro-aimants de même poids,
dont la puissance est considérable. Bien que ces derniers
exigent, pour la production d'un champ magnétique constant, une dépense inhérente à l'entretien d'un courant
excitateur, on trouve encore plus d'avantages à leur emploi qu'à celui des aimants en acier, lourds et encom-
brants.

Il est vrai qu'un aimant permanent ne coûte que le
prix d'établissement. Mais en considérant que sa con-

struction nécessite un acier de première qualité et
aussi une infinité de soins pour l'aimantation, on voit
que ce prix sera élevé. D'un autre côté, on produit aujourd'hui, au moyen des électro-aimants, des champs
magnétiques d'une constance très suffisante pour la
pratique, et de plus on peut leur donner facilement
une aimantation déterminée. Cette dernière circonstance
constitue un immense avantage, puisqu'elle permet,
par une augmentation ou une diminution du courant
magnétisant, de rendre le champ inducteur plus ou
moins intense, c'est-à-dire de faire varier à volonté la
puissance de production d'une machine.

La machine à pignon de Lontin est une de celles qui
appliquent les électro-aimants pour la production du
champ magnétique. Sur un tambour de fer mobile autour
d'un axe sont implantées quatre rangées d'électro-aimants.
Chaque rangée est composée de douze bobines reliées
entre elles en tension. Ce système mobile forme l'inducteur, le système induit étant fixe.

Ce dernier est constitué par des bobines en nombre
égal à celles de l'inducteur et fixées toutes à l'intérieur
d'une charpente cylindrique, comme on peut le voir
figure 38.

Cette machine avait été établie dans le but de permettre la division de la lumière électrique, résultat que
l'on obtient aujourd'hui dans de bien meilleures conditions. On avait, dans ce but, fait aboutir les extrémités
de chaque bobine de l'induit à une sorte de manipulateur, que l'on voit sur la figure M. Il était formé d'un
clavier contenant un nombre de touches égal à celui
des courants utilisables, et dont la manipulation permettait le couplage, l'extinction et l'allumage des foyers
lumineux rendus ainsi indépendants les uns des autres.

Fig. 38. — Machine de Lontin.

On reproche à cette machine un rendement très mauvais, dû en grande partie à la perte par hystérésis. Les électro-aimants sont en effet disposés de façon à être soumis à de grandes variations de magnétisme, et l'on se trouve ainsi dans de mauvaises conditions, d'autant plus que la masse de fer du système est considérable. Il faut ajouter qu'il y a aussi de graves inconvénients mécaniques à faire tourner un système aussi lourd que le pignon de Lontin.

Cette machine, presque abandonnée aujourd'hui, avait été appliquée à l'éclairage des gares de Lyon et de Saint-Lazare, et plus récemment de la place du Carrousel.

MACHINE GRAMME

La machine à courants alternatifs de Gramme a plusieurs caractères communs avec la précédente. Le système inducteur, mobile, est constitué par une espèce de roue sans jante dont les rayons sont formés par des électro-aimants en forme de T (fig. 39). Il tourne à l'intérieur d'un anneau à bobines induites dans le genre de celui de la machine de Méritens. Les noyaux sont au nombre de 4, 6 ou 8.

Cette machine a été construite spécialement pour l'alimentation des bougies Jablochkoff et arrangée de manière à pouvoir former, par la réunion des bobines induites, plusieurs circuits séparés.

A chaque pôle d'inducteur correspondent quatre bobines induites. Six de ces dernières sont, au signe du pôle près, dans la même position relative. En les couplant convenablement, on peut donc les disposer en tension, ou bien fournir quatre circuits distincts. Mais on ne peut mettre ces circuits à la suite l'un de l'autre, car ils ne se trouvent pas au même instant dans les mêmes conditions électriques.

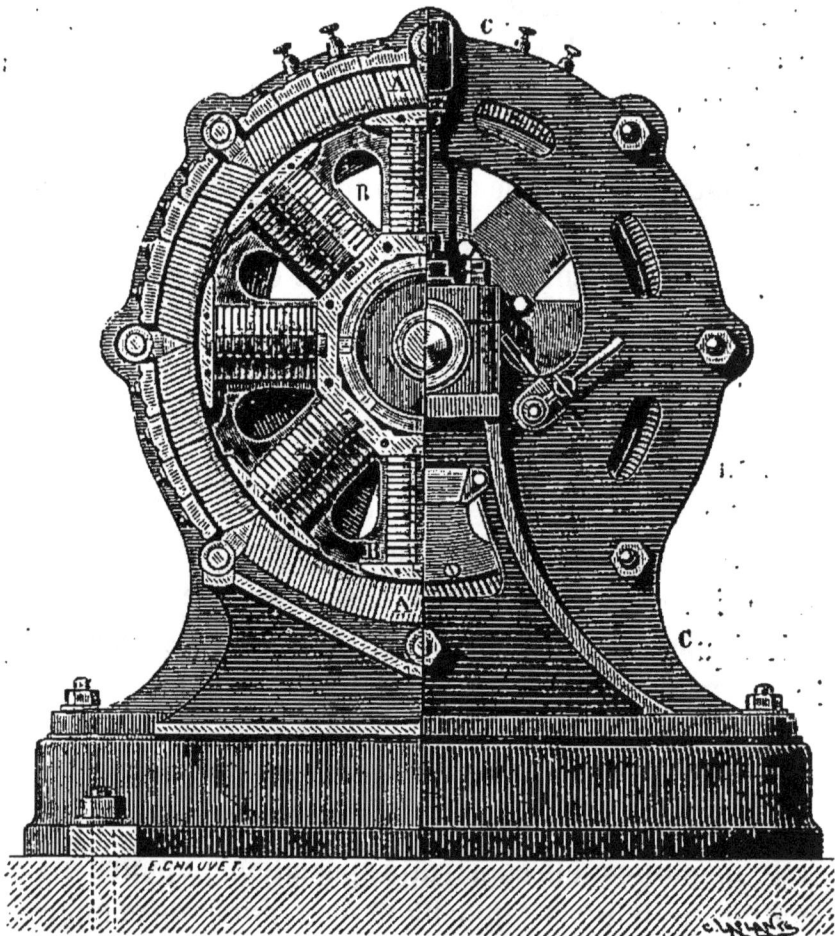

Fig. 59. — Machine à courants alternatifs de Gramme.

Contrairement à ce qui se passe dans la machine de Lontin, les noyaux de fer s'échauffent relativement peu, ce qui indique une moindre perte par hystérésis et de meilleures conditions magnétiques. Aussi rencontre-t-on cette machine assez souvent, surtout le modèle inventé par M. Gramme en 1880.

Dans ce dernier modèle, la machine qui fournit le courant excitateur des électro-aimants est solidaire avec la machine à courants alternatifs. Les deux induits sont montés sur le même axe et les deux machines forment un seul ensemble. Néanmoins les deux organes ont des fonctions entièrement distinctes. On ne voit donc pas bien pour quelle raison cette machine est appelée auto-excitatrice.

ALTERNATEUR MORDEY

Pour comprendre l'idée principale appliquée dans la machine dite *alternateur* de M. Mordey, rappelons que l'on peut engendrer dans une bobine des courants alternativement renversés, en la faisant mouvoir entre les deux pôles d'un aimant, toujours les mêmes; c'est-à-dire, il suffit que la bobine embrasse un flux de force périodiquement variable, sans que ce flux change de signe.

Page avait déjà appliqué ce principe dans une des premières machines. Il faisait varier le flux de force par le déplacement d'armatures, qui amenaient des changements de résistance du circuit magnétique et, par suite, des répartitions différentes des lignes de force.

L'alternateur de M. Mordey est tout récent; son invention ne date que de 1888. Voici comment sont disposés ses principaux organes.

Supposons une sphère que l'on aurait fendue le long de plusieurs grands cercles méridiens, découpant ainsi un certain nombre de tranches ou de quartiers. On enlève ensuite les quartiers de rang pair et ne laisse que ceux de rang impair. Puis on pratique une incision le long du grand cercle équateur pour avoir une reproduction de l'inducteur Mordey.

La figure 40 fera du reste comprendre cette disposition. Les lettres A A désignent les bras qui forment les deux pôles d'un électro-aimant, dont la bobine B est enroulée sur l'axe de la sphère. L'induit est formé par

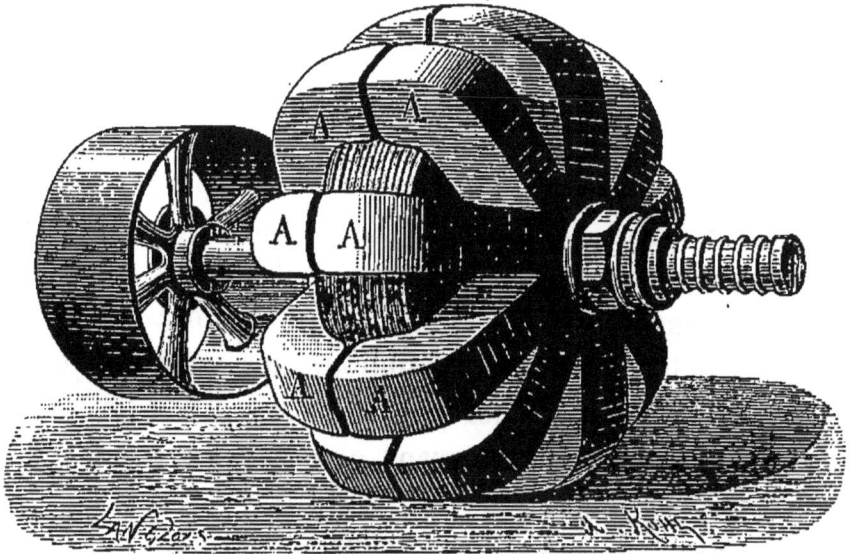

Fig. 40. — Inducteur de l'alternateur Mordey.

une couronne de bobines plates, placée dans la fente principale.

On voit que lorsque les bobines sont placées en regard des bras de l'inducteur, elles sont traversées par un très grand flux de force, le champ magnétique étant à cet endroit très intense. Dans les intervalles entre les bras, au contraire, le flux embrassé par les bobines est très faible, presque nul. Il y a donc des variations dans la grandeur du flux, mais non dans le sens.

Cette machine est très simple et de construction très économique. Le type de 1888 a été établi de façon à donner une différence de potentiel de 2 000 volts et un courant de 40 ampères, ce qui correspond à la puissance considérable de 109 chevaux environ.

MACHINE SIEMENS

Le système Siemens est le type des machines à courants alternatifs dont l'induit ne contient pas de fer. On a supprimé ce métal, parce que l'on supprimait en même temps toute perte par hystérésis dans l'induit. Mais, d'un autre côté, l'air qui a pris la place du fer a une résistance magnétique spécifique beaucoup plus grande. Or, comme le courant magnétique est soumis à une loi analogue à la loi d'Ohm pour l'intensité d'un courant électrique, le flux d'aimantation est, toutes choses égales d'ailleurs, beaucoup plus faible dans l'air que dans un noyau de fer.

Il y a un moyen bien simple de diminuer la résistance d'un circuit magnétique, c'est d'en diminuer la longueur. C'est ce moyen que l'on a employé dans les machines à induit sans fer. Aussi verra-t-on, dans toutes ces machines, des induits très aplatis et tournant entre des pôles très rapprochés, formant des champs magnétiques courts et intenses.

Dans la machine Siemens, deux anneaux en fonte supportent chacun 16 électro-aimants droits $i\,i$ (fig. 41); les électro-aimants d'une couronne sont placés en face de ceux de l'autre couronne. Les bobines de ces électro-aimants sont toutes reliées entre elles et enroulées de façon à ce que chaque pôle d'électro-aimant sud soit placé entre deux pôles nord et ait en face de lui, sur l'autre couronne, un pôle nord. De cette façon on forme 16 champs magnétiques alternativement de sens contraire entre les deux couronnes du système inducteur. Les électro-aimants sont excités par le courant

Fig. 41. — Machine de Siemens.

d'une petite machine à courants continus du même constructeur.

L'induit est un disque plat formé de 16 bobines ou cadres affectant, comme celles de l'inducteur, une forme ovoïde. Comme deux bobines successives sont au même instant placées dans des champs magnétiques de sens opposé, il a fallu employer un enroulement spécial pour que les courants partiels s'ajoutent. A cet effet, les cadres sont enroulés alternativement en sens contraire comme l'indique la figure schématique 42. De cette façon, les forces électromotrices dont ces bobines sont le siège ont toutes le même sens et l'on récolte leur somme sur

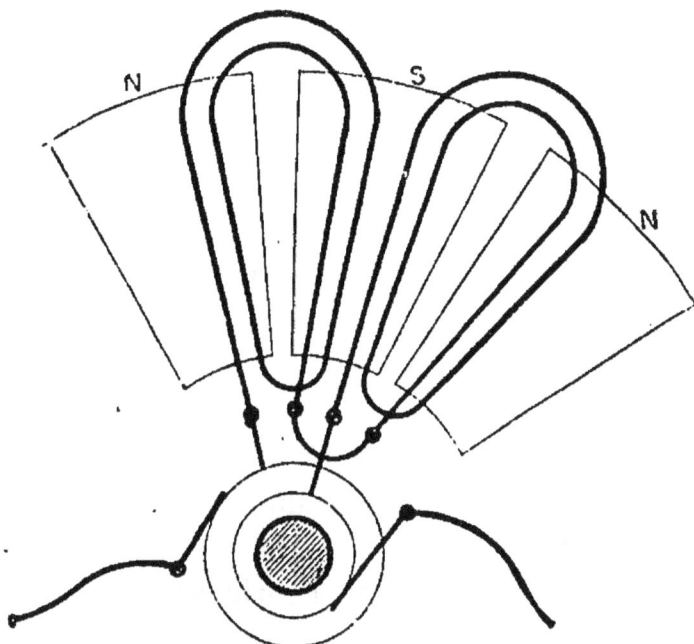

Fig. 42. — Enroulement des bobines.

les bagues collectrices, auxquelles viennent aboutir les extrémités des différents circuits de bobines. Les bobines induites sont maintenues par des joues métalliques inertes, mais percées de larges trous qui permettent une bonne ventilation.

Le circuit induit peut être divisé en plusieurs sections; à la limite on en pourrait former 16, chaque bobine étant alors indépendante. Mais ordinairement on ne se sert que de deux ou trois circuits. Plusieurs bagues collectrices, placées sur l'arbre de rotation, permettent d'ailleurs d'effectuer différents couplages. On marche à volonté avec 400 volts et 10 ampères, ou bien 200 volts et 10 ampères, etc.

Dans les derniers types de la maison Siemens et Halske, les bobines de l'induit sont formées par des lames de cuivre enroulées à plat qui présentent peu de résistance. Pour les raisons données plus haut, les inducteurs sont très rapprochés les uns des autres; la distance entre deux noyaux de fer en regard l'un de l'autre ne dépasse pas 20 à 28 millimètres.

Disons en passant que le phénomène de la self-induction joue dans cette machine, comme dans toutes celles à courants alternatifs, un rôle considérable.

MACHINE FERRANTI

M. Ferranti a modifié la machine Siemens en donnant à l'induit une forme spéciale qui présente plusieurs avantages. On construit cet induit en enroulant un long ruban de cuivre en une courbe sinueuse $L L L$, sorte de zigzag circulaire (fig. 43). On peut en superposer plusieurs, séparés entre eux par de la fibre végétale. Les deux extrémités de la lame métallique viennent aboutir à deux colliers métalliques sur lesquels appuient des frotteurs.

Cette disposition offre une plus grande simplicité de construction que l'induit Siemens. La résistance intérieure du système Ferranti est plus faible et sa légèreté permet de lui imprimer une vitesse de rotation considérable.

Aussi cette machine est-elle aujourd'hui très employée, surtout en Angleterre, où elle alimente de puissants éclairages. On a pu en voir fonctionner à l'Exposition universelle un type de 100 chevaux. On

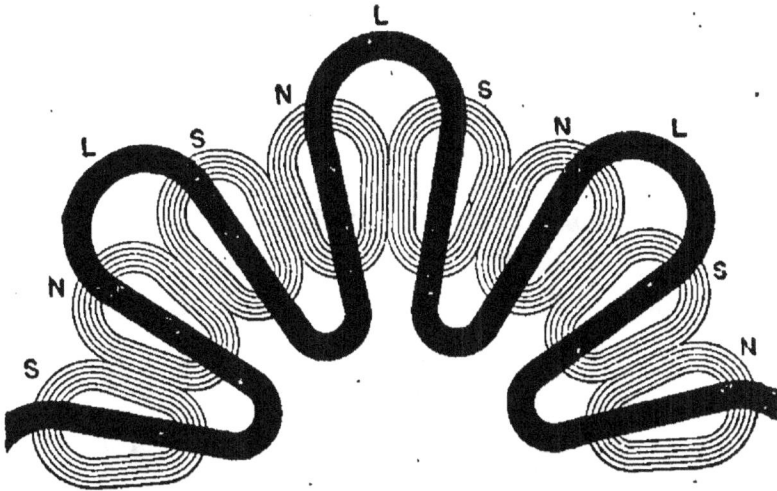

Fig. 43, — Enroulement de la machine Ferranti.

dit que M. Ferranti a l'intention de construire un modèle pouvant développer 10 000 chevaux électriques. En Angleterre ces choses sont possibles.

CHAPITRE III

MACHINES A COURANTS REDRESSÉS

PREMIÈRE MACHINE

Le redressement des courants alternatifs en courants parcourant le fil toujours dans le même sens, se fait par l'intermédiaire d'un organe spécial, le *commutateur* imaginé par l'Anglais Dorwe. Toutes les machines à courants alternatifs sont susceptibles d'être transformées en machines à courants redressés par l'adjonction d'un commutateur.

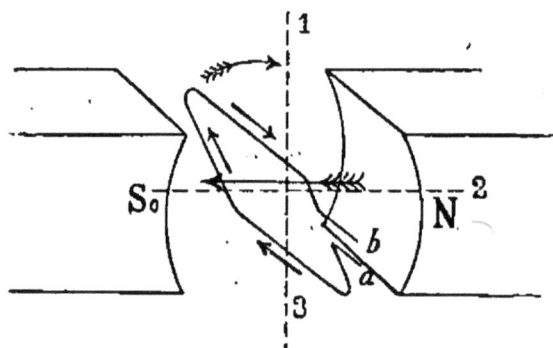

Fig. 44. — Machine théorique.

La machine Clarke que nous avons déjà examinée est le type primitif de ces systèmes à courants redressés. Mais pour comprendre le rôle que joue le commutateur, nous allons étudier une machine théorique plus simple, que nous supposerons composée d'une spire de fil tournant dans un champ magnétique.

Les lignes de force vont du pôle nord N (fig. 44) au pôle sud S. Losrque la spire est dans la position de départ O, elle n'est traversée par aucune ligne de force.

Mais dès qu'elle se met à tourner dans le sens indiqué par la flèche, elle présente aux lignes de force une surface de plus en plus grande, c'est-à-dire que le flux de force qu'elle peut embrasser est maximum, lorsque le plan devient perpendiculaire à leur direction. Dans son mouvement de rotation de 1 vers 2 la surface de la spire, et par conséquent le flux de force, va constamment en diminuant, jusqu'à devenir nulle en 2. En cheminant de 2, par 3, à 0, les mêmes phénomènes se répètent ; voyons leurs conséquences.

Le déplacement de la spire a, somme toute, pour effet de produire des variations de flux. Ces variations deviennent d'autant plus faibles que le flux est plus près de sa valeur maxima, dans les environs de 1. Le courant engendré diminue donc au fur et à mesure que la spire s'approche de 1, où le courant est nul. Comme le flux va en diminuant dans le premier quartier et en augmentant dans le second, le courant doit changer de signe, en passant par la valeur zéro, au point 1.

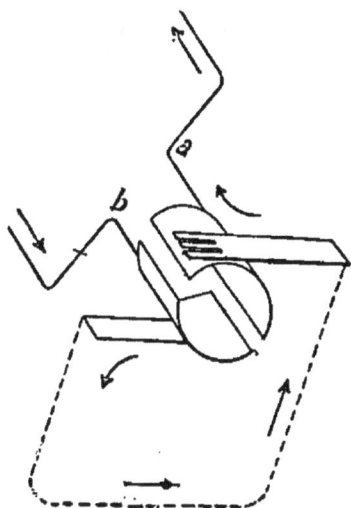

Fig. 45. — Commutateur.

Dans les machines à courants alternatifs, on se contente de recueillir ces courants sur deux bagues en communication avec les deux bouts de fil a et b. On lance ainsi dans le circuit d'utilisation des courants alternativement renversés.

Mais on peut se proposer de n'envoyer dans le circuit extérieur que des courants de même sens. On relie alors les extrémités a et b de la spire (fig. 45) à deux

demi-bagues placées sur l'axe, en face l'une de l'autre
et bien isolées. La figure montre le balai frotteur A en
contact avec la pièce *a*. Le circuit est parcouru par un
courant du sens indiqué par les flèches. Lorsque la spire
arrive dans la position où le courant change de sens,
le balai A est placé sur la fente de séparation des demi-
bagues. Le mouvement de rotation continuant, il arrive
que le courant est renversé dans la spire, tandis qu'il
est toujours de même sens dans le circuit extérieur
(en pointillé sur la figure), la pièce *b* étant venue sous
le frotteur A. Il est à remarquer que le courant est
nul deux fois par tour, à l'instant précis où les balais
mettent les deux pièces du commutateur en communication.

M. Deprez a combiné un commutateur pouvant donner
à volonté des courants alternatifs ou redressés. Il consiste
en un cylindre métallique coupé en deux, transversale-
ment, par une fente en forme de baïonnette (fig. 46).
Les balais peuvent être déplacés parallèlement à l'axe

Fig. 46. — Commutateur Deprez.

et donner ainsi selon leurs positions respectives l'une
ou l'autre sorte de courants.

MACHINE SIEMENS

L'un des grands perfectionnements de cette catégorie
de machines fut celui apporté en 1854 par M. W. Siemens. Il consiste dans la substitution aux bobines induites

ordinaires d'une armature spéciale, connue sous le nom d'*induit en I* de Siemens et que nous représentons dans la figure.

Cet induit est formé par une longue bobine, dont le noyau de fer doux a la forme d'une navette de tisserand obtenue en vidant tout autour d'un cylindre de fer une large rainure. La section transversale de cette bobine affecte la forme d'un double I, ainsi que le montre la figure 48. La rainure est remplie par un enroulement de fil de cuivre, dont les spires sont maintenues par des

Fig. 47. — Armature Siemens.

ligatures en fil de fer, pour les empêcher de céder aux efforts exercés par la force centrifuge. La bobine tourne

Fig. 48. — Induit Siemens.

autour de l'axe du cylindre. Les deux extrémités de la bobine vont à un commutateur que l'on aperçoit figure 49.

Cet induit tourne entre deux pièces polaires qui l'enveloppent sur toute sa longueur et s'en approchent le plus près possible. L'aimant qui est muni de ces épanouissements polaires est formé, dans la machine Siemens (fig. 49), par la superposition d'un certain nombre de lames en fer à cheval aimantées.

On voit que cette machine est fondée sur le principe de notre machine théorique. Mais l'effet est multiplié par le nombre de spires et les lignes de force du champ magnétique sont concentrées par le noyau de fer.

La bobine Siemens a été bien des fois appliquée pour la construction de petits moteurs électriques. M. Deprez a disposé l'armature longitudinalement entre les bras d'un

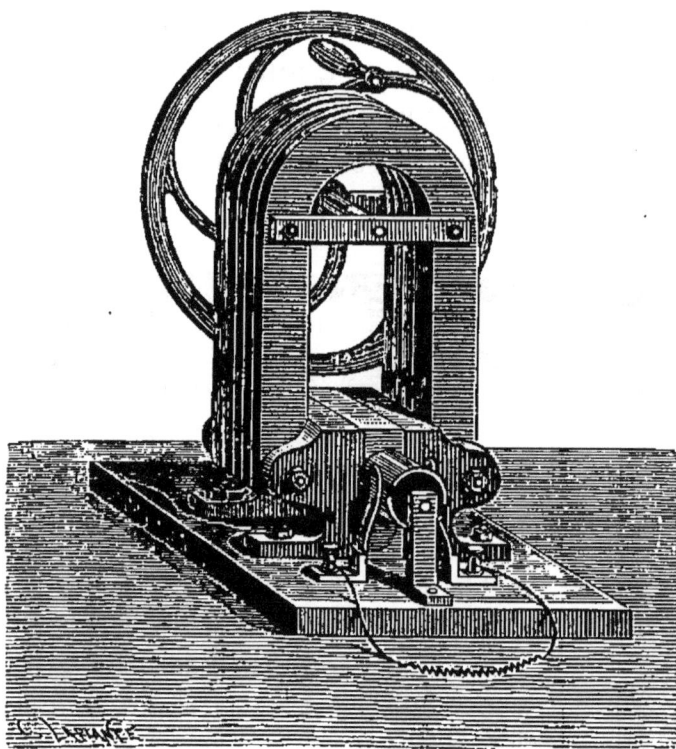

Fig. 40. — Machine magnéto-électrique de Siemens,

aimant en fer à cheval, de façon à utiliser la plus grande partie possible du champ magnétique et a obtenu ainsi des effets remarquables.

Plusieurs inventeurs songèrent à remplacer l'aimant permanent de la machine magnéto-électrique par un électro-aimant. Cette idée était du reste déjà ancienne : Sinsteden l'avait eue dès 1851. Mais c'est Wilde qui l'ap-

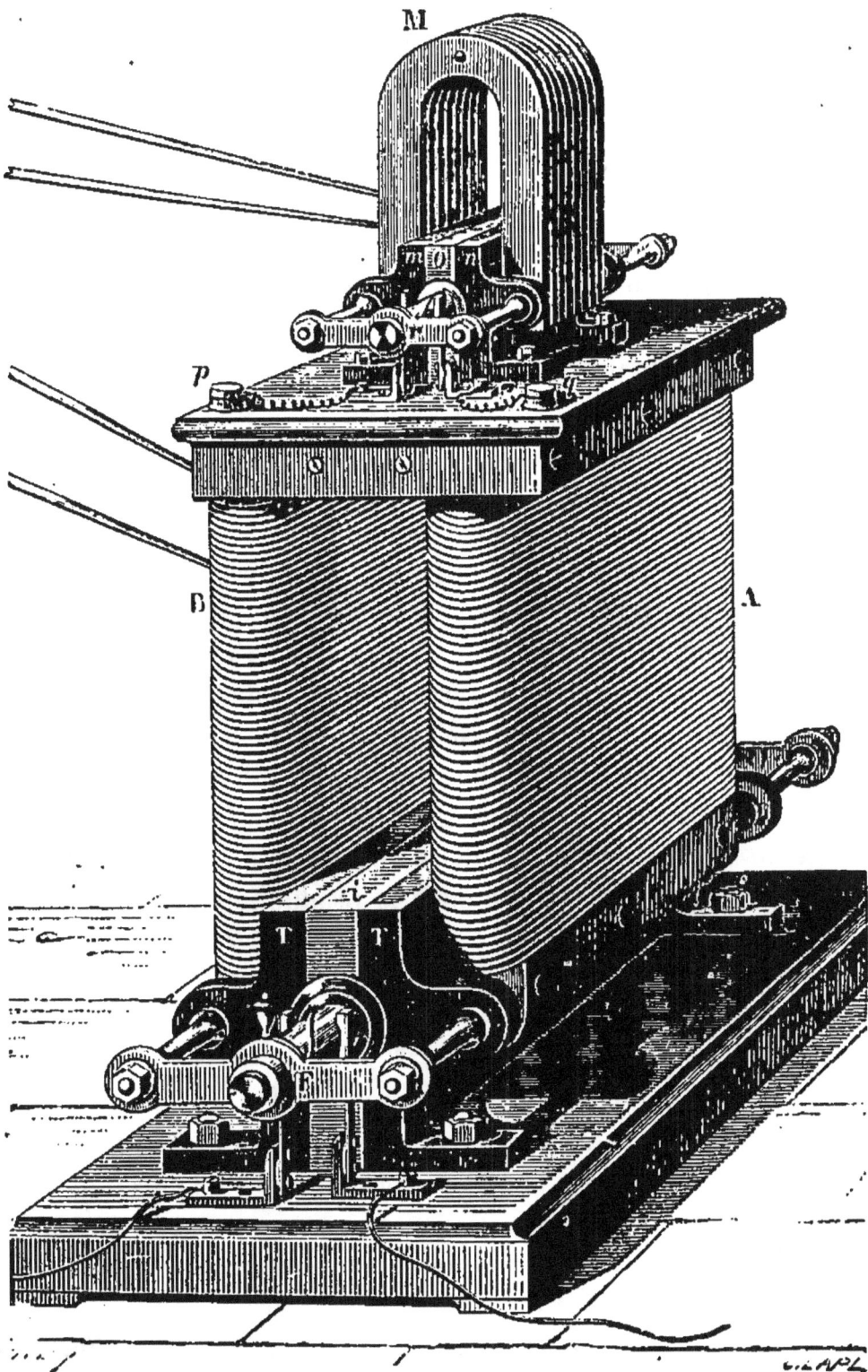

Fig. 50. — Machine de Wilde.

plique en 1864 dans une machine, pour laquelle il se servit de l'induit Siemens.

L'électro-aimant était formé de deux branches plates entourées de fil et réunies à leur partie supérieure par une plate-forme solide. Celle-ci supportait une petite machine Siemens ordinaire, dont le courant servait à l'excitation des inducteurs de la grosse machine. Les poulies des deux induits du genre Siemens étaient commandées par le même arbre de transmission (fig. 50).

Le principe était donc l'emploi d'un électro-aimant excité par une source séparée. Il faut remarquer que cette source fournissait des courants redressés. Comme ceux-ci passent périodiquement par zéro, l'intensité décrit un cycle qui donne lieu à des fluctuations dans l'aimantation de l'inducteur, et par conséquent à une perte d'énergie par hystérésis sous forme de chaleur. Quoique l'idée de Wilde soit en elle-même très bonne, sa machine ne pouvait donner que de faibles résultats.

En 1867 un nouveau progrès fut réalisé. Ladd proposa d'enrouler sur l'induit deux fils séparés servant l'un pour l'excitation, l'autre pour la production du courant extérieur.

MACHINE GÉRARD

De toutes les machines à courants redressés que nous venons d'énumérer, aucune n'est appliquée à la production de puissances un peu élevées.

La machine Gérard marque un certain progrès dans la voie des applications industrielles des courants redressés. M. A. Gérard s'est appliqué avec une énergie et une persévérance rares à la solution des importants pro-

blèmes qui se posaient dès les premiers temps du développement de l'industrie électrique.

Dans d'autres chapitres de ce livre, nous aurons encore
à mentionner les beaux résultats obtenus par cet infatigable travailleur. Sa machine est un acheminement vers
les machines à courants continus, elle tient une place
intermédiaire entre ces dernières et celles à courants
redressés.

Le système inducteur est multipolaire, il contient
4 pôles d'électro-aimants dont l'enroulement est arrangé
de façon qu'un pôle nord soit placé entre deux pôles sud,
c'est-à-dire que deux pôles diamétralement opposés
soient de même nom. Ces électros sont fixés à l'intérieur
d'un tambour en fonte soigneusement tourné, et leur
surface polaire est alésée en forme de cylindre.

C'est à l'intérieur de ce cylindre que tourne l'induit.
Celui-ci est formé par la superposition de plaques de
tôle de fer et affecte la forme d'une croix à quatre branches. Chaque branche reçoit une bobine et sa surface
polaire est sectionnée de façon à assurer une bonne ventilation.

On obtient donc déjà 4 variations de champ par tour
et par conséquent 4 inversions de courant. On peut
se croire dans l'obligation d'employer quatre balais
frotteurs sur le commutateur à quatre plaques. Mais on
parvient, par un mode de communication spécial, à
ramener le nombre de balais à deux seulement. Il faut
remarquer en effet que deux bobines diamétralement
opposées sont toujours dans le même état électrique, elles
se trouvent toutes les deux au même instant devant deux
pôles sud ou devant deux pôles nord. Il en résulte que
l'on peut les faire communiquer entre elles, et il ne
reste qu'à recueillir le courant de deux bobines succes-

sives. C'est pour cette raison que dans la machine Gérard les deux balais font entre eux un angle de 90 degrés comme le montre la figure.

C'est ici que se rencontre pour la première fois un mode d'excitation, dont nous réservons l'étude plus détaillée pour le chapitre des machines à courants continus, parce que son emploi avec des courants redressés

Fig. 51. — Machine Gérard.

est accompagné d'inconvénients que nous allons signaler. Dans la machine Gérard, le courant ne va pas directement des balais dans le circuit d'utilisation : il passe d'abord dans les bobines des électro-aimants inducteurs auxquels il communique une aimantation énergique. Ce mode d'*auto-excitation*, employé couramment dans les machines dynamo-électriques à courants continus, donne lieu, dans les machines à courants redressés, à une perte assez considérable d'énergie par échauffement des pièces de fer. Loin d'avoir un champ d'intensité constante, l'excitation subit des fluctuations trop favorables au phénomène de l'hystérésis, que nous avons déjà si souvent rencontré.

De plus, cette machine est le siège de courants d'induction secondaires qui donnent lieu à la production d'étincelles au commutateur, condition défavorable au rendement.

Mais, malgré ces défauts, ces machines présentent quelques particularités qui leur assurent d'utiles applications dans la petite industrie. Leur construction est simple et robuste; toutes les pièces pouvant être enlevées séparément, tout accident est facilement réparable. . Il faut, du reste, ajouter que les plus grands soins sont apportés à leur construction et les réparations sont relativement rares. L'entretien de ces machines est des plus faciles; elles sont pourvues d'un mode de graissage qui offre toute sécurité.

MACHINE BRUSH

La machine Brush (fig. 52) est constituée par un anneau de grand diamètre tournant dans le champ magnétique produit par deux électro-aimants en fer à cheval. Ces électro-aimants, dont les culasses font partie du bâti de la machine, se présentent sous la forme de plaques à section rectangulaire, dont les extrémités polaires se placent devant les faces latérales de l'anneau, les pôles de nom contraire se trouvant en face l'un de l'autre. Les lignes de force vont ainsi d'un couple de pôles à travers les deux moitiés de l'anneau à l'autre couple.

L'anneau est en fonte, sa section est rectangulaire, mais le rectangle est modifié par de profondes rainures évidées sur les trois faces extérieures, rainures indiquées sur les figures 53 et 54. En outre, l'anneau porte 8 ou 12 échancrures radiales destinées à recevoir un égal nombre de bobines. Les rainures qui sillonnent l'anneau ont un but multiple; elles produisent avant tout un

Fig. 52. — Machine Brush.

sectionnement de la masse métallique qui doit s'opposer à la création des courants de Foucault, au moins dans une certaine mesure; en outre ces évidements diminuent considérablement le poids de l'ensemble et assurent une bonne ventilation.

Les bobines induites sont reliées entre elles et au commutateur d'une façon toute particulière. On s'est arrangé de manière à ce que, sur les quatre couples de bobines, celle qui est le siège de la plus grande force électromotrice soit reliée en tension avec deux autres bobines, montées entre elles en dérivation ; le quatrième couple de bobines, où aucun courant ne prend en ce moment naissance est exclue du circuit. Cette combi-

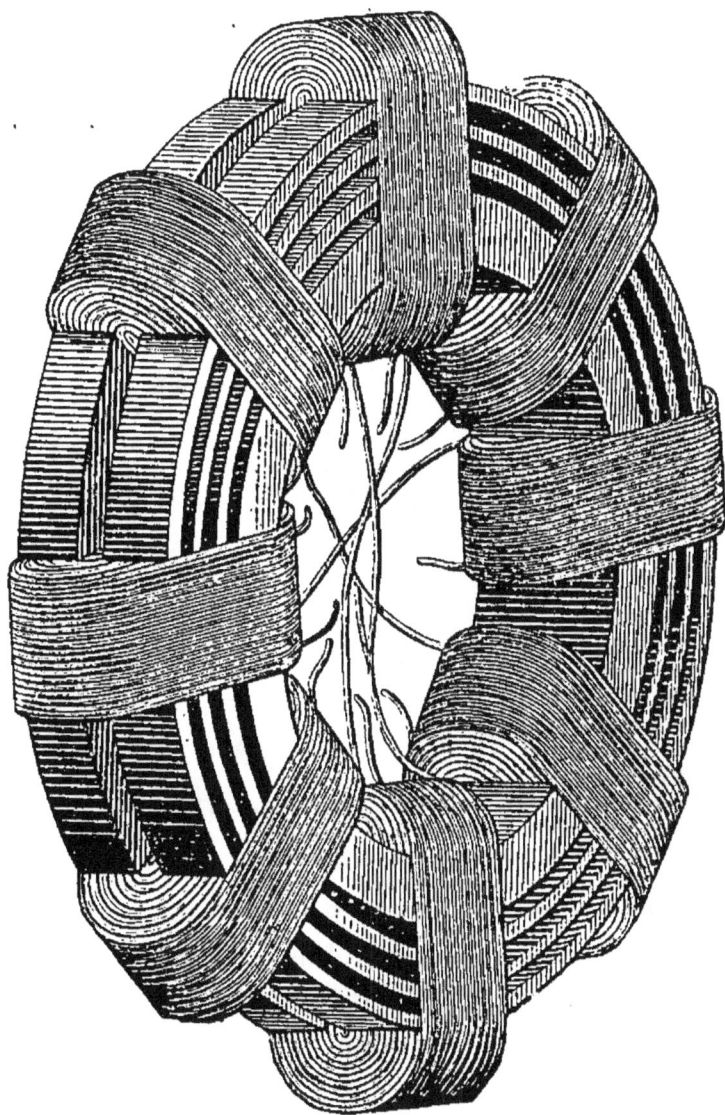

Fig. 53. — Anneau Brush.

naison nécessite un commutateur trop compliqué pour que nous en donnions ici la description.

Les bobines de la machine Brush comportant un grand

nombre de tours, la self-induction joue encore ici un grand rôle et se manifeste par d'énormes étincelles aux balais du commutateur. L'énergie, perdue dans ces étincelles, abaisse naturellement le rendement du système. Mais la machine est relativement peu coûteuse.

Le modèle ordinaire doit fournir un courant d'environ

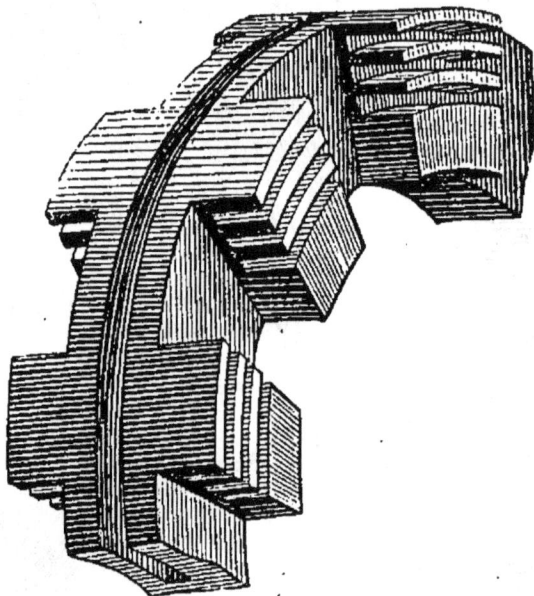

Fig. 54. — Détail de l'anneau.

10 ampères et une différence de potentiel de 2 000 à 2 500 volts. Ce type est favorable à la production de grandes forces électromotrices sans grand danger pour l'isolement, puisque les bobines et les pièces des commutateurs sont séparées par des distances assez grandes. C'est ce qui explique la vogue qu'ont eue les machines Brush en Amérique et en Angleterre, où l'on ne craint pas l'application des hauts potentiels.

Depuis sa création, la machine Brush a été très perfectionnée, et les modifications ont porté spécialement sur l'anneau. Celui-ci, au lieu d'être en fonte et d'une seule pièce, se fabrique maintenant en enroulant un long ruban de tôle douce et en intercalant, entre les différentes couches, des pièces de fer faisant saillie. L'inducteur est muni d'épanouissements polaires embrassant les trois huitièmes de la surface de l'anneau, et son noyau est en fer doux bien recuit, au lieu d'être en fonte. Ces modifications ont produit les résultats suivants : la puissance par kilogramme de cuivre employé sur l'armature a été augmentée dans le rapport de 130 à 200, et la force électromotrice de 28 à 50 pour 100.

MACHINE THOMSON-HOUSTON

Ce type ressemble au précédent par son système de commutation, mais il en est tout différent par la forme. Nous avons représenté à part la carcasse en fer du système inducteur dans la figure 55. Cet inducteur est constitué par deux cylindres en fonte C, très courts et de grand diamètre. Leurs extrémités extérieures sont boulonnées sur des plaques F formant culasse, et pour fermer le circuit magnétique en fer, ces plaques sont reliées entre elles par des barres de fer forgé B. Les extrémités intérieures des deux cylindres sont munies

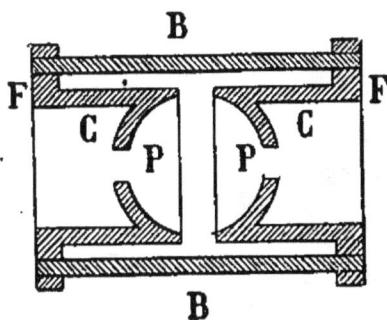

Fig. 55. — Inducteur Thomson-Houston.

de pièces polaires P alésées en forme de sphère creuse.

C'est à l'intérieur de cette cavité ainsi formée qu'est placé l'induit. Celui-ci a extérieurement la forme d'une

sphère obtenue de la manière suivante. Sur une carcasse
en fonte, on enroule du fil de fer de façon à obtenir un
noyau de forme d'ellipsoïde. Ce noyau est ensuite
revêtu d'un enroulement de fil de cuivre, sectionné en
trois bobines, dont l'ensemble affecte la forme d'une

Fig. 56. — Machine Thomson-Houston.

sphère d'un diamètre très peu inférieur à celui des
épanouissements polaires.

Comme dans l'armature Brush, la bobine soumise à
l'action la plus grande est à chaque instant couplée avec
les deux autres où l'action est plus faible. Les trois
bobines communiquent ensemble par un bout, et les

trois autres bouts vont à un commutateur à 5 plaques muni de 4 balais frotteurs. On peut obtenir qu'à certains moments une bobine particulière soit fermée sur elle-même et retirée, pour ainsi dire, de l'induit pendant un temps plus ou moins long. Il est donc possible de faire produire à cette machine une force électromotrice plus ou moins grande, sans changer la vitesse de rotation.

Le commutateur de la machine Thomson-Houston est le siège de longues étincelles, comme dans la machine Brush. Mais MM. Thomson-Houston ont remédié à cet inconvénient par l'intermédiaire d'un dispositif original. Deux fois par tour, deux petits ventilateurs éteignent les étincelles en soufflant sur elles chaque fois qu'un segment de commutateur quitte le balai.

Cette machine est destinée à produire une intensité constante d'environ 10 ampères et des forces électro-motrices variables de 100 à 3 000 volts.

Dans les dernières machines, M. Thomson a remplacé l'induit sphérique par un anneau Gramme; la figure représente la machine avec cette dernière modification.

CHAPITRE IV

MACHINES A COURANT CONTINU

MACHINE DE M. PACINOTTI

La première machine à courant continu fut construite en 1861 par M. Pacinotti et considérée par lui aussi bien comme moteur que comme machine génératrice.

« J'ai pris, dit-il, un anneau de fer tourné, pourvu de seize dents égales : cet anneau est soutenu par quatre bras ou rais en laiton BB, qui le relient à l'axe de la machine. Entre les dents, de petits prismes triangulaires en bois forment des creux dans lesquels s'enroule un fil de cuivre recouvert de soie. Cette disposition a pour but d'obtenir entre les dents de fer de la roue un isolement parfait des hélices ou bobines électro-dynamiques ainsi formées. Dans toutes ces bobines, le fil est enroulé dans le même sens, et chacune d'elles est formée de neuf spires. Deux bobines consécutives sont séparées l'une de l'autre par une dent de fer de la roue et par un petit prisme triangulaire en bois. En quittant une bobine pour construire la suivante, j'arrête le bout du fil de cuivre en le fixant au morceau de bois qui sépare les deux bobines.

« Sur l'axe qui porte la roue ainsi construite, j'ai groupé tous les fils dont un bout forme la fin d'une bobine et l'autre le commencement de la bobine suivante, en les faisant passer par des trous pratiqués à cet effet dans un manchon ou collier en bois cintré sur le même axe, et de là en les attachant au commutateur monté également sur l'axe.

« Ce commutateur consiste en une rondelle ou petit cylindre en bois, ayant au bord de sa circonférence deux rangées de mortaises dans lesquelles sont encastrés seize morceaux de laiton, huit dans les mortaises supérieures, huit dans les inférieures, les premiers alternant avec les seconds, tous concentriques au cylindre de bois sur lequel ils font légèrement saillie et dont l'épaisseur sépare une rangée de l'autre.

« Chacun de ces morceaux de laiton est soudé aux deux bouts de fil qui correspondent à deux bobines con-

sécutives, de sorte que toutes les bobines communiquent entre elles, chacune d'elles étant reliée à la suivante
par un conducteur dont fait partie un des morceaux de
laiton du commutateur. Si donc on met en communication avec les pôles d'une pile deux de ces morceaux de
laiton au moyen de deux galets métalliques G, le courant
en se partageant parcourra l'hélice sur l'un et sur l'autre

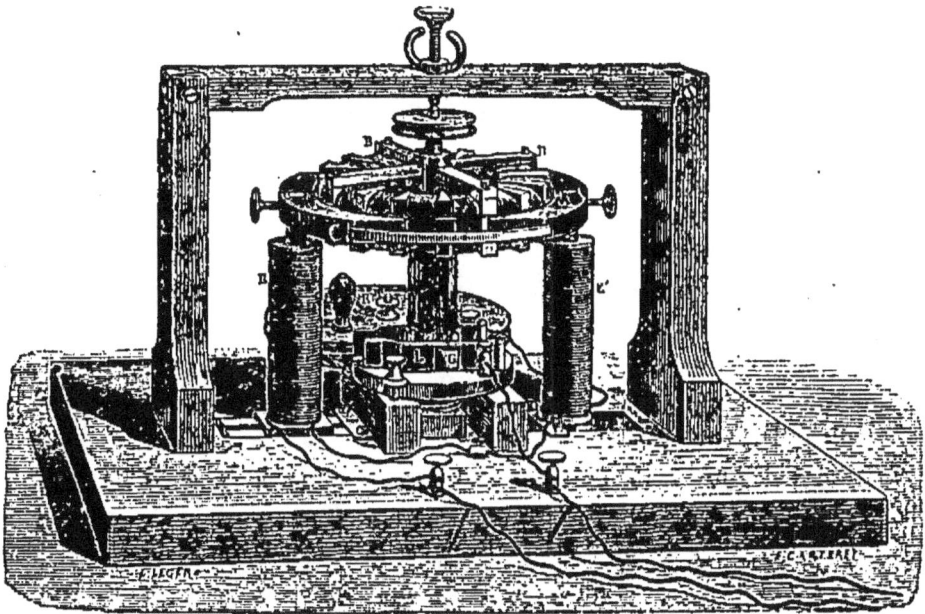

Fig. 57. — Machine de Pacinotti.

côté des points d'où partent les bouts des fils rattachés
aux morceaux de laiton qui communiquent avec les
galets, et les pôles magnétiques paraîtront dans le fer
du cercle sur le diamètre perpendiculaire AA'. Sur ces
points agissent les pôles d'un électro-aimant fixe qui
déterminent la rotation de l'électro-aimant transversal
autour de son axe, attendu que dans l'électro-aimant
transversal en mouvement, les pôles se reproduisent tou-

jours dans les positions fixes qui correspondent aux communications avec la pile. »

Quant au principe, cette machine ne diffère pas sensiblement des machines à courant continu modernes. L'anneau se retrouve dans un grand nombre de ces machines, et le collecteur, décrit par M. Pacinotti sous le nom de commutateur, est également appliqué dans toutes. Dans la précédente description, M. Pacinotti envisage sa machine comme moteur; mais il a très bien compris qu'elle constituait aussi un générateur d'électricité : « Il me semble, dit-il, que ce qui peut augmenter la valeur de ce modèle, c'est la facilité qu'il offre de pouvoir transformer cette machine électro-magnétique en machine magnéto-électrique à courant continu. Si, au lieu de l'électro-aimant, il y avait un aimant permanent et que l'on fit tourner l'électro-aimant transversal, on aurait, en fait, une machine magnéto-électrique qui donnerait un courant induit continu toujours dirigé dans le même sens.

Pour faire développer un courant induit par la machine ainsi construite, j'ai approché de la roue magnétique les pôles opposés de deux aimants permanents, ou j'ai magnétisé à l'aide d'un courant l'électro-aimant fixe qui s'y trouvait, et j'ai fait tourner sur son axe l'électro-aimant transversal. Tant dans le premier que dans le second cas, j'ai obtenu un courant induit toujours dirigé dans le même sens. »

MACHINES DYNAMO-ÉLECTRIQUES

La machine Pacinotti fournit un courant continu et à ondulations très peu marquées, ce qui permet de le considérer pratiquement comme constant. Or, M. Pacinotti, lorsqu'il voulut employer sa machine comme génératrice, se crut obligé de faire passer dans les électro-aimants fixes un courant produit séparément. L'idée ne lui vint pas d'employer à l'excitation des électros le courant produit par la machine elle-même. Ce ne fut qu'en 1867 que MM. Siemens et Wheatstone inventèrent simultanément l'*auto-excitation*.

Quoique, en général, toute machine d'induction, dont les inducteurs sont constitués par des électro-aimants, rentre dans la classe des machines dynamo-électriques, il faut remarquer que celles qui produisent un courant continu emploient toutes une partie de ce courant à la création de leur propre champ magnétique. Chacun des deux électriciens qui imaginèrent l'auto-excitation l'avait comprise d'une façon différente. L'un, M. W. Siemens, fit passer le courant total recueilli aux balais du collecteur à travers les électro-aimants inducteurs. Il coupla donc les inducteurs en tension, ou en série, avec l'induit et le circuit extérieur, et réalisa ainsi la première *série-dynamo*. Wheatstone employa à l'excitation une dérivation seulement du courant principal. Il attacha donc aux balais deux fils allant au circuit d'utilisation et deux autres fils reliés aux inducteurs. La dérivation prise sur l'induit constitue un shunt, et ce mode d'excitation caractérise les *shunt-dynamos*.

Voyons comment fonctionnent ces deux modes d'excitation. Le fer des électro-aimants inducteurs, quelque pur qu'il soit, garde toujours un peu de magnétisme rémanent; il constitue donc un aimant permanent très faible. Dès que l'on fait tourner l'induit, le flux de force très faible dû au magnétisme rémanent y crée un petit courant qui, passant par les inducteurs, en renforce l'aimantation. Il en résulte que le courant de l'induit devient de plus en plus énergique et crée un champ de plus en plus puissant jusqu'à atteindre un régime normal.

La différence entre les deux modes d'auto-excitation se manifeste dans la manière dont le régime normal s'établit. Prenons une série-dynamo, laissons le circuit extérieur ouvert et faisons tourner l'induit : aucun courant ne pouvant s'établir dans ce circuit interrompu, la force électromotrice de la machine est nulle. Mais en fermant le circuit, un courant énergique pourra être produit par l'induit. Il n'en est pas de même de la shunt-dynamo. Celle-ci engendre un courant et manifeste une différence de potentiel à ses bornes, même à circuit extérieur ouvert, puisqu'elle travaille toujours sur un circuit partiel fermé, celui des inducteurs couplés en dérivation. Au contraire, si l'on rendait la résistance du circuit extérieur nulle, c'est-à-dire si l'on mettait directement en contact les deux bornes de la machine, tout le courant circulerait dans l'induit et n'irait pas exciter les inducteurs.

Notons en passant que des machines très petites ne s'amorcent pas, à moins de les faire marcher à une vitesse excessive. La raison en est que leur résistance magnétique est trop grande. En effet, rappelons-nous qu'entre le fer de l'induit et celui de l'inducteur il y a forcément un espace occupé par l'air dont la résistance est grande. Or cet espace, l'entrefer, ne varie pas sensiblement des grandes aux petites machines, tandis qu'il faudrait pouvoir le diminuer proportionnellement aux autres dimensions. Il résulte de là que les petites machines ne peuvent produire un courant capable de vaincre cette grande résistance magnétique pour établir un flux suffisant.

Quand les deux espèces de dynamos, série et shunt,

sont en plein fonctionnement, elles se comportent encore différemment. On peut se rendre compte de ces différences en faisant varier la résistance des circuits sur lesquels elles travaillent. Ainsi, en diminuant la résistance extérieure d'une machine série, il est clair que l'intensité du courant s'en trouvera augmenté. Or, comme ce courant passe dans les inducteurs, l'excitation est amplifiée et la machine aura une plus grande force électromotrice. La même opération produit sur la machine shunt un tout autre effet. Comme le courant se

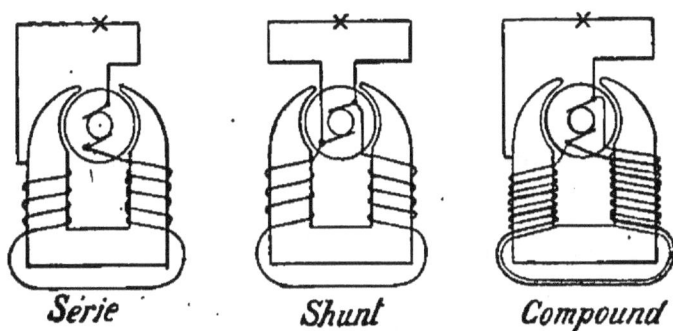

Fig. 58. — Systèmes d'excitation.

partage entre deux circuits, celui des inducteurs et le circuit extérieur, il tendra de plus en plus à accorder la préférence à ce dernier dont la résistance diminue. Il y aura donc bien une augmentation de l'intensité utilisable, mais la force électromotrice ira en diminuant. Elle deviendra même nulle, lorsque la résistance extérieure sera nulle et que tout le courant délaissera le circuit de l'excitation.

Dans beaucoup de machines modernes, on emploie un enroulement des inducteurs qui a pour but de maintenir la différence de potentiel aux bornes de la machine constante quelles que soient les conditions du circuit extérieur. A cet effet, on a combiné l'enroulement en série avec l'enroulement en shunt et produit la *compound dynamo*, tous trois représentés schématiquement par la figure. L'idée du compoundage est due à M. Brush. On voit que lorsque l'intensité extérieure augmente, l'enroulement shunt tend à faire baisser la différence de potentiel, tandis que l'excitation en série tend à la ramener au même niveau, et l'on conçoit que l'on puisse la maintenir constante en calculant l'importance relative qu'il faut donner à chaque enroulement.

MACHINE GRAMME

La première machine d'induction industrielle qui ait produit des courants continus fut celle de Gramme. M. Gramme, après avoir considérablement perfectionné l'anneau Pacinotti et surtout après avoir étudié les moyens d'y produire un flux magnétique intense, combina la machine qui fut présenté à l'Académie des Sciences, en 1871, par M. Jamin. Ce n'était encore qu'un modèle mû à la main par une manivelle, mais ce modèle contenait déjà l'induit que l'on appelle l'*anneau Gramme*, et qui se retrouve dans toutes les machines du même inventeur; on peut même dire qu'il est appliqué dans presque toutes les dynamos actuelles.

En principe, cet induit n'est autre chose qu'un anneau ou tore en fer doux entouré d'un enroulement de fil de cuivre. Ce fil est sectionné en un certain nombre de bobines reliées entre elles et à un *collecteur* de la manière que nous allons étudier. Et d'abord, rendons-nous compte de la façon dont se produit le courant. Suivons une des spires de l'anneau dans son mouvement de rotation à l'intérieur du champ magnétique. Les lignes de force allant d'un pôle à l'autre sont représentées sur la figure 59 en pointillé. Il est clair que chaque spire passe d'abord par une position où son plan est dans celui des lignes de force, c'est-à-dire où son flux de force est nul, à à une autre position où elle présente aux lignes de force toute sa surface. Il y a donc variation de flux, et cela quatre fois par tour. Or ces variations de flux sont de

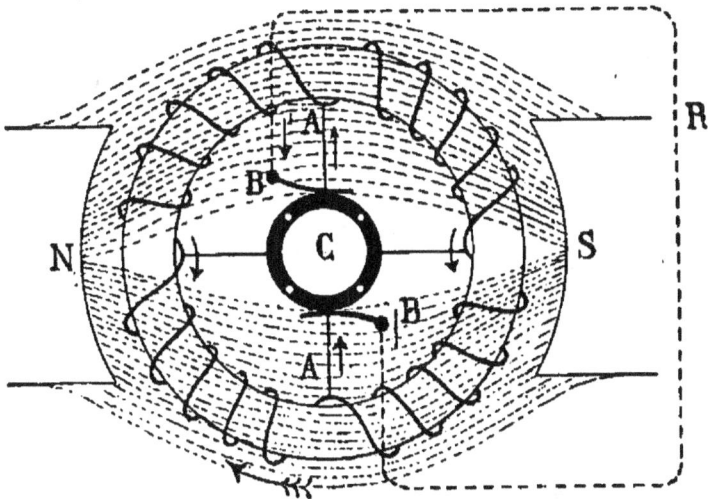

Fig. 59. — Anneau Gramme.

telle sorte que, dans les deux moitiés de l'anneau à gauche et à droite de la ligne AA, il se produit deux courants de sens contraire. Si donc l'enroulement de l'anneau formait un circuit continu, les deux courants allant à la rencontre l'un de l'autre se détruiraient. Ce serait un cas analogue à celui de deux piles couplées en opposition, zinc avec zinc et charbon avec charbon.

Mais cet enroulement est fractionné en un certain nombre de bobines qui communiquent bien entre elles en tension, mais sur lesquelles on prend une dérivation allant au collecteur. Sur notre figure nous avons figuré quatre bobines. De chacune de ces bobines un fil va à l'une des plaques du collecteur. Celui-ci est un cylindre en matière isolante garni de pièces métalliques isolées en nombre égal à celui des bobines. Si nous voulons recueillir le courant total engendré dans l'anneau, nous devons prendre notre dérivation à l'endroit où les deux courants contraires se rencontrent, tout comme dans nos deux piles en opposition. Nous ferons donc communiquer avec le circuit extérieur les deux spires que coupe la ligne AA, deux balais BB qui communiquent avec le circuit extérieur R. Cet arrangement est en tous points analogue à deux éléments de piles montées en quantité par rapport au circuit d'utilisation (fig. 60).

Dans la pratique, le nombre des bobines est bien supérieur à quatre et les collecteurs sont souvent composés de 40 ou 50 plaques. Le noyau de fer de l'anneau oblige les

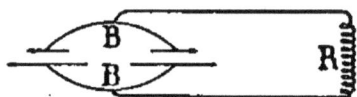

Fig. 60. — Couplage en quantité.

lignes de force à passer à travers les bobines. Pour avoir un grand flux, il est utile de diminuer la résistance magnétique en faisant la section du tore de fer la plus grande possible. Mais cette grosse masse métallique serait le siège de courants parasites, si l'on n'avait eu la précaution de la sectionner en la construisant avec du fil de fer isolé, ainsi qu'on peut le voir (fig. 61). Dans les nouvelles machines on constitue l'anneau par des disques de tôle découpés à l'emporte-pièce. Aux fils qui réunissent les bobines de fil isolé qui forme l'enroulement sont fixées des lames de cuivre RR recourbées à angle droit, et dont les extrémités postérieures, isolées par de l'ébonite et disposées en manchon cylindrique, forment le collecteur. L'anneau est forcé sur un mandrin en bois recouvert de flanelle, ou bien il est supporté par une pièce en bronze.

Pour construire le collecteur, on découpe un certain nombre de lames de cuivre, on les fixe sur un cylindre et on les sépare par de l'amiante ou mieux du mica. Toutes ces lames sont maintenues par deux disques formant les bases du cylindre. Les balais frotteurs sont faits ordinairement avec des fils de cuivre argentés serrés

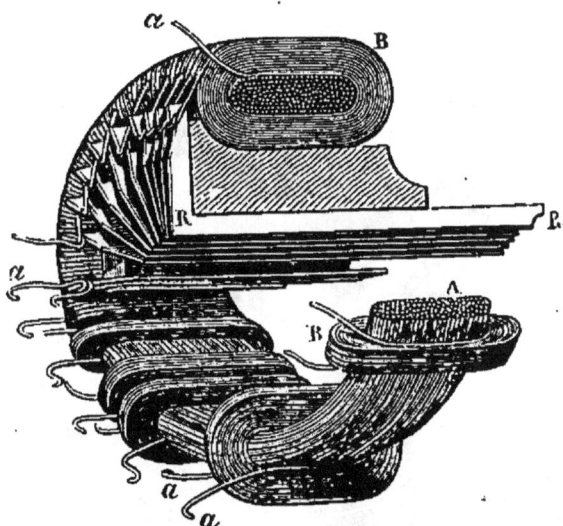

Fig. 61. — Coupe de l'anneau Gramme.

dans une pince et appliqués contre le collecteur par un ressort. Quelquefois ils sont formés par des plaques de cuivre, d'autres fois par des toiles métalliques. Enfin, tout récemment on en a construit en charbon de cornue.

. Après un premier examen, on est conduit à penser qu'il faut placer les balais aux extrémités du diamètre qui est perpendiculaire à la ligne qui joint les pôles. Mais il intervient le phénomène de la *réaction de l'induit*. En effet, les courants engendrés dans l'anneau tendent à créer aussi un champ magnétique, perpendiculaire au

champ principal, de sorte qu'en réalité le champ magnétique existant est la résultante de ces deux composantes.
Si l'on veut donc éviter les étincelles et recueillir toute
la puissance que la machine peut fournir, il faut décaler
les balais et leur donner une position un peu en avance
par rapport au mouvement de rotation.

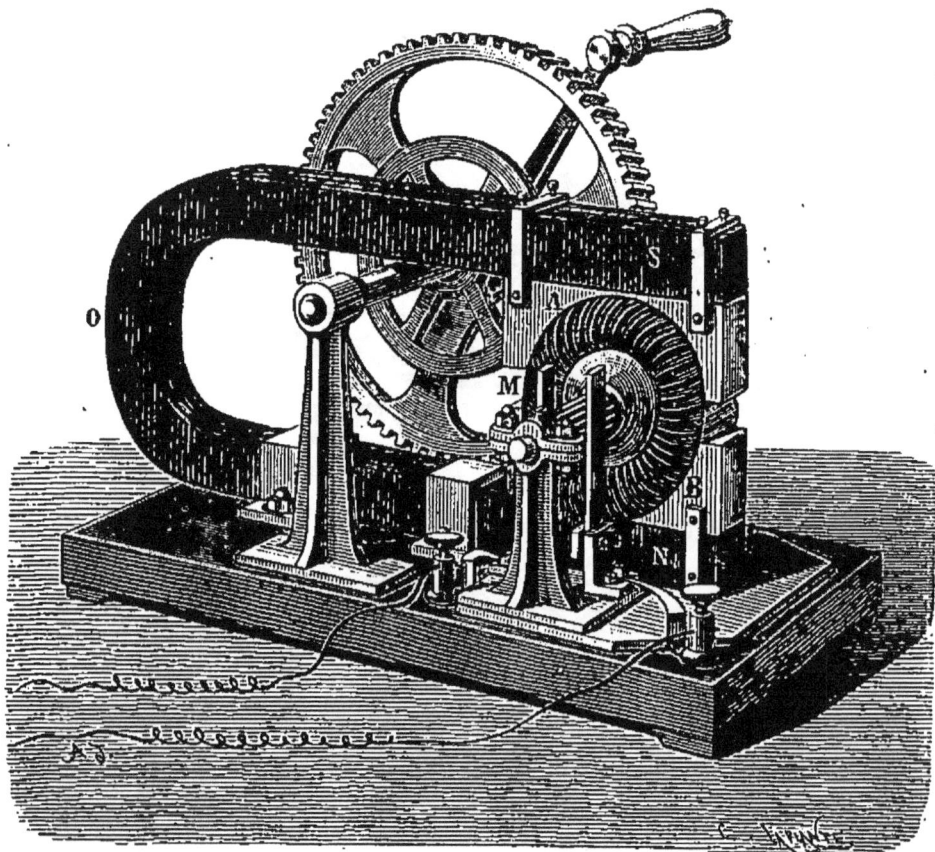

Fig. 62. — Machine magnéto-électrique de Gramme.

Les premières machines de Gramme étaient magnéto-
électriques. L'aimant permanent affectait différentes formes ; mais tous étaient munis d'épanouissements polaires
embrassant l'induit sur une partie de sa circonférence
et destinés à augmenter le flux de force. Mais dans
ces premières machines, dont la figure 62 présente un.

modèle, on avait exagéré le développement des pièces
polaires A et B. Leurs extrémités étaient tellement rapprochées que nombre de lignes de force sautaient directement de l'une à l'autre et étaient ainsi perdues pour
l'induit. Ces machines présentaient en outre les défauts

Fig. 63. — Machine Gramme, type d'atelier.

ordinaires qui accompagnent les aimants permanents :
résistance trop grande du circuit magnétique et puissance trop faible par rapport au poids.

M. Gramme ne tarda pas à remédier à ces divers
inconvénients en créant une machine dynamo-électrique
à auto-excitation. Le type qui était encore le plus répandu,
il y a deux ou trois ans, était celui connu sous le nom

de *type d'atelier*, représenté figure 63. L'anneau tourne entre les deux pôles d'un électro-aimant double, dont les quatre bras sont pourvus d'enroulements arrangés de manière à former deux pôles uniques ou pôles conséquents. Les piliers qui soutiennent la machine forment les culasses des électro-aimants. Les lignes de force

Fig. 64. — Machine Gramme, type supérieur

passant dans l'induit se partagent dans les inducteurs en deux circuits magnétiques. A ce point de vue — celui de la résistance magnétique — la machine serait bien conditionnée, si les culasses n'avaient pas une section un peu faible par rapport à celle des bras des électros. Quoi qu'il en soit, cette première dynamo était notablement supérieure à tout ce qui avait été produit jusque-là.

Le type ordinaire, de deux chevaux et demi de puissance, lorsqu'il tourne à raison de 850 tours par minute, ne pèse que 175 kilogrammes. Les dimensions n'excèdent pas 65 centimètres de longueur, 41 centimètres de largeur et 50 centimètres de hauteur.

Dans les machines les plus récentes de la maison Gramme, les inducteurs forment un électro-aimant en fer à cheval à bras gros et courts dont la culasse fait partie du bâti de la machine. Les balais sont fixés à des porte-balais mobiles permettant de varier le calage. L'excitation est shunt ou compound. Ces machines sont combinées pour marcher à des vitesses de 1200 à 1400 tours par minute. Les différents modèles de ce type dit *type supérieur* donnent de 55 à 210 volts et leurs puissances varient entre 1 cheval et 55 chevaux.

MACHINE MANCHESTER

A l'inspection de la figure on voit que l'inducteur de cette machine est du type en double fer à cheval. La forme en est compacte et simple, sa construction facile. A tous les points de vue, mécanique et électrique, cette dynamo est une des mieux étudiées et des plus perfectionnées.

Les deux noyaux d'électros, de forte section et de faible longueur, sont en fer forgé. Ils sont placés verticalement et leurs extrémités pénètrent profondément dans deux blocs de fonte lourds qui forment les culasses. Le circuit magnétique, à deux parties en dérivation, est donc dans les meilleures conditions de résistance ; celle-ci est très réduite. La culasse supérieure est évidée au milieu, ce qui ne présente pas d'inconvénients, puisque c'est à cet endroit que les lignes de force pénètrent

dans l'induit; on rend ainsi la machine plus légère.
L'évidement est comblé par une plaque de bois sur
laquelle sont fixées les bornes de la machine. La culasse
inférieure supporte les paliers et sert de bâti à la machine.

Le noyau de fer de l'induit est obtenu par la superposition d'une série de disques en tôle mince, isolés les uns

Fig. 65. — Machine Manchester.

des autres. Le fil est maintenu sur cet anneau par des
bandeaux de fil de fer que l'on appelledes frettes. Le tout
est supporté par des bras métalliques fixés sur l'arbre.

Les dynamos Manchester qui doivent servir à l'éclairage par arc, sont enroulées en série. Les enroulements
sont calculés pour des intensités de 15 à 25 ampères et
des différences de potentiel allant jusqu'à 1000 volts.

Les machines destinées à l'alimentation des lampes à incandescence sont compound. Ce double enroulement nécessite deux grosseurs de fil très différentes. En effet, le circuit en tension ou série est parcouru par le courant total, tandis que dans le circuit en dérivation ou shunt il ne passe qu'une faible portion du courant. Celui-ci est donc construit avec du fil beaucoup plus fin que le premier. MM. Mather et Platt, constructeurs de cette dynamo, enroulent le gros fil sur le fil fin, qu'il protège ainsi contre les accidents mécaniques.

Les plus petits modèles ont une puissance de 2 chevaux, les plus gros fournissent 60 chevaux électriques.

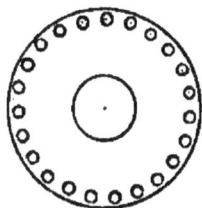

Fig. 66. — Section de l'induit Brown.

M. Brown, ingénieur, a fait construire des dynamos dont le système d'induction est tout à fait analogue à ce que nous venons de voir. Mais l'induit a subi des modifications. L'anneau est encore constitué par une série de disques de tôle enfilés sur l'axe, mais ces disques sont percés de trous le long de la circonférence. Le fil est logé dans les canaux longitudinaux ainsi formés. On réduit ainsi au minimum l'épaisseur de l'entrefer, et l'induit Brown combiné aux inducteurs type Manchester constitue une dynamo très bien conditionnée.

Elle est employée en Suisse pour le transport de l'énergie et donne journellement des résultats intéressants.

MACHINE TYPE CROMPTON

L'armature Crompton est un anneau Gramme, dont le noyau se compose de disques de tôle mince, laissant de

loin en loin entre eux des intervalles pour le passage de
l'air. Ce noyau est fixé par trois barres radiales dans
trois rainures assez profondes pratiquées dans l'axe triangulaire, comme on le voit figure 67.

L'inducteur est un double fer à cheval formé de barres
de fer forgé boulonnées ensemble. Les bras d'électros
sont assez peu épais, mais à cause de leur grande largeur ils ont une section assez grande pour la production
d'un flux de force convenable.

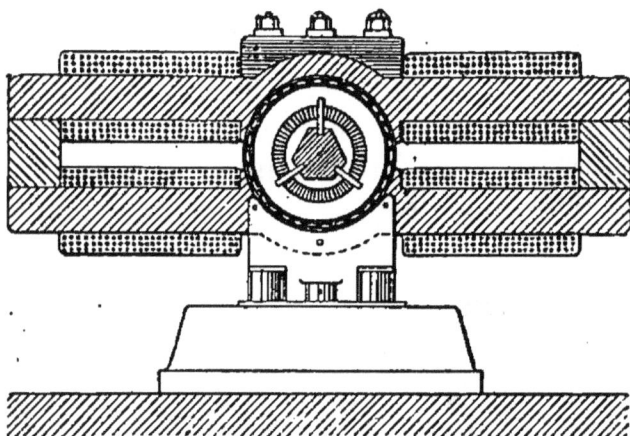

Fig. 67. — Type Crompton.

La Société anonyme d'électricité a mis tout récemment en construction, sous la direction technique de
M. Johannet, une dynamo dont les inducteurs sont du
type Crompton. Mais dans cette nouvelle machine les
plaques de fer qui forment l'électro sont très peu épaisses
et en nombre considérable. L'anneau est du genre
Gramme, son enroulement est fait avec le soin qui
caractérise les appareils sortant de cette usine. La
machine que nous avons pu examiner donne 110 volts
et 180 ampères.

MACHINE A ANNEAU MODIFIÉ

Ce que l'on recherche toujours dans la construction des machines d'induction, c'est la réduction au minimum de l'épaisseur de l'entrefer. C'est pour obtenir ce résultat que l'on a construit des anneaux dentés et que l'on est revenu ainsi à l'armature Pacinotti.

Nous avons déjà rencontré un exemple de cette disposition dans la machine Brush. M. de Méritens a construit plusieurs modèles à anneau denté, que l'on trouve encore dans quelques cabinets de physique.

Mais toutes ces dynamos présentent un sérieux inconvénient. La rotation des dents de l'armature devant les pièces polaires y produit un balancement du magnétisme préjudiciable au rendement de la machine, en ce sens qu'une partie notable de l'énergie est perdue en chaleur dans les inducteurs.

Plusieurs constructeurs emploient l'anneau Gramme très aplati et de très grand diamètre ; il devient alors, à proprement parler, un disque. Les inducteurs sont naturellement disposés de façon à agir latéralement sur ce disque. Une machine de ce genre est celle de MM. Schuckert-Morday. Elle consiste en un disque de fer forgé sur lequel sont roulées une spirale de tôle douce et ensuite les bobines de fil de cuivre. Ce disque tourne dans les échancrures de quatre pièces polaires, appartenant au circuit magnétique de quatre électros en fer à cheval.

On comprend que le disque se prête mieux que l'anneau à l'emploi de plusieurs pôles. La vitesse de rotation est aussi moins grande, la ventilation plus active, et les bobines mieux conditionnées pour résister à la force centrifuge.

MACHINE SIEMENS

Les machines dynamo-électriques de MM. Siemens et Hafner-Alteneck sont caractérisées par un induit à enroulement différent de celui de l'anneau Gramme, et que l'on désigne par le nom de *tambour Siemens*. Les bobines de fil ne forment plus dans cette armature l'enveloppe d'un tore, mais elles sont roulées longitudinalement sur un cylindre de fer. Ce noyau est constitué par du fil de fer dans les petites machines et par des disques de tôle dans les grands modèles. L'enroulement n'est pas aussi facile que pour l'anneau Gramme. Comme les différents parties de l'induit doivent être symétriques, il faut mettre à peu près la même longueur de fil dans chaque bobine et l'on est obligé de croiser les enroulements quand on passe sur les bases du cylindre. De là ces calottes terminales que l'on peut voir sur les figures représentant les différents types que construit la maison Siemens.

Au point de vue de la longueur de fil employée par volt, les induits Gramme et Siemens semblent se valoir. Mais d'autres considérations semblent donner la préférence à l'anneau Gramme. Il faut remarquer, en effet, que dans l'armature Siemens tous les fils se croisent et que les points entre lesquels existe une grande différence de potentiel sont très rapprochés. Cette circonstance entraîne la nécessité d'un isolement particulièrement soigné et empêche l'application de cet induit à des machines à très haut potentiel. Dans les nouveaux modèles de la machine Siemens on a remédié à cet inconvénient par une modification de l'enroulement. L'anneau Gramme ne présente pas ces difficultés, les fils à différence de potentiel maxima y étant diamétralement opposés.

Fig. 68. — Machine Siemens verticale.

Les machines dynamos Siemens se présentent sous deux types différents, soit verticales, soit horizontales; les organes principaux étant les mêmes dans les deux formes. Les inducteurs sont en double fer à cheval, à pôles conséquents en arc de cercle. Ils sont constitués par quatre barres de fer, courbées en leur milieu et

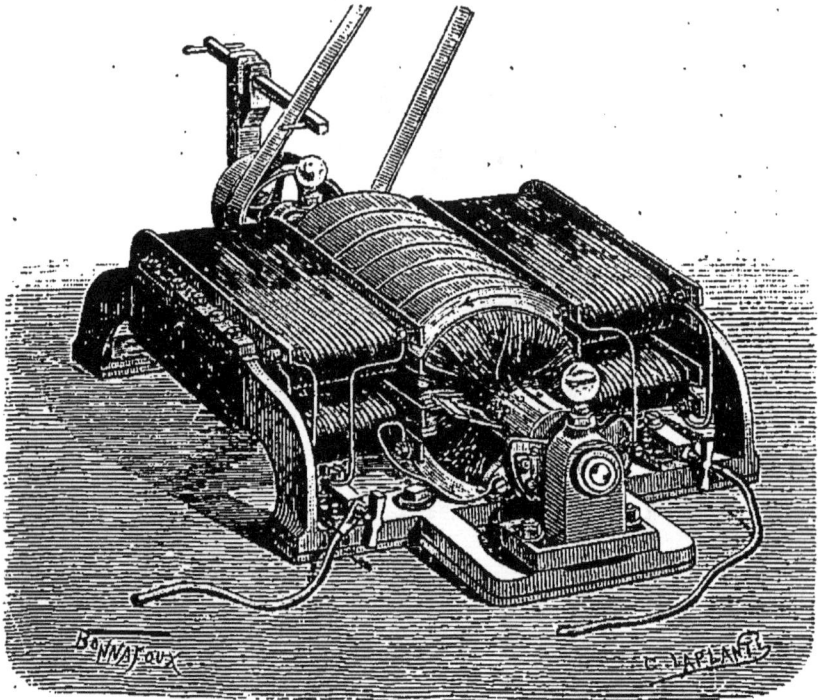

Fig. 69. — Machine Siemens horizontale

boulonnées sur deux pièces formant culasses. Dans le type vertical, une de ces culasses fait partie du bâti de la machine. Les balais sont montés sur des porte-balais mobiles permettant de faire varier leur position. Les inducteurs sont enroulés en série et ce type est surtout employé pour fournir l'excitation des machines à courants alternatifs des mêmes constructeurs. Le type horizontal (fig. 69) est surtout destiné aux applications

9

électrochimiques. Les enroulements ne sont plus constitués par du fil, mais par d'épaisses barres de cuivre, pouvant supporter sans se détériorer les grandes intensités que nécessitent les opérations galvanoplastiques. Ce sont des barres rectangulaires de 36 millimètres de côté dans les inducteurs et un peu plus faibles dans l'induit. Malgré cette grosse section, les barres s'échauffent encore assez pour qu'il soit nécessaire d'employer des isolants moins inflammables que les matières ordinaires; on emploie l'amiante.

On peut reprocher aux dynamos Siemens une trop faible section des inducteurs et, par suite, une trop grande résistance magnétique de ceux-ci.

MACHINE EDISON

L'induit est un tambour du genre Siemens. L'inducteur est un électro en simple fer à cheval terminé par des blocs de fonte massifs qui constituent les pièces polaires. Un des types les plus anciens de cette dynamo est représenté figure 70. A l'inspection de cette figure on est frappé par la longueur démesurée des inducteurs et leur faible section. La résistance magnétique y atteint une valeur beaucoup trop grande; il est vrai qu'on est, depuis, revenu de cette erreur.

Edison est le premier qui ait construit des dynamos de très grande puissance. Dans ces grandes machines les spires de fil sont remplacées par des barres de cuivre, ainsi que le montre la figure 71. Ces barres sont fixées sur les génératrices d'un cylindre et leurs extrémités communiquent avec des disques de cuivre enfilés sur l'axe et serrés les uns contre les autres. L'iso-

Fig. 70. — Ancienne machine Edison.

lant qui sépare ces disques entre eux est du mica. Les
cadres métalliques ainsi formés sont reliés aux lames
du collecteur. Dans d'autres types, on a évité le manie-
ment difficile des gros fils de cuivre en réunissant en
un seul toron un grand nombre de fils fins. On obtient
ainsi des fils souples, faciles à enrouler et présentant
néanmoins une grande section.

Dans les grosses machines, Edison a augmenté la
section des inducteurs en multipliant le nombre des
noyaux d'électros réunis à une seule pièce polaire. La
machine représentée par la figure 72 possède trois

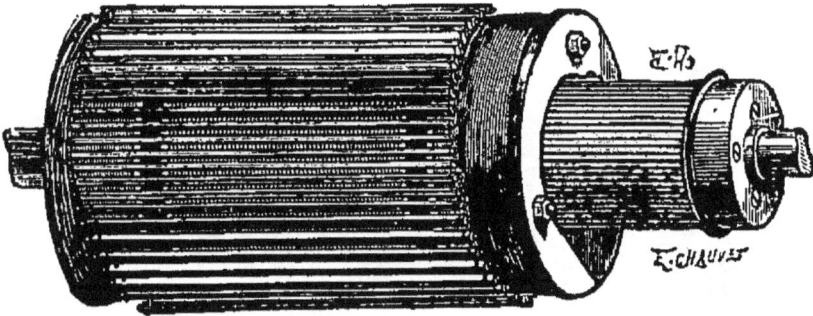

Fig. 71. — Induit Édison.

électros en dérivation. On voit immédiatement le défaut
de cette combinaison. Sans parler de la longueur trop
grande des noyaux, il est désavantageux de sectionner
ainsi ces derniers, puisqu'il faut évidemment plus de
fil pour enrouler trois noyaux que pour en enrouler un
seul dont la section serait égale à la somme de trois.

Aussi a-t-on renoncé à cette disposition, mauvaise
sous plusieurs points de vue, et les nouvelles machines
modifiées par le Dr Hopkinson prennent un tout autre
apect. Un seul noyau d'électro, gros et court, assure la
production d'un flux assez grand pour que ces dynamos

Fig. 72. — Grande machine Édison.

puissent produire, égales dimensions de l'induit, une puissance double de celle du type Edison original.

Le modèle K à 6 noyaux d'inducteurs pèse 3300 kilogrammes et produit 26 chevaux électriques, tandis que

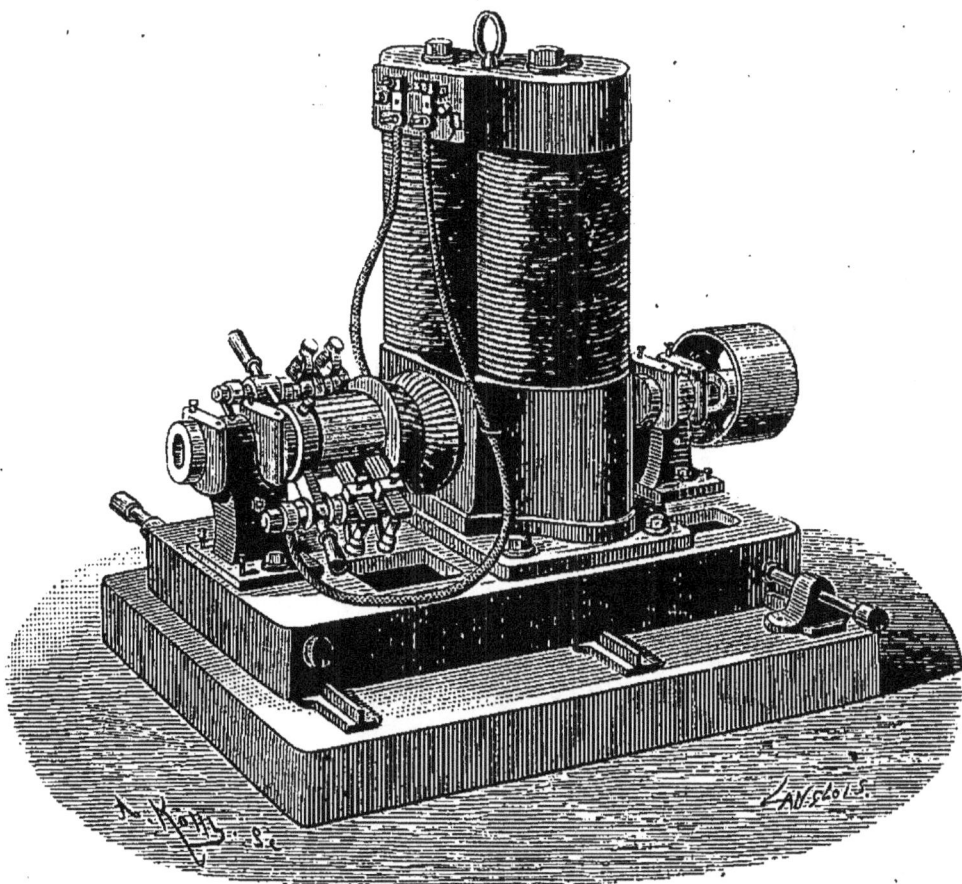

Fig. 73. — Nouvelle machine Edison.

l'un des types récents, représenté par la figure 74, fournit pour le même poids total une puissance électrique de 60 chevaux, tout en tournant à la même vitesse. Malgré ces enseignements de la pratique, la Compagnie Edison a encore exposé en 1889 un type de dynamo à quadruple fer à cheval.

MACHINES MULTIPOLAIRES

La machine Gérard nous a déjà fourni l'occasion d'examiner une machine multipolaire. Cette modification de la machine dynamo consiste simplement dans l'adaptation de plus de deux pôles d'inducteurs sur le même induit. Cela revient à condenser deux ou plusieurs machines en une seule.

En 1881, M. Gramme avait déjà créé une machine à quatre pôles, désignée par le nom de type octogonal. Une culasse octogonale portait à l'intérieur huit noyaux d'électros réunis deux par deux et formant ainsi quatre pôles d'inducteurs. Ce type est aujourd'hui abandonné; il contenait trop de noyaux et il fallait par conséquent trop de fil pour leur enroulement. C'est le même inconvénient que celui que présente la machine Edison à plusieurs noyaux.

Parmi les machines récentes, nous citerons le type Schuckert-Mordey dit Victoria, constitué par un anneau plat tournant dans une échancrure des pièces polaires de quatre ou six pôles inducteurs.

La disposition multipolaire présente plusieurs avantages. Comme le flux change de sens plusieurs fois par tour et que l'anneau est de grandes dimensions, la vitesse angulaire est moindre. La construction et les réparations sont faciles, les pièces étant divisées. En outre, on peut transformer en machine à deux pôles toute machine multipolaire par un couplage convenable des inducteurs et en ne conservant que deux balais.

Ces machines produisent avantageusement de petites différences de potentiel et de grandes intensités, car les différentes parties de l'induit travaillent en dérivation.

CHAPITRE V

APPLICATIONS DES MACHINES

DYNAMOS ET MOTEURS

Dans toutes les applications des machines dynamos, celles-ci doivent fournir à chacun des appareils qu'elles alimentent une quantité d'énergie bien définie et invariable. Lorsque dans un circuit comprenant plusieurs appareils, on en supprime quelques-uns, le régime des autres ne doit pas être altéré. Il faut donc prévoir une *régulation* de la puissance des dynamos. La puissance électrique est le produit des deux facteurs E et I, force électromotrice et intensité. Le problème de la régulation de la puissance se trouve donc simplifié lorsque l'on peut maintenir un des facteurs constant. Il ne reste plus qu'à donner à l'autre facteur une valeur proportionnée à la puissance à utiliser. On règle donc les machines de façon qu'elles produisent une différence de potentiel utile constante pour des intensités variables ou une intensité constante pour des différences de potentiel variables.

Les moteurs qui fournissent aux dynamos l'énergie mécanique peuvent être divisés, au point de vue de la régulation, en deux grandes classes, suivant que la vitesse angulaire est constante ou variable. Les premiers conviennent très bien aux machines compound ; il est important de remarquer qu'une machine n'est compoundée que pour une vitesse donnée. Cette difficulté et d'autres considérations ont fait porter l'attention sur les machines shunt. Lorsque celles-ci sont bien faites, lorsqu'elles présentent une résistance très faible dans l'induit, leur différence de potentiel est à peu près constante entre certaines limites. On peut du reste régler leur excitation au moyen d'un rhéostat à main intercalé dans le circuit des inducteurs. Outre ces deux moyens de régulation, il existe une foule de régulateurs automatiques qu'il serait trop long de décrire.

Lorsque le moteur mécanique marche à vitesse augulaire variable, on peut aussi agir sur l'excitation ou encore sur le calage des balais. On peut encore faire usage des régulateurs automatiques. A ce propos, M. Menges a fait observer très logiquement que dans les régulateurs ordinaires l'organe actif était ordinairement commandé par le facteur qu'il s'agit de maintenir constant, et qu'il est plus avantageux de faire agir le facteur variable.

Le moyen de produire l'énergie électrique sous un régime convenable une fois trouvé, il ne reste plus qu'à distribuer cette énergie aux différents points d'utilisation. Mais avant d'aborder cette question, envisageons les considérations qui fixeront le choix à faire parmi les dynamos.

Lorsqu'il s'agit exclusivement d'applications calorifiques, où le sens du courant est indifférent, on peut employer les *machines à courants alternatifs*. Leur vitesse augulaire est en général très modérée et elles se prêtent très bien à la production de hauts potentiels. Une autre qualité entre souvent en ligne de compte et acquiert dans certaines applications une importance capitale. C'est la légèreté que l'on peut donner à l'induit de ces machines. Celui-ci, animé d'un mouvement de rotation rapide, forme un véritable gyroscope, et lorsque l'on change son plan de rotation on éprouve une certaine résistance, qui se traduit par un frottement préjudiciable aux paliers; et comme ce fait peut s'observer à bord d'un navire, l'on a donc tout intérêt à employer des machines à induit léger. M. Desroziers a créé récemment une dynamo à courant continu à disque léger, spécialement en vue de cette application. C'est une machine multipolaire dont les enroulements permettent un compoundage facile et une auto-régulation avantageuse.

Les dynamos à courant continu reçoivent des applications diverses selon leur mode d'excitation. Les *machines-série* s'emploient lorsqu'il s'agit de produire des intensités constantes et des différences de potentiel variables. Mais leur enroulement s'oppose à ce qu'elles puissent servir à la charge des accumulateurs. La force électromotrice de ces derniers s'élève graduellement, et si elle arrivait à devenir supérieure à celle de la machine, un courant de décharge se produirait qui renverserait la polarité des inducteurs, la machine fonctionnerait donc dans le même sens que les accumulateurs, elle se mettrait en tension avec ceux-ci et produirait un courant d'une telle intensité que tout serait détruit, machine et accumulateurs.

Les *machines shunt* ne présentent pas cet inconvénient; le courant d'excitation y circule toujours dans le même sens et la polarité ne peut pas se renverser par le fait du renversement du courant de charge. De plus, il est facile de régler leur différence de potentiel : on intercale simplement un rhéostat dans le circuit de l'excitation. On construit aujourd'hui des machines shunt dont l'induit a une très faible résistance; leur potentiel est presque constant. On emploie les dynamos à excitation en dérivation à la charge des accumulateurs et à l'éclairage électrique.

Fig. 74. — Grande machine Édison

Les *machines compound* à double enroulement, moins
importantes peut-être, sont pourtant très employées.
L'emploi des dynamos compound est soumis à un certain nombre de conditions qui rendent leur application
pratique dans les installations de petite étendue. Elles
exigent un moteur à vitesse absolument constante et
dont la grandeur est celle pour laquelle la dynamo a été
compoundée. Le service de l'installation doit être fait
par une seule machine.

Seulement il existe actuellement deux tendances : les
partisans des *grandes unités* et ceux des *petites unités*.
Les premiers disent que les grandes machines ont un
meilleur rendement individuel et un prix d'installation
relativement moins élevé. Les seconds font remarquer
qu'avec plusieurs petites unités, les machines se trouvent
toujours très près du maximum de puissance et présentent alors un bon rendement. Selon que vous êtes
partisan de l'une ou de l'autre théorie, vous n'emploierez
donc qu'une seule grande machine ou plusieurs petites,
lorsque vous aurez à produire une puissance donnée.
Quoi qu'il en soit de ces considérations, les deux systèmes sont appliqués. Dans les grandes stations centrales de New-York, Edison a établi des dynamos très
puissantes. Elles sont mises en marche par des moteurs
à vapeur qui les commandent directement, sans organe
intermédiaire de transmission. Cette manière d'accou-
pler moteur et dynamo est de plus en plus employée,
surtout depuis que l'on sait construire des moteurs à
grande vitesse. La figure 74 représente une pareille
disposition.

CANALISATION ET DISTRIBUTION

La *canalisation* du courant électrique a pour but de créer un circuit permettant le transport de l'énergie électrique du générateur aux appareils d'utilisation. Dans notre premier volume, nous avons déjà indiqué la nature des conducteurs que l'on emploie pour conduire le courant d'un point à un autre. Il ne s'agissait que des faibles courants télégraphiques et téléphoniques. Mais la canalisation des courants intenses s'opère très peu différente.

Les conducteurs sont en cuivre aussi pur que possible. On doit rechercher une grande conductibilité, un grand isolement et une faible capacité électrostatique. La section de l'âme métallique du câble se calcule d'après des données très variables. Le facteur qui doit avoir le plus d'importance est la perte en chaleur que l'on consent à subir. On ne dépasse généralement pas une perte de 10 pour 100 du courant total. Mais il faut aussi tenir compte du prix d'installation. Quant à l'isolement et à la pose des conducteurs, ils doivent présenter la plus grande sécurité possible.

On distingue trois sortes d'isolement : le *léger*, le *moyen* et le *grand isolement*. L'isolement léger comprend des conducteurs recouverts de coton ou de tresse, enduits de paraffine ou de bitume. Le seul but poursuivi est d'éviter des contacts accidentels. La pose de ces fils exige des isolateurs en porcelaine, des gouttières en bois, etc., absolument comme les fils nus. L'isolement moyen est obtenu par une couche de caoutchouc, un enroulement de ruban et un revêtement de tresse. Il est employé à l'intérieur des édifices. Enfin le grand isolement constitue une excellente protection contre l'humidité et les décharges à haute tension. Il s'obtient par un enroulement de plusieurs couches de caoutchouc, retenues par deux ou trois rubans.

Les différents systèmes de canalisation employés pour distribuer l'énergie électrique aux appareils d'un circuit d'utilisation se divisent en deux grandes classes : les *distributions directes* du générateur aux récepteurs et les *distributions indirectes* utilisant un organe intermédiaire entre les générateurs et les récepteurs, organe destiné à transformer l'énergie électrique.

La *distribution directe* peut se faire d'après deux principes différents, ou bien en maintenant aux bornes de la machine génératrice une différence de potentiel constante, ou en produisant dans le circuit une intensité constante. Le premier mode exige le couplage en dérivation des appareils. Le plus simple est de faire partir chaque circuit individuel directement des bornes de la machine ; mais cette disposition n'est pas économique dès que la canalisation a une certaine étendue. Dans ce cas, on peut faire partir de l'usine deux conducteurs principaux et brancher les appareils sur ces deux artères ; mais comme les pertes du courant sur la ligne font baisser le potentiel à mesure que l'on s'éloigne de l'usine, on est conduit, pour assurer la même différence de potentiel dans toute la canalisation, à employer des conducteurs coniques. Cet inconvénient peut être évité par un artifice que l'on emploie aujourd'hui dans beaucoup d'installations, dans la station de Milan, par exemple. On divise le réseau en un certain nombre de districts, dans lesquels on groupe les appareils de consommation, et l'on amène le courant à chacun de ces districts par deux gros câbles *alimentateurs*. Ces câbles sont pourvus de rhéostats qui permettent de maintenir un potentiel constant à leurs extrémités. M. Edison a proposé le système à trois fils. Deux machines travaillent en tension ; de chacune des bornes extrêmes part un conducteur, les deux autres bornes sont reliées ensemble et à un troisième conducteur intermédiaire (fig. 75). Ces trois fils forment deux circuits avec les appareils en dérivation. On voit que si chaque machine marche à 100 volts, ce système permet de distribuer à 200 volts. Les

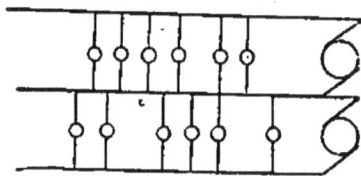

Fig. 75. — Distribution à trois fils.

conditions électriques sont telles que les inégalités entre les deux circuits ne produisent pas trop de variations. L'économie de cette canalisation est évidente, puisque le nombre des conducteurs est réduit dans le rapport de 4 à 3, soit 25 pour 100 d'économie.

Les distributions où l'on maintient l'intensité constante sont surtout employées en Amérique. On dispose les appareils en série ; il faut alors prévoir un dispositif qui permette de ne pas rompre le circuit lorsqu'on veut exclure un appareil. On maintient l'intensité constante en agissant sur la vitesse angulaire de la machine, sur son excitation ou sur le calage des balais. Ordinairement l'intensité est de 10 ampères.

Les *distributions indirectes* exigent, comme nous l'avons dit, des *transformateurs* d'énergie électrique. Nous savons que le courant continu peut être transformé à l'aide des accumulateurs, mais les distributions qui utilisent ces derniers sont peu nombreuses. Les transformateurs à courants alternatifs jouent un bien plus grand rôle. Ce sont des appareils fondés sur le même principe que la bobine de Ruhmkorff; mais le circuit primaire est parcouru par des courants alternatifs au lieu des courants intermittents de la bobine d'induction. On recueille dans le circuit secondaire des courants également alternatifs à tension moindre et à plus grande intensité. L'utilité de ces transformateurs ressort des considérations suivantes. La perte d'énergie électrique dans un conducteur est d'autant plus petite, toutes choses égales d'ailleurs, que l'intensité du courant est plus faible. On a donc avantage à distribuer l'énergie électrique à potentiel élevé et faible intensité. Mais comme les appareils d'utilisation exigent en général une intensité assez grande, il faut transformer l'énergie à l'endroit où l'on veut l'utiliser. Les transformateurs présentent l'avantage d'assurer l'indépendance des diverses parties du réseau et d'approprier la force électromotrice et l'intensité aux appareils les plus divers. L'entretien de ces organes est minime et leur rendement est supérieur à celui des accumulateurs.

COMPTEURS D'ÉNERGIE ÉLECTRIQUE

On désigne sous ce nom les appareils destinés à mesurer la quantité d'énergie électrique dépensée par le consommateur. Les systèmes qui permettent d'enregistrer le travail électrique, c'est-à-dire le produit de la puissance par le temps, — EIT — sont très variés. Il nous est impossible d'en donner un aperçu, et nous renvoyons le lecteur aux ouvrages spéciaux.

Disons seulement que la majorité de ces appareils ne recherchent pas la mesure directe de l'énergie électrique. Nous avons vu que, dans les différents systèmes de distribution, l'un des facteurs E ou I de la puissance restait constant. Il suffit donc d'évaluer la somme des quantités IT ou ET pour trouver indirectement l'énergie dépensée. De là trois catégories de compteurs : les mesureurs d'énergie ou *watts-heure-mètres*, les mesureurs de quantités ou *ampères-heure-mètres*, et les *volts-heure-mètres*. On peut même, lorsque I et E sont constants, avoir de simples *heures-mètres* et évaluer par une simple pendule la quantité d'énergie électrique consommée.

APPLICATIONS DE L'ÉLECTRICITÉ

LIVRE I

MOTEURS ÉLECTRIQUES

CHAPITRE I

PRINCIPE DES MOTEURS ÉLECTRIQUES

En ce siècle, où la vapeur a enrichi l'homme de machines si puissantes et si diverses, où l'électricité lui a fourni un moyen de communication si rapide, on a voulu remplacer la vapeur par l'électricité, on a voulu que celle-ci pût faire mouvoir des machines, traîner de lourds convois, faire toutes sortes d'ouvrages délicats ou pénibles; et comme du premier coup on était arrivé à un appareil télégraphique presque parfait, comme l'électricité se prête admirablement à une foule d'usages, on a pensé qu'elle se prêterait à un usage de plus, et qu'on pourrait avoir des moteurs à l'électricité, ainsi que l'on a des moteurs à vapeur.

ÉTABLISSEMENT D'UN MOTEUR

Toute force, par cela seul qu'elle produit un mouvement, peut devenir force motrice; mais, dans l'application, il faut vaincre deux sortes de difficultés. Il faut d'abord que la force puisse agir sur une machine particulière, spéciale, différente suivant la nature de la puissance; cette machine sera mise en branle, et son mouvement, transformé par divers appareils de mécanique, sera employé à produire l'effet utile, le travail exigé. Ainsi est construite une roue hydraulique : un courant d'eau la met en rotation, et elle peut alors, au moyen d'engrenages, faire tourner les meules ou les volants qui accompliront le travail de l'usine. Ainsi fait le piston d'une machine : sans cesse poussé par la vapeur qui arrive de la chaudière, ce piston, animé d'un mouvement de va-et-vient continuel, agit, au moyen de bielles et de balanciers, sur le volant, sur les roues de la locomotive.

La seconde difficulté à vaincre dans l'établissement d'une machine est de régénérer continuellement la force. Lorsque l'eau a produit son effet, elle s'écoule en aval de la roue, et celle-ci s'arrêterait bientôt si une nouvelle quantité d'eau ne venait continuer l'action de la première. Lorsque la vapeur a poussé le piston, elle s'échappe dans l'atmosphère, et le mouvement cesse si la chaudière n'envoie plus de nouvelle vapeur. Il est donc nécessaire que la force soit constamment reproduite et qu'elle puisse agir sur une machine motrice d'une manière continue et régulière.

L'électricité est une force; elle aimante un morceau de fer et détermine ainsi le mouvement d'une armature.

De plus, comme on possède, depuis Volta, un appareil spécial, la pile, susceptible d'engendrer cette électricité d'une manière constante et pendant un certain temps, on a voulu faire de cet agent une force motrice. Sans cesse renouvelée, toujours en même quantité et avec les mêmes propriétés, cette force ne pouvait-elle agir sur une machine spéciale, la mettre en branle et exécuter un travail utile? On s'est donc mis à chercher cet appareil qui recevrait l'action de l'électricité et, au moyen d'organes faciles à imaginer, transmettrait le mouvement à des volants, à des arbres de couche, à des convois de chemin de fer.

Il n'a pas été difficile de trouver le moteur électrique et de construire une machine remplissant les conditions demandées. Plusieurs inventeurs se sont présentés, plusieurs idées heureuses ont été appliquées; et il est sorti de ces recherches quelques modèles de moteurs électriques très ingénieux. Le principe de ces machines est toujours l'aimantation du fer par le courant : aimanté et désaimanté à chaque instant, un électro-aimant attire et abandonne constamment son armature; ce mouvement de va-et-vient se communique à divers organes qui accomplissent le travail demandé.

De ces divers appareils le télégraphe seul a été conservé dans la pratique : on a là un véritable moteur mû par l'électricité, et analogue à une roue hydraulique; mais, dans ces appareils, on a rendu les organes excessivement mobiles; on a réduit l'électricité à donner uniquement le signal d'agir à certains mécanismes entièrement indépendants; ce n'est pas là l'idée qu'on se fait ordinairement des moteurs. Il est important néanmoins de constater que, quoique les télégraphes ne soient pas propres à produire de puissants effets, la question des moteurs électriques, telle qu'elle a été posée d'abord, est depuis longtemps résolue.

Mais on a voulu aller plus loin; on a voulu avoir un véritable moteur, pouvant s'appliquer aux puissants ouvrages. En considérant que la quantité de charbon enfouie sous le sol n'est pas illimitée et qu'il devra arriver un temps où la houille sera épuisée, on a espéré qu'à la suite de ces recherches le charbon deviendrait inutile, et que l'électricité pourrait nous rendre les mêmes services que la vapeur. Ces espérances ne sont pas encore réalisées, mais elles pourront l'être un jour. La mécanique électrique progresse à pas de géant. Les moteurs à électricité sont établis; il ne reste plus qu'à leur fournir en abondance et à bon marché le courant électrique pour voir leurs applications se multiplier.

RÉVERSIBILITÉ DES DYNAMOS

En 1834, M. de Jacobi, l'illustre physicien russe, construisit le premier moteur électrique. Puis, par l'ordre du czar, il adapta sa machine à une chaloupe et se servit de l'électricité pour faire tourner les palettes de la roue. Vers 1838, cette chaloupe, contenant douze personnes, put remonter la Néva, marchant pendant plusieurs heures contre le vent et contre le courant : elle était mue par l'électricité. Ce fut alors un immense cri d'admiration. De cette époque date la vogue des électromoteurs.

Cette machine, à rouages assez compliqués, servit à M. Jacobi pour faire des études sérieuses. Elle était servie par une énorme pile de 128 couples Bunsen, et le courant produit était très grand. Pourtant, malgré son excessive puissance électrique, cette machine ne pouvait produire qu'un cheval-vapeur, et M. de Jacobi resta dès lors convaincu que de pareils moteurs étaient impraticables. La pile employée pour cette expérience était tellement puissante, que les vapeurs jaunâtres provenant de l'acide nitrique sortaient par la cheminée de dégagement aussi drues et aussi épaisses que les fumées du charbon. On peut juger par là de la somme que dut coûter cette mince force mécanique.

Il est certain que si l'on avait continué dans cette voie, c'est-à-dire si l'on avait cherché à appliquer en grand le principe de l'attraction d'une pièce de fer par un électro-aimant, on aurait perdu beaucoup de temps en vaines recherches. Ces moteurs électriques à électro-aimant et armature mobile ont été abandonnés aux enfants, pour lesquels ils constituent d'ingénieux jouets. C'est qu'il fallait fournir trop d'énergie électrique pour recueillir trop peu de travail mécanique.

Après que l'on eut appris à connaître la machine génératrice de Gramme, on s'était demandé, puisque cette machine transformait si bien le travail mécanique en travail électrique, s'il n'était pas possible de faire tourner la machine en sens inverse et de lui faire accomplir un travail mécanique en l'alimentant par un courant électrique. On fit des expériences, elles réussirent. La pratique venait de prouver que les machines d'induction étaient *réversibles*, et réalisaient une des plus remarquables transformations du travail.

TRANSFORMATION DU TRAVAIL

On ne saurait passer à côté de ce grand fait sans s'y arrêter; et je crois nécessaire d'exposer ici les principes de la transformation du travail des forces, principes

qui dirigent aujourd'hui toute la science moderne et lui
ont déjà fait faire de si nombreux progrès.

L'homme est un composé d'organes, et les diverses
forces de la nature ne se révèlent à lui que parce
qu'elles affectent ses organes en lui procurant une sen-
sation spéciale. Avec nos cinq sens, nous pouvons per-
cevoir cinq sensations élémentaires, différentes les unes
des autres. Selon qu'un corps affecte tel ou tel de nos
sens et de nos organes, selon qu'il nous donne une
certaine impression, nous lui attribuons une propriété
correspondante. Comme nous avons, avant tout, con-
science de nous-même, nous avons d'abord rapporté
chacune de nos sensations à une cause particulière, de
sorte que nous avions introduit dans la nature autant de
forces diverses que nous pouvions apercevoir d'effets
différents. Autrefois les savants eux-mêmes séparaient
nettement les propriétés lumineuses du soleil de ses
propriétés calorifiques ; ils ne considéraient pas que si
le soleil existe, c'est qu'il possède à la fois toutes ses
propriétés, et que les abstractions de notre esprit n'ont
aucune réalité naturelle ; il ne leur était pas venu à
la pensée que la différence de nos sensations provient
non point de la cause première, mais de la diversité des
organes qui reçoivent ces impressions.

Aujourd'hui on admet que les rayons solaires sont
uniques et non point formés par la superposition des
rayons chauds et des rayons lumineux ; on admet que la
chaleur est une lumière trop peu intense pour être vue,
et que la lumière est une chaleur trop aiguë pour être
perçue par notre corps tout entier. Ainsi les vibrations
graves ébranlent la masse de nos membres, et les sons
plus élevés ne sont sensibles qu'à notre oreille. Bien
plus, nos organes sont trop bornés pour distinguer

toutes les propriétés du soleil; il a fallu inventer un
organe, nous munir d'un sens artificiel pour connaître
les propriétés chimiques et phosphorogéniques de ces
rayons, et la photographie n'est que la traduction pratique de ces découvertes de la science. Le pouvoir d'affecter les plaques daguerriennes est une sorte de lumière trop aiguë pour être sensible à notre rétine. De
longues séries d'expériences démontrent jusqu'à l'évi-
dence des faits que je ne puis qu'énoncer ici.

Les forces mécaniques et le son, la chaleur et la lumière, les actions chimiques, l'électricité et le magnétisme ne sont que les diverses apparences d'un seul et
même travail qui, en passant à travers divers instruments, produit des effets variés. Une certaine quantité
de *force vive* est répandue dans l'espace et engendre tous
les phénomènes; elle anime l'univers, et c'est elle qui
donne aux mondes leur mouvement et leur vie. Ainsi
notre intelligence peut s'élever jusqu'à ces régions sereines d'où nous contemplons les éternelles lois de la
nature; elles se déroulent devant nous dans leur harmo-
nie simple et majestueuse, et l'homme qui les a devinées
et comprises peut chercher avec confiance ce qui est
encore inconnu.

L'électricité est une transformation de cette force
vive : c'est une des nombreuses formes sous lesquelles
elle se révèle à nous. A son tour, elle peut se transformer
et affecter nos divers organes. Tantôt elle fait con-
tracter nos membres et transporte brutalement des far-
deaux, nous apparaissant ainsi comme une force mécanique; tantôt elle produit des impressions de chaleur
et de lumière, et se manifeste par ces différentes sensations; tantôt elle ébranle l'air, et nous entendons les
bruit de l'étincelle; tantôt enfin elle détermine des

actions chimiques. Tous ces divers effets ont été utilisés
dans les arts ; pour le premier seul, la transformation
de l'électricité en force mécanique n'a pu encore arriver
à rendre des services pratiques.

Si l'électricité se présente sous des aspects si variés,
nous savons aussi la produire d'un grand nombre de
manières. Dans les piles ordinaires on laisse corroder
le zinc par l'acide sulfurique, et cette action chimique
donne des courants utilisés pour la télégraphie, la
lumière, la galvanoplastie. Mais il est des piles où la
chaleur donne naissance à des courants électriques
(piles thermo-électriques) ; d'autres où l'électricité n'est
que de la lumière transformée (actinomètre électro-
chimique de M. Ed. Becquerel) ; d'autres enfin où la
force mécanique engendre de puissants effets électriques
(machines d'induction). De quelque source que pro-
viennent ces électricités, elles sont identiques, car elles
se présentent toujours à nous avec les mêmes propriétés.

Aucun des faits que nous observons dans la nature
n'est simple, aucun ne doit être rapporté à une seule
des manifestations du travail. Les divers effets, mouvement, chaleur, lumière, action chimique ou électricité,
ne se montrent jamais isolés ou indépendants, ils s'accompagnent ; et si, dans la plupart des phénomènes,
l'un deux est prédominant et nous cache les autres, c'est
que nos organes ne sont pas assez délicats pour saisir
de faibles nuances. Mais, à mesure que la science se
complète, les appareils, rendus plus sensibles, deviennent
pour nous de véritables organes artificiels.

On ne peut pas produire un seul de ces effets sans en
faire en même temps apparaître quelques autres. A
peine sait-on rendre l'un d'eux prédominant ; mais les

autres existent avec lui ; ils existent et ils détournent de l'effet principal une portion de la force. Aussi le travail utilisé est-il toujours plus faible que le travail dépensé.

Voyez une machine à vapeur, et examinez bien ce qui se passe dans la production et dans l'application de la vapeur. La combustion du charbon est une action chimique qui engendre une certaine quantité de force : deux effets au moins nous révèlent cette combustion : la chaleur et la lumière du foyer. La lumière et les autres effets inconnus sont perdus et ne servent point au but que nous cherchons ; la chaleur seule est utile, et encore se divise-t-elle en plusieurs parties : l'une, abandonnée aux cendres ou restant dans les fumées, ne produit de même aucun résultat ; l'autre, la seule utile, s'enferme, pour ainsi dire, dans l'eau, et transforme celle-ci en vapeur. Ainsi, pour la fabrication seule de la vapeur, on perd inutilement une notable portion du travail produit par la combustion. Ce n'est pas tout encore. Cette vapeur agit sur le piston et entretient ou accélère le mouvement de la locomotive. Mais ce n'est là qu'un seul effet ; une portion de la force est détournée du but final pour vaincre la résistance de l'air ; le frottement des essieux contre leurs supports et celui des roues contre les rails. Cette portion perdue nous réapparaît sous forme de mouvement imprimé à l'air, et sous forme de chaleur laissée sur les rails et sur les essieux. Donc, par l'application seule de la vapeur, on perd encore inutilement une notable portion du travail mécanique produit.

D'après les expériences des ingénieurs, on n'utilise réellement comme force mécanique accélérant le mouvement des trains que les trois quarts de la force produite par la génération de la vapeur.

Il en est de même de l'électricité. Lorsqu'on la développe dans un générateur spécial, on ne l'obtient pas isolée. L'action de l'acide sulfurique sur le zinc ne donne pas uniquement les courants électriques : les liquides s'échauffent, l'eau traversée est décomposée, des circuits partiels se forment en dehors des pôles; et ces dégagements de chaleur, ces décompositions accessoires, ces productions de courants secondaires affaiblissent considérablement l'électricité engendrée. Nous ne sommes pas assez maîtres des conditions très complexes, des circonstances très multiples qui accompagnent la formation de l'électricité, ou qui lui sont nécessaires; nous sommes obligés de subir ces pertes inutiles, ces résistances passives.

De plus, le courant que la pile envoie dans le fil éprouve encore dans le parcours des pertes notables. — Le fil oppose au passage du courant une certaine résistance, sorte de frottement rendu sensible par l'échauffement du conduit. Cette résistance passive est diminuée par le choix des fils épais, qui sont pour ainsi dire plus perméables au courant. — L'électricité ne remplit pas tout le fil à la fois, et les parties qui seront électrisées les dernières sont dès le début soumises à l'induction des parties qui ont déjà reçu le courant : il se développe ainsi dans le fil conducteur des *extra-courants*, des flux d'électricité contraires au flux principal et diminuant considérablement l'énergie et les propriétés de celui-ci. Lorsque, par une transformation mystérieuse, l'électricité apparaît sous forme de magnétisme, lorsque l'armature attirée pour commencer le mouvement élémentaire de va-et-vient se rapproche de l'électro-aimant, les phénomènes d'aimantation se compliquent; l'armature mobile réagit sur l'armature fixe;

des courants induits sillonnent les fils et les métaux; et
de ces actions complexes le résultat est encore un affai-
blissement du courant principal. — Enfin, chaque fois
que le courant est interrompu pour la nécessité de l'appareil, on remarque une étincelle jaillissant sur l'interrupteur entre les parties métalliques qui se séparent.
Cette étincelle est un phénomène de chaleur et de lumière,
et l'énergie électrique occupée à produire ces effets
est perdue pour l'effet final.

CONSTRUCTION DES MOTEURS

En envoyant dans une machine dynamo un courant
électrique, on peut faire tourner cette dynamo.

Ce principe de la *réversibilité* des dynamos semble donc
rendre inutile l'établissement de types spéciaux pour
moteurs. Mais on a constaté ce fait que de petites machines d'induction peuvent bien servir comme moteurs
mais non comme dynamos. Cela tient à ce que dans les
petites machines l'entre-fer conserve la même grandeur
que dans les grosses; il en résulte que cet espace
nuisible a une valeur relative trop grande et qu'une
dynamo de petites dimensions ne peut produire un
flux suffisant à son excitation. Dans le cas d'un moteur,
au contraire, c'est le courant amené de l'extérieur
qui produit ce flux et la machine peut fonctionner.
Le besoin d'utiliser de petites puissances s'étant fait
sentir, on a dû créer des moteurs de petites dimensions,
auxquels on a donné des formes spéciales.

Le premier moteur qui ait été établi est un petit
appareil de démonstration connu sous le nom de roue
de Barlow et imaginé vers 1823 par Sturgeon et Barlow.
Une roue étoilée (fig. 76), montée sur un axe horizontal

pouvait tourner entre les pôles d'un aimant en fer à
cheval. L'extrémité des dents traversait une petite cuve
à mercure. Lorsqu'on envoyait dans cet appareil un
courant allant du centre à la périphérie de la roue,
celle-ci se mettait à tourner dans le sens indiqué par ·
la flèche, le pôle N de l'aimant étant placé en avant sur
la figure. Chaque dent de la roue forme un conducteur
qui se déplace dans le champ magnétique lorsqu'il est

Fig. 76. — Roue de Barlow.

traversé par un courant. On peut même remplacer la
roue par un disque uni, formant une infinité de conducteurs : l'expérience réussit encore. Faraday a repris plus
tard cet appareil, mais pour le faire fonctionner comme
générateur. Le courant qu'il en obtint était suffisamment
continu et constant, et l'on a même cherché depuis à
créer des machines industrielles à courant continu et
constant, sans pourtant obtenir de bons résultats pratiques. Le moteur fondé sur ce principe n'est pas non
plus sorti du domaine de l'étude.

Pour éviter l'emploi des induits à anneau ou à tambour, dont la construction est compliquée, on s'est servi dans la construction des petits moteurs électriques de la bobine Siemens en forme de double T. M. Deprez a placé cette bobine entre les branches d'un fort aimant permanent, de façon à utiliser la plus grande partie du champ magnétique. Ce petit moteur est muni d'un régulateur de vitesse très simple. Une lame métallique tra-

Fig. 77. — Moteur Trouvé.

versée par le courant est fixée sur l'axe de l'induit. Lorsque la vitesse prend une valeur trop grande, cette lame s'écarte par l'effet de la force centrifuge, interrompt le courant, et le moteur se ralentit.

Dans ces moteurs à bobine Siemens il existe un point mort, qui se présente chaque fois que le courant change de sens dans la bobine. Pour éviter cet inconvénient, M. Trouvé a proposé de tordre le noyau de fer en forme d'hélice. Le même constructeur a encore employé deux induits identiques dont les bobines sont perpendiculaires l'une à l'autre. La figure 77 représente un petit moteur Trouvé pouvant servir à actionner des machines à coudre, des ventilateurs, etc.

Aux mêmes usages est destiné le petit moteur Griscom. Ce moteur, représenté en coupe (fig 78), est de très petites dimensions, très compact et s'adapte facilement sur toutes espèces de petites machines-outils.

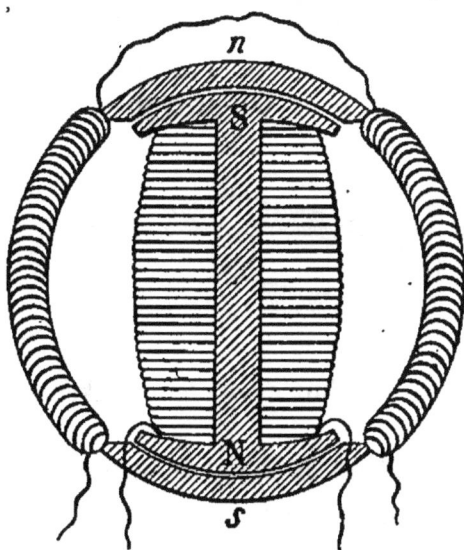

Fig. 78. — Moteur Griscom.

L'inducteur est un cylindre creux en fer doux enroulé de deux bobines. A l'intérieur de ce cylindre tourne une bobine Siemens en double T, reliée en série aux enroulements de l'inducteur. Les balais sont, dans cet appareil, remplacés par des galets roulant sur le commutateur à deux plaques.

Ces petits moteurs à armature Siemens et courants redressés tendent à être abandonnés dans la pratique. On est arrivé à construire à aussi bas prix des moteurs à anneau Gramme dont le rendement est bien supérieur.

Rappelons que le premier moteur de ce genre est la machine de Pacinotti, qui devient plus tard la machine Gramme et dont nous avons parlé plus haut. M. Gramme a lui-même construit un moteur de petite dimension, rappelant par sa forme extérieure le moteur Griscom. Les deux branches d'un aimant en fer à cheval forment un cylindre fendu le long de deux génératrices diamétralement opposées. Sur ces deux branches sont enroulées deux bobines et l'extrémité libre est creusée d'une cavité dans laquelle est logé un anneau Gramme. Ce petit moteur est très bien compris et très robuste.

En Amérique, où l'on tient surtout à construire à bon

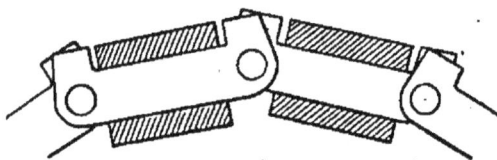

Fig. 79. — Induit du moteur Reckenzaun.

marché, la fabrication des petits moteurs-série a pris une grande extension. On y emploie des machines produisant par milliers des rubans de cuivre tout enroulés en spirale annulaire, dans laquelle il ne reste plus qu'à introduire le noyau de fer doux. Il faut dire qu'aux États-Unis le progrès se manifeste jusque dans les plus petites industries : les cireurs de bottes ne reculent pas devant l'emploi d'un petit moteur électrique pour actionner leurs brosses.

Parmi les machines destinées à fonctionner spécialement comme moteurs, nous mentionnerons encore le moteur Reckenzaun, à cause de la simplicité de sa construction. Ce moteur employé pour la traction électrique a des inducteurs analogues à ceux de la machine

Siemens à courant continu. L'induit est d'une construction originale. Son noyau est formé de bras articulés en fer forgé reliés entre eux comme les maillons d'une chaîne de Gall (fig. 79). Chacun de ces bras reçoit une bobine, et l'anneau ainsi formé est monté sur deux étoiles en bronze fixées sur l'arbre. Cette disposition permet de développer l'induit en ligne droite ; il est ainsi très facile à construire et à réparer.

MOTEURS-DYNAMOS

Lorsqu'on fait fonctionner une dynamo comme moteur, plusieurs des conditions que nous avons étudiées changent. Le courant qui fait tourner le moteur dans le même sens que tournait la machine quand elle fonctionnait comme génératrice est *de sens inverse* de celui que produisait la machine. Les balais qui étaient calés en avance du mouvement de rotation de la génération doivent donc être placés en retard dans le moteur.

Deux machines dynamos, l'une génératrice, l'autre réceptrice, reliées entre elles par deux conducteurs, se comportent de la manière suivante. La dynamo produit une force électromotrice E qui donne lieu à un courant, dont l'intensité est $I = \dfrac{E}{R}$ dans le circuit de résistance R.

Ceci a lieu lorsque le moteur est immobile, maintenu par un frein. Mais lorsque rien ne s'oppose à la rotation du moteur, les choses ne se passent plus ainsi. Celui-ci, en tournant, produit lui-même une force électrmotrice *e* qui s'oppose à celle de la dynamo, et dès lors l'intensité du courant n'est plus que $\dfrac{E-e}{R}$. La puissance dépensée par la dynamo est EI, celle absorbée par le moteur est *e* I ;

il en résulte que le rendement est $\dfrac{eI}{EI}$ ou $\dfrac{e}{E}$. Dans un moteur à enroulement en série, la puissance augmente d'abord avec la vitesse, mais décroît ensuite. Le maximum de puissance utile correspond à un rendement de 50 pour 100.

Lorsque l'on met en marche un moteur-série, il se développe d'abord dans le circuit une très grande intensité, puisque la force contre-électromotrice e est nulle au commencement; il en résulte que le moteur développe une très grande puissance et *démarre* facilement. Cette facilité est des plus précieuses pour les applications à la traction électrique. Dans les tramways, par exemple, on emploie des moteurs-série capables de fournir, au moment de départ, un effort qui correspond au coup de collier des chevaux.

Les moteurs shunt ne possèdent pas cette propriété et ne conviennent donc pas pour la traction électrique. Lorsqu'on veut les employer, on est obligé de faire usage d'un artifice, qui consiste à introduire dans le circuit de l'induit une résistance. Le courant se partage alors entre les inducteurs et l'induit et produit l'amorçage. Lorsqu'ils marchent à différence de potentiel constante, ces moteurs sont autorégulateurs, mais seulement lorsque la résistance de l'induit est très faible. La puissance peut alors varier dans de très grandes limites sans que la vitesse angulaire varie énormément.

Sans insister davantage sur ces différentes propriétés, il est facile de voir que l'on choisira l'un ou l'autre des enroulements pour les dynamos qui doivent être employées comme moteurs, et ce choix dépendra des conditions dans lesquelles on se propose d'appliquer le travail mécanique engendré par les moteurs électriques.

CHAPITRE II

APPLICATIONS DES MOTEURS ÉLECTRIQUES

TRANSMISSION DE FORCE MOTRICE

L'électricité, avons-nous dit déjà, n'est qu'un emmagasinement particulier des forces mécaniques. De quelque façon qu'elle soit produite, une quantité déterminée d'électricité représente un certain nombre de kilogrammètres, ou d'unités de travail mécanique. C'est à nous à recueillir ces kilogrammètres et à leur faire exécuter le travail le plus profitable possible. Nous avons vu qu'en appliquant directement l'électricité à une machine motrice, nous perdions de grandes quantités de travail, soit que les machines motrices ne soient pas encore bien appropriées à l'usage que nous voulons en faire, soit pour toute autre raison.

Cependant une expérience intéressante peut nous indiquer une voie nouvelle pour faire ses recherches. Si l'on prend deux machines d'induction, des machines Gramme, par exemple, on fait tourner une d'elles rapidement; on obtient ainsi un courant électrique. En lançant ce courant dans la seconde machine, on remarque que celle-ci se met à tourner avec une vitesse égale à la première et en sens contraire. Si nous voulons l'empêcher de tourner, il faudra peser sur le frein avec une certaine force; et l'on peut ainsi mesurer le travail mécanique récolté par cette seconde machine. Si nous l'empêchons de tourner, et si le fil de communication qui réunit les deux machines par lequel passe le courant est assez fin, ce fil va rougir aussitôt; et l'on voit alors le travail mécanique donné à la première machine transformé en électricité, et celle-ci transformée à son tour soit en travail mécanique récolté par la seconde machine, soit en chaleur récoltée par le fil de communication.

Mais récoltons du travail mécanique; la première machine reçoit directement l'action de la vapeur, et produit le courant électrique qui va faire marcher la seconde machine : celle-ci peut être placée très près de la première, ou très loin; les fils qui réuniront les deux machines peuvent être droits ou courbés ; cette seconde machine n'en marchera pas moins. Nous obtenons ainsi un résultat important. Une force peut être transformée en électricité, dans un endroit quelconque; puis le courant électrique produit est porté par des fils, sur un autre point, là où se trouvent les machines-outils; et une seconde machine de Gramme, identique à la première, recevra le courant et fera, par sa rotation, marcher la machine motrice des outils de l'atelier. Nous évitons ainsi les courroies, les arbres, etc., etc., toutes transmissions mécaniques qui ne peuvent conduire la force qu'à des points assez rapprochés, et qui sont soumises à des conditions de parallélisme et de précision rigoureuses.

Grâce à la transformation intermédiaire en courant électrique, la force peut être produite en un endroit et consommée en un autre endroit. Il ne faut pas s'imaginer que ce transport de force se fera sans perte. Plus le fil sera long, plus il opposera de résistance au courant, et moins il rendra de l'électricité. Cet inconvénient est plus grave qu'il ne paraît au premier abord, et limite rapidement les conséquences de l'idée théorique de la transmission des forces. C'est se livrer à une imagination peu sérieuse que concevoir aussitôt une usine centrale distribuant la force mécanique à toute la France.

La première étape vers l'application industrielle du transport de la force motrice est marquée par une expérience que fit M. Hippolyte Fontaine en 1873. Voici, du reste, à quelle occasion fut faite cette expérience mémorable, d'après le récit même de l'auteur.

« Le 1er mai 1873, dit M. H. Fontaine, l'Exposition internationale de Vienne fut officiellement ouverte, bien que la galerie des machines, qui était encore incomplète, restât fermée jusqu'au 3 juin. Je m'occupais alors d'organiser une série d'appareils qui paraissaient pour la première fois devant le public. Parmi eux figurait une machine dynamo électrique Gramme, destinée aux opérations électro-chimiques et capable de fournir un courant de quatre cents ampères sous vingt-cinq volts, et une machine magnéto que je me proposais de faire fonctionner comme moteur en l'actionnant au moyen d'une pile primaire ou d'accumulateurs Planté pour démontrer la réversibilité de la machine Gramme. J'avais aussi un moteur à vapeur de mon invention, chauffé au coke, et un petit moteur du même type, mais disposé pour être chauffé au gaz, une pompe centrifuge, à laquelle je voulais faire alimenter une cascade artificielle, et divers autres appareils. Pour donner un peu de variété aux expériences, j'avais disposé la pompe centrifuge de façon à ce qu'elle pût être commandée, soit par le moteur électrique Gramme, soit par un des moteurs à vapeur.

« Le 1er juin, on annonça que la galerie des machines serait solennellement inaugurée par l'empereur le 3, à dix heures du matin. Rien n'était terminé, mais ceux-là seuls qui se sont trouvés en pareils cas savent ce qu'on peut exécuter en quarante-huit heures avant l'ouverture d'une exposition. Dans chaque section, les commissaires, disposant d'une armée d'ouvriers, faisaient procéder à l'enlèvement des caisses d'emballage et à la décoration des espaces réservés à leurs nationaux. Ces commissaires visitaient toutes les installations et cherchaient parmi les appareils exposés ceux qui devaient solliciter le plus l'attention de l'empereur.

« Le commissaire français, M. Roulleaux-Dugage, me pria de faire manœuvrer tous les appareils de mon exposition, et le 2 juin je fus assez prêt pour faire fonctionner les moteurs à vapeur, la grosse machine Gramme et la pompe centrifuge ; mais il me fut impossible d'actionner le petit moteur électrique, soit au moyen de la pile primaire, soit au moyen de la batterie d'accumulateurs dont je disposais. Cela me contrariait d'autant plus que je tenais principalement à démontrer la réversibilité de la machine Gramme.

« Toute la journée et toute la nuit, je m'ingéniai à trouver un moyen de me tirer d'affaire ; et c'est seulement le 5 juin au matin, quelques heures avant l'ouverture de l'Exposition, que l'idée me vint de prendre une dérivation de la grosse machine pour actionner la petite. Comme il me manquait du fil conducteur, je m'adressai au représentant de la maison Manhès, de Lyon, qui m'en prêta obligeamment une certaine quantité ; et quand je vis que la machine magnéto, une fois reliée à la machine à galvanoplastie, non seulement se mettait en mouvement, mais encore qu'elle actionnait la pompe avec une puissance telle que l'eau était projetée hors du réservoir, j'ajoutai du fil jusqu'à ce que l'écoulement de l'eau devînt normal. La longueur de câble en circuit dépassait alors deux kilomètres. Cette grande longueur de câble

me suggéra l'idée qu'on pourrait, avec deux machines
Gramme, transmettre l'énergie mécanique à grandes
distances. »

Cette expérience démontrait donc la possibilité de la
transmission électrique de la force motrice à distance;
mais elle était loin de prouver que cette transmission
était pratiquement utilisable. Théoriquement il est possible de transporter à une distance quelconque une
puissance quelconque, quelque grandes qu'elles soient.
Mais il existe les facteurs qui limitent très rapidement,
dans la pratique, la distance et la puissance à transmettre.
Nous avons vu que le rendement d'un moteur est
exprimé par le rapport de sa force contre-électro-
motrice à la force électromotrice de la génératrice.
L'intensité du courant n'intervient donc pas dans ce
rapport; et comme l'intensité est le facteur qui tient
seul compte de la résistance des conducteurs à parcourir, nous pouvons établir ce point important que le
rendement d'un système de transmission électrique est
indépendant de la distance. Là n'est donc pas la difficulté.
Mais le travail produit n'est pas indépendant de cette
distance. Comme ce travail est représenté par le produit eI,
force contre-électromotrice multipliée par l'intensité,
on voit qu'il doit suivre toutes les variations de cette
dernière. Or, plus la distance augmente, plus l'intensité
diminue et plus la puissance transmise est faible. Il
n'y a donc qu'un seul moyen de transmettre une puissance donnée, sans changer le rendement, à une distance
très grande : c'est d'élever les forces électromotrices
et d'abaisser l'intensité. Il semblerait que cette circonstance soit favorable à la réalisation pratique, puisqu'en
diminuant l'intensité on peut réduire dans les mêmes
proportions la section des conducteurs et réaliser de ce

fait une notable économie. Mais le point faible réside dans la production de hauts potentiels. On ne peut, à l'heure actuelle, canaliser sans danger des milliers de volts, quoique l'on ne recule pas aujourd'hui devant la production et l'utilisation de potentiels très élevés.

Les expériences pratiques n'ont, du reste, pas manqué. S'il est difficile de tirer une conclusion des expériences faites entre Paris et Creil par M. Marcel Deprez dans des conditions très complexes, il n'en est pas de même de celles qui furent entreprises et menées à bonne fin par M. H. Fontaine, en 1886. M. Fontaine voulait démontrer que l'industrie possédait depuis longtemps les moyens de transmettre à travers un câble de faible diamètre et de 50 kilomètres de longueur une puissance de 250 chevaux. Aidé par la Compagnie électrique, M. Fontaine a exécuté ce programme, et il a repris ces expériences en 1887. Les essais ont montré que l'on pouvait sans difficulté transporter électriquement 50 chevaux effectifs à 50 kilomètres de distance, avec un rendement de 50 pour 100, et cela en utilisant les machines actuelles courantes, sans avoir besoin de créer un matériel aussi coûteux et d'aussi faible rendement que celui qui servit aux expériences entre Paris et Creil.

Voici donc un résultat pratique, et l'on peut dire que c'est grâce à ces expériences que les applications de ce genre deviennent de jour en jour plus nombreuses; d'éminents électriciens y apportent de nouvelles améliorations; nous citerons la remarquable installation due aux soins de M. Brown, dont les machines servent à transmettre la force motrice d'une chute d'eau de Thorenberg à Lucerne en Suisse. C'est vers l'utilisation des forces naturelles que s'est tourné tout d'abord l'esprit inventif. On s'est dit que, puisque l'extraction du char-

bon coûtait tant de travail et mettait en danger un si
grand nombre de vies humaines, il serait plus logique de
faire travailler les forces naturelles qui sont à notre
portée. Ces idées généreuses ne sont malheureusement
pas encore réalisables aujourd'hui ; et c'est à tort que
l'on parle de forces naturelles gratuites. Les forces
naturelles ne sont pas gratuites, puisqu'il faut d'abord
les capter pour les rendre utilisables.

En résumé, le principe de la transmission de force
motrice est aujourd'hui appliqué industriellement. Les
tramways électriques, les moteurs de tous genres, sont
de ces applications et nous allons en étudier quelques-
unes.

TRACTION ÉLECTRIQUE

L'application de l'électricité aux véhicules est une des
plus récentes. Les premiers essais en ont été faits aux
États-Unis, il y a de cela une cinquantaine d'années. Le
professeur Page, bien connu pour ses études sur les
aimants, avait proposé, en 1845, d'appliquer un moteur
qu'il venait d'inventer à la propulsion des trains de
chemin de fer. Puissamment secondé par le Congrès
des États-Unis, qui mit à sa disposition une somme de
150 000 francs, Page parvint à construire une locomotive
électrique capable de faire marcher un train avec une
vitesse de 30 kilomètres à l'heure. Mais ce n'est qu'au prix
de dépenses formidables que l'on aurait pu appliquer ce
système d'une manière courante, et l'on y renonça provisoirement.

Grâce au développement et aux perfectionnements des
machines dynamos, M. Siemens put, en 1879, faire fonctionner régulièrement un tramway électrique. Son sys-

tème consistait dans la production d'un courant par une dynamo à poste fixe et dans l'emploi d'un conducteur et de contacts à glissement pour la transmission du courant au moteur installé sur le véhicule. Tel est encore aujourd'hui le principe d'un grand nombre de systèmes de traction électrique. Mais on a aussi songé à placer sur la voiture même le générateur de courant. Page employait pour sa locomotive électrique des piles, car on ne connaissait pas encore les accumulateurs. Aujourd'hui ce sont ces derniers que l'on place avec le moteur sur le véhicule.

Le premier système de traction électrique nécessite l'emploi d'un conducteur. Il y a des installations où l'on se sert des deux rails comme fils d'aller et de retour. Dans d'autres cas, le fil d'aller est constitué par un conducteur nu, monté sur poteaux ou souterrain, et le fil de retour est formé par les rails. Enfin, pour plus de sécurité, on peut fixer les deux conducteurs séparés sur des isolateurs. Quel que soit le système de conducteurs employé, la perte de potentiel sur la ligne est assez considérable et le rendement en est fortement abaissé.

Le système de traction par accumulateurs n'est pas supérieur au précédent comme rendement. C'est qu'il exige deux transformations successives avant la production du travail utile. Première transformation de l'énergie électrique en énergie chimique par la charge des accumulateurs, et ensuite transformation en énergie mécanique dans le moteur. Mais lorsqu'on emploie ce dernier mode de traction, les voitures sont absolument indépendantes les unes des autres. De plus, lorsque le trajet à parcourir comprend des rues où le trafic est très actif, il est dangereux d'employer les conducteurs nus du premier système.

En résumé le système par conducteurs semble être avantageux à la campagne et le système par accumulateurs devra plutôt être employé en ville.

La question de la navigation électrique n'a pas reçu

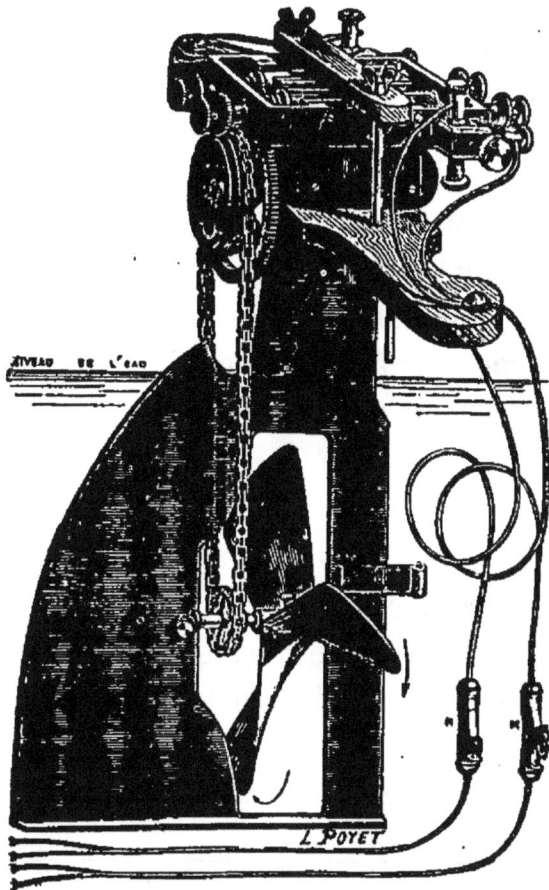

Fig. 80. — Gouvernail propulseur de M. Trouvé.

jusqu'ici de solution bien satisfaisante. En 1881, à l'Exposition de l'électricité, M. Trouvé exposait un de ses petits moteurs à deux bobines appliqué à la propulsion d'un canot de plaisance. Nous représentons dans la figure 80 son gouvernail propulseur, disposition dans laquelle le moteur est fixé sur la tête du gouvernail et l'hélice dans le corps même de ce dernier. Ce propulseur offre l'avantage de pouvoir être appliqué à une embarcation quelconque avec la plus grande facilité. Dans les expériences faites à Asnières on avait installé dans le canot une grande pile à treuil dont le courant était amené au moteur par les tire-veilles qui servent à manœuvrer le gouvernail. On a pu atteindre assez facilement une vitesse de 15 kilomètres à l'heure. Depuis ces tentatives, plusieurs essais ont été faits; signalons entre autres la traversée de la Manche par un petit bateau électrique. La grosse difficulté que l'on rencontre est le poids considérable des accumulateurs pour une énergie emmagasinée relativement faible. Attendons le perfectionnement de ces appareils pour naviguer à l'électricité sur l'eau et dans l'air.

TELPHÉRAGE ÉLECTRIQUE

Les professeurs Ayrton et Perry ont combiné un très ingénieux système de transport qu'ils ont appliqué, à Glynde, sur une ligne de 1 500 mètres de longueur. C'est

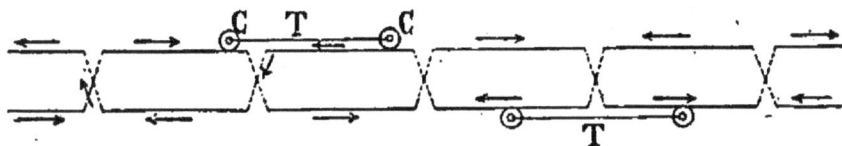

Fig. 81. — Ligne de telphérage.

un chemin de fer électrique fonctionnant automatiquement et destiné à transporter des trains de véhicules légers suspendus à un seul conducteur. En réalité il y a deux rails, mais l'un conduit les trains d'aller, l'autre les trains de retour. Ces deux conducteurs se croisent de distance en distance et forment ainsi des sections

isolées électriquement, alternativement parcourues p:
des courants de sens contraire (fig. 81). Les trains T'
ont les mêmes longueurs que les sections, de sorte qu
leurs contacts extrêmes C C relient entre elles deux se(
tions successives, excepté pendant le temps très cou
où le train passe d'une section à l'autre, grâce à la for(
vive acquise.

Le moteur placé sur la locomotive qui fait partie d
train est un moteur-série, qui tourne toujours dans
même sens quel que soit le sens du courant qui le tr:
verse, puisque le courant change de sens dans l'indu
et dans l'inducteur en même temps.

Pour éviter tout danger de collision entre deux train
MM. Ayrton et Perry ont combiné un block-systèn
automatique. Les trains, en passant sur certains poin
de la ligne, font ouvrir des interrupteurs qui supprime:
le courant dans certaines sections, de sorte qu'un aut
train se trouvera fatalement arrêté jusqu'au moment (
le premier train fermera, par un signal, l'interrupteu
ce·qui permet au train suivant de passer.

Il est à remarquer que cet ingénieux dispositif n'a
pas reçu plus d'applications, car il est certain que (
mode de transport pourrait fonctionner à de pl·
grandes distances sans devenir trop dispendieux. L
nombres que l'on a publiés et qui ont rapport à
traction électrique en comparaison avec celle par ch
vaux font assez ressortir l'économie de la première. (
peut citer des exemples où l'emploi des moteurs éle
triques entraînerait une économie de 50 pour 100 s·
la traction par chevaux.

LABOURAGE ÉLECTRIQUE

Le labourage par machines électriques a été l'une des premières applications de la transmission électrique entre deux points fixes. Les premiers essais en furent faits en 1879, par MM. Chrétien et Félix, à la sucrerie de Sermaize. Dans les usines où l'on fabrique le sucre de betterave, le matériel n'est utilisé que pendant une assez courte période de l'année. Le reste du temps est consacré à la culture de la betterave, pendant ce temps la machine à vapeur de l'usine chôme. On a donc pensé qu'il serait avantageux de faire travailler, pendant cette période, la machine à vapeur et de l'appliquer au labourage des terres et à d'autres travaux agricoles.

A cet effet MM. Chrétien et Felix placèrent dans l'usine une machine Gramme qui fut mise en mouvement par la machine à vapeur. A chaque extrémité du champ à labourer était placé un treuil, que commandaient deux machines Gramme. Le courant était amené par deux conducteurs d'environ 300 mètres de longueur. La charrue était attachée aux treuils par un câble en fil d'acier qui lui donnait un mouvement de va-et-vient en s'enroulant et se déroulant successivement. On faisait fonctionner tantôt un treuil, tantôt l'autre au moyen d'un commutateur. La charrue mettait environ une minute à labourer 20 mètres carrés de terrain, ce qui correspond au travail de 5 à 6 chevaux-vapeur. Lorsque l'espace compris entre les deux treuils était labouré, on déplaçait ceux-ci, au moyen des moteurs mêmes, jusqu'à ce que tout le champ fût labouré.

Il est à regretter que de pareilles applications ne puissent pas se faire d'une manière plus générale en

France; mais le morcellement de la propriété terrienne de notre pays s'y oppose. En Amérique, où les propriétés agricoles ont une vaste étendue, le labourage par chevaux est de plus en plus rare; et c'est une des causes qui expliquent la redoutable concurrence que l'agriculture américaine peut faire à nos petits agriculteurs français.

APPLICATIONS DIVERSES

Les applications des moteurs se multiplient de jour en jour et l'on ne peut qu'admirer les résultats qu'ils permettent d'obtenir. Dans la sucrerie dont nous venons de parler on a établi un monte-charge mû par l'électricité et destiné au déchargement des betteraves. Dans une sucrerie, à Soissons, un monte-charge analogue permet de déplacer 500 tonnes de betteraves en vingt heures. Du reste les monte-charge, élévateurs, ascenseurs, etc., électriques sont de plus en plus en vogue; ils sont dans la plupart des cas plus économiques que tout autre système. Les chemins de fer commencent à se servir de cabestans mus électriquement pour actionner les plaques tournantes. La Compagnie du Nord est celle qui est le plus avant dans cette voie, grâce à l'activité de son personnel, spécialement de MM. Sartiaux et Boucherot du service électrique. D'autres industries importantes ne sont pas restées en retard. C'est ainsi que la fonderie de canons de Bourges est munie de deux grues électriques capables de soulever, l'une 20 tonnes, l'autre 40 tonnes.

Il y a une classe d'appareils qui exigent une puissance beaucoup moins grande et que l'on tend aujourd'hui à commander par l'électricité : ce sont les ventilateurs.

L'hygiène exige que les bâtiments, les mines, ateliers, etc., soient munis de ces appareils destinés à renouveler l'air vicié par les fumées, le grisou, ou la respiration d'un grand nombre de personnes.

A l'Hôtel de ville de Paris, trente-cinq ventilateurs sont répartis dans les bâtiments; chacun de ces ventilateurs est gouverné par un petit moteur électrique. Le courant d'une machine Gramme alimente ces moteurs, qui sont reliés à un tableau de distribution permettant de les commander de ce point central. Une installation semblable a été faite à l'École centrale.

Nous sommes loin d'avoir; cité tous les exemples d'applications des moteurs électriques; ils sont de plus en plus nombreux, et nous ne doutons plus que leur emploi se généralisera encore, lorsque nous posséderons à Paris quelques stations centrales d'électricité, distribuant la force motrice à domicile. Le besoin d'une pareille distribution n'est plus à démontrer, il se manifeste assez dans l'extension que tend à prendre la canalisation de l'air comprimé, dont l'emploi est pourtant moins avantageux.

LIVRE II

LUMIÈRE ÉLECTRIQUE

CHAPITRE I

LAMPES A ARC

Ce fut Humphry Davy, cet Anglais illustré par tant de remarquables travaux, qui produisit le premier la lumière électrique. Il se servait d'une pile qui ne comptait pas moins de deux mille couples de Volta; avec cette énorme quantité d'électricité il obtenait un jet de lumière. On observa alors cette nouvelle source lumineuse; et quand les piles eurent été perfectionnées, quand on n'eut plus besoin d'un si grand attirail, on parvint aisément à l'étudier et la connaître assez pour en tirer une utilité pratique.

DE L'ARC VOLTAIQUE

Lorsqu'on approche les deux pôles d'une pile, une série d'étincelles très vives et très brillantes jaillissent entre les pointes, qui ne sont séparées que par un très léger espace. En terminant les fils qui forment le circuit par deux crayons de charbon, ces étoiles, au lieu d'être discontinues et passagères, se confondent et se succèdent sans interruption : cet arc, d'une lumière à peu près constante et très intense, est l'arc voltaïque.

Si les charbons qui forment les pôles étaient trop rapprochés, s'ils se touchaient, le circuit serait continu et l'arc voltaïque ne se formerait plus. Lorsque, au contraire, on éloigne de plus en plus les charbons l'un de l'autre, on voit l'arc lumineux s'allonger, s'amincir, diminuer d'éclat; puis on le voit s'éteindre pour ne plus se reproduire, quand la distance est devenue trop grande. Lorsque l'arc est trop long, il *flambe*; lorsqu'il est trop court, il *siffle*. Ainsi la première condition pour faire apparaître un arc électrique convenable est de régler avec soin la distance des charbons. Mais ce n'est pas là un résultat facile à obtenir.

Examinons attentivement l'arc voltaïque, et, pour que la lumière éblouissante ne nous aveugle pas, prenons un verre bleu foncé; ou bien encore projetons les charbons enflammés sur un écran, au moyen d'un appareil que nous ferons bientôt connaître. Nous verrons alors comment se compose la lumière électrique. Au commencement, les charbons sont taillés en pointe, les étincelles jaillissent assez faibles; puis bientôt les charbons s'échauffent, ils deviennent rouges, et la lumière est éclatante. On aperçoit une grande quantité de particules solides incandescentes se transportant de l'un des charbons à l'autre. On voit l'un se creuser et s'évider rapidement; l'autre s'élève et augmente. Ce mouvement continuel de particules de charbon incandescentes, allant d'un pôle à l'autre, signale toujours le redoublement d'éclat de l'arc voltaïque, et on est autorisé à conclure que cette circonstance est nécessaire à la formation de la lumière.

On peut remarquer que le pôle qui se ronge est toujours le même, toujours le pôle positif, quelles que soient la pile et la disposition dont on se serve; le pôle

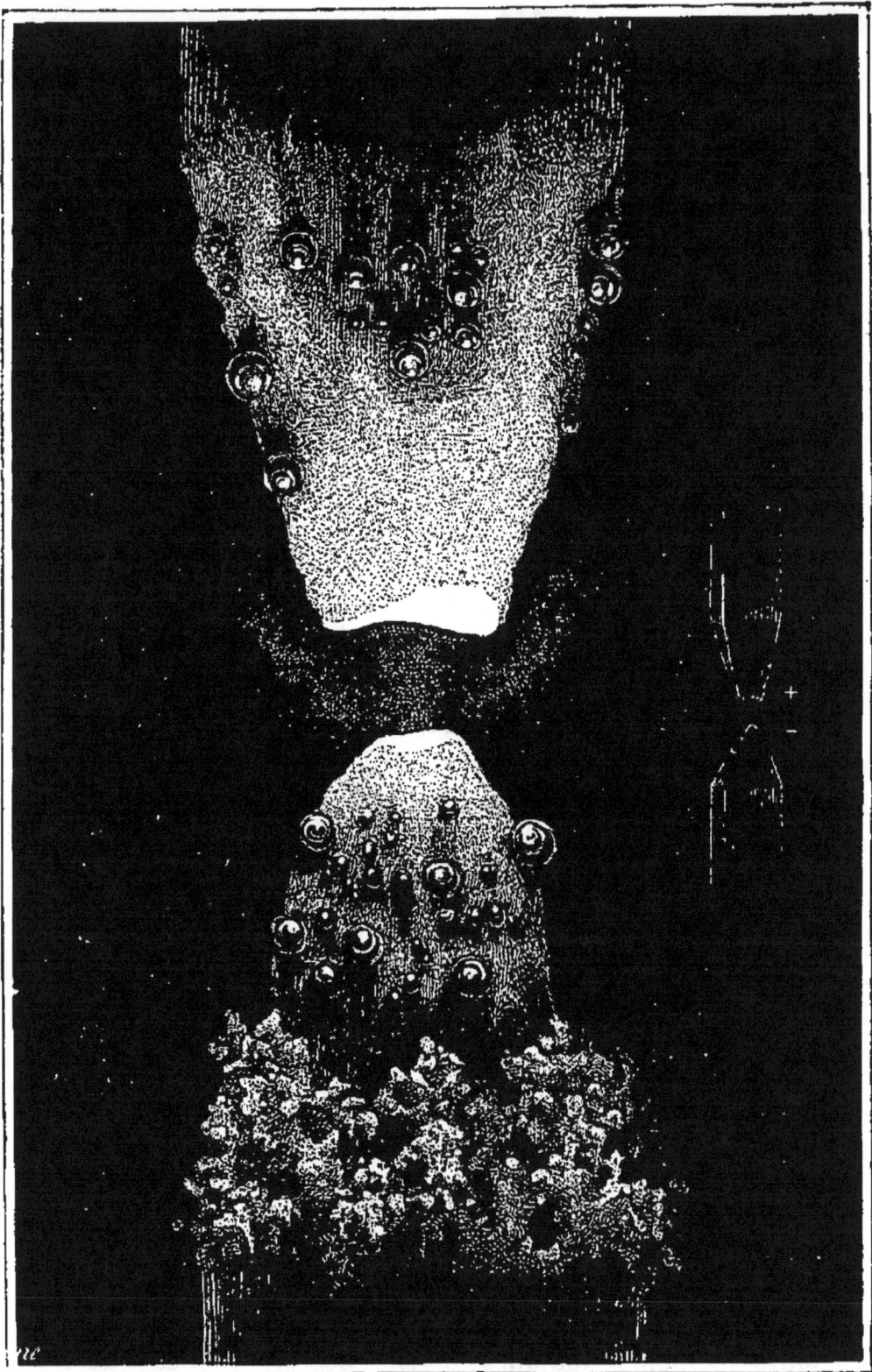

Fig. 82. — Arc voltaïque.

qui s'accroît est toujours le négatif. On dirait encore ici une double pompe : le positif refoule le charbon, le négatif l'aspire.

Mais ce n'est pas seulement le transport des particules incandescentes qui forme l'arc voltaïque. Les charbons s'échauffent, rougissent et brûlent avec vivacité. La lumière qui résulte de cette combustion énergique s'ajoute à celle qui provient du transport des corpuscules; et les deux circonstances réunies, incandescence et combustion de charbon d'une part, transport des particules rouges de l'autre, donnent naissance à la lumière électrique. L'arc lumineux se forme dans l'eau, dans le vide, dans un air quelconque, même dans les gaz qui n'entretiennent pas la combustion; il suffit de rapprocher les charbons au point où le transport de la matière brûlante puisse avoir lieu. Mais, ainsi produit, jamais l'arc voltaïque n'est aussi éclatant que dans l'air, car il n'y a qu'une seule des deux causes précédentes qui soit efficace.

D'après la manière même dont est formée la lumière électrique, la distance des pôles ne reste pas constante. En brûlant, les charbons s'usent, et la distance croît à chaque instant; la lumière, d'abord brillante, pâlit de plus en plus, et va bientôt s'éteindre si l'on ne rapproche les charbons. A chaque instant, surtout lorsqu'on veut avoir une lumière toujours également vive et brillante, il faudra rapprocher les pôles et ramener la distance à rester sans cesse la même. Ce n'est pas là le seul inconvénient.

Non seulement les charbons brûlent et se consument, mais encore l'un se ronge et se raccourcit, l'autre croît et s'allonge. Le point lumineux ne reste donc pas fixe : il suit le charbon qui augmente, il s'élève ou s'abaisse avec lui, et, après un certain temps, les rayons éclairants n'ont plus ni la même origine, ni la même direction qu'au début.

Ce grave inconvénient eût restreint considérablement l'emploi de la lumière électrique; car, dans la plupart des cas, on fait de la fixité du point lumineux parfois une nécessité absolue, et le plus souvent une facilité pour le travail.

La difficulté a été résolue. On a inventé des appareils, des régulateurs, pour régulariser la lumière électrique et lui donner les qualités qui lui manquaient. D'autre part, M. Jablochkoff a eu l'heureuse idée de mettre les deux charbons à côté l'un de l'autre, ce qui supprime le régulateur.

DES RÉGULATEURS PHOTO-ÉLECTRIQUES

Ces appareils portent les charbons et en règlent la distance d'eux-mêmes et à chaque instant. Ils reposent tous, et ils sont nombreux, sur le même principe qui est de faire servir l'électricité elle-même à la réglementation de la marche des charbons. On tire ainsi un double avantage du courant, pour la production et la régularisation de la lumière. Cette idée heureuse est due à M. Foucault, l'illustre physicien de l'Observatoire de Paris, dont la mort (1869) a laissé un si grand vide dans la science; les innombrables constructeurs de régulateurs se sont emparés de cette idée pour l'appliquer à leurs appareils.

Un régulateur photo-électrique doit satisfaire à trois conditions essentielles. Il faut que la lumière soit constante et toujours égale à elle-même, pour éviter ces variations rapides de grande clarté et de demi-jour qui

fatiguent et ruinent la vue des travailleurs; il faut
encore que le rayon dirigé dans un certain sens soit
fixe, c'est-à-dire que le point lumineux doit être rigoureusement immobile; il faut enfin que l'on puisse à
volonté régler le point lumineux, le monter ou l'abaisser,
le diriger sur un point ou sur un autre, sans l'éteindre,
comme on fait pour une lampe ordinaire. Ces conditions
sont indispensables
et tout régulateur
qui ne les remplirait
pas devrait être re-
jeté. Du reste, plu-
sieurs des appareils
proposés sont très
voisins de la perfec-
tion.

Je me garderai bien
de décrire tous ces
régulateurs; ils ré-
solvent le plus sou-
vent le problème dif-
ficile et délicat qu'on
se proposait.

Pour faire com-
prendre comment le
courant même peut

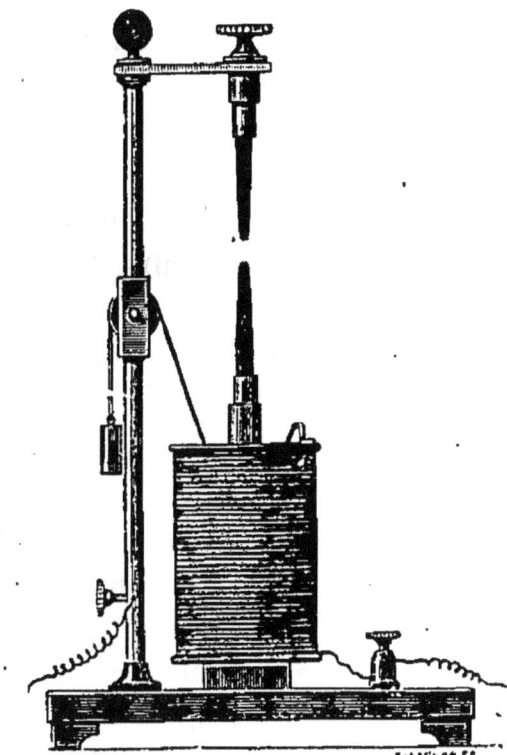

Fig. 85. — Régulateur de M. Archereau.

servir à régulariser les distances des charbons, je vais
décrire un appareil très simple, très imparfait et qui
n'a jamais été sérieusement appliqué; c'est celui de
M. Archereau.

Le courant, venant de l'un des pôles de la pile,
s'arrête au charbon supérieur que porte une sorte de
potence fixe; le charbon inférieur est emmanché dans

un support mobile, formé d'une tige de fer doux. Le courant, venant de l'autre pôle, passe dans un électro-aimant, et se rend de là au charbon inférieur. Aussitôt que les charbons sont rapprochés, la lumière jaillit; mais le courant, en passant dans l'électro-aimant, aimante la bobine, et le fer doux est attiré; il descend en entraînant le charbon inférieur ; de sorte que, par l'effet de l'électricité, les charbons se séparent et la lumière s'affaiblit. Mais à mesure que l'éloignement des charbons augmente, le courant diminue de plus en plus en intensité, et l'aimantation de l'électro-aimant devient de moins en moins forte; le fer doux, porteur du charbon inférieur, remonte alors sous l'action d'un contrepoids de manière que, par l'effet d'un contrepoids soigneusement choisi, le charbon inférieur tend à remonter. Il s'établit donc un équilibre entre l'action de la pesanteur et celle de l'électricité, équilibre qui a pour effet de maintenir les deux charbons toujours à la même distance l'un de l'autre. Cette description montre comment on peut faire régulariser la distance des charbons par l'électricité elle-même. Ce n'est là qu'un des nombreux procédés qui ont été publiés et appliqués. Le procédé a été perfectionné, et je ne le donne ici que comme un exemple de ce que l'on peut faire.

Il y a quelques années, M. Foucault a inventé un nouvel appareil. Toutes les qualités possibles, toutes les conditions désirables y sont réunies. L'arc est constant, le point lumineux se règle facilement, l'appareil ne se dérange pas. Si, par une cause quelconque, par la rupture d'un charbon, par exemple, l'arc vient à s'éteindre, le charbon cassé ressort de lui-même sans qu'on soit constamment occupé à surveiller le point lumineux, et l'arc rejaillit aussitôt. Le mécanisme est tellement solide que l'on peut incliner et renverser l'appareil sans altérer la lumière, précieuse qualité pour l'éclairage des vaisseaux.

Les crémaillères qui portent les deux charbons sont mises en mouvement par une roue dentée et un pignon placé sur le même axe. Cet axe peut tourner dans les deux sens, pour rapprocher ou éloigner les charbons, avec une vitesse différente pour chacun d'eux, ce qui est nécessaire, puisque le charbon positif s'use environ deux fois plus vite que l'autre. Cette première roue tourne sous l'action d'un double mouvement d'horlogerie commandé par le barillet. Chacun de ces deux rouages, indépendants l'un de l'autre, est muni d'un volant. La tête d'une tige peut venir heurter l'un ou l'autre de ces volants et arrêter par conséquent le rouage correspondant. Cette tige est mise en mouvement par l'électro-aimant et le ressort antagoniste.

Tant que le courant ne passe pas, le ressort l'emporte et la tige embraye le mouvement du recul, les charbons se rapprochent jusqu'au contact, leur position normale au repos. Aussitôt que le courant passe, l'électro-aimant attire l'armature, et la tige vient heurter le volant du rapprochement ; le rouage du recul, libre d'agir, fait reculer les charbons, et l'arc électrique se forme. C'est ainsi que la tige, cédant au ressort ou à l'électro-aimant selon que le courant est trop faible ou trop fort, laisse les charbons se rapprocher ou s'éloigner selon les variations du courant qui produit la lumière.

A côté de ces parties principales, on trouve également une série de pièces destinées à donner de la sensibilité à l'appareil, ou même des facilités aux personnes qui s'en servent. Mais l'étude complète de ce régulateur nous entraînerait trop loin.

Aujourd'hui le nombre des régulateurs est très considérable et plusieurs d'entre eux fonctionnent d'une manière tout à fait satisfaisante. Tous ont pour but de maintenir constante la dépense électrique dans l'arc. Nous avons vu que les machines génératrices marchent tantôt à E, tantôt à I constant. Selon le cas le régulateur aura donc lui-même pour but de maintenir constant le facteur variable I ou E.

Au point de vue du facteur que l'on fait agir sur l'organe vigilant, les régulateurs peuvent être divisés en trois classes : *régulateurs en série*, *régulateurs en dérivation* et *régulateurs différentiels*.

Dans les premiers, les régulateurs en série, l'électro-aimant régulateur fait partie du circuit principal ; il est donc traversé par le même courant, et le réglage dépend de l'intensité du courant produisant l'arc. La figure schématique ci-contre fait voir le principe de ces appareils et le couplage des différentes pièces.

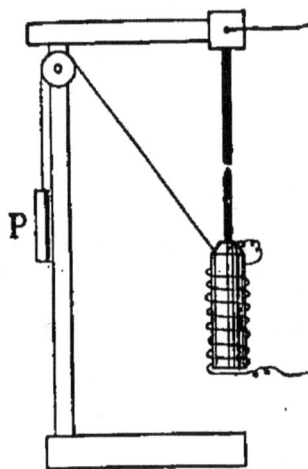

Fig. 84. — Régulateur en série.

Lorsque, par l'usure, la distance entre les charbons s'accroit, la résistance de l'arc augmente et le courant qui traverse l'électro-aimant diminue. L'action de celui-ci est donc affaiblie, et le contrepoids P fait monter le porte-charbon inférieur et rétablit l'écartement normal des charbons.

Les régulateurs Archereau et Foucault sont fondés sur cette disposition. Mais il y a une cause perturbatrice, dont il faut tenir compte, qui empêche l'appareil de bien régler lorsque les variations d'intensité sont grandes. C'est que l'attraction exercée par la bobine sur le noyau de fer n'est pas la même selon que ce noyau est plus ou moins enfoncé dans la bobine. En d'autres termes, l'action produite par un même courant varie avec l'éloignement du noyau d'électro-aimant. Ces régulateurs ne fonctionnent donc dans de bonnes conditions que si l'intensité du courant n'est soumise qu'à de faibles variations. Voyons comment il faut s'arranger pour réaliser ces conditions. Si la résistance de l'arc était la seule à intervenir, les variations de l'intensité seraient rigoureusement proportionnelles à celles de l'arc. Mais le circuit comprend, en outre, la résistance propre à la source d'électricité et celle de l'électro-aimant. Si ces derniers éléments sont très faibles, un petit écartement des charbons produit une forte variation de courant et le réglage se fait mal. Il n'en est pas de même lorsque le circuit comprend, en dehors de celle de l'arc, une résistance relativement grande. Dans ce cas, les perturbations de l'arc influent beaucoup moins sur le circuit total, assez néanmoins pour assurer un bon réglage.

A l'époque où l'on commençait à s'éclairer par l'arc voltaïque, les régulateurs étaient alimentés par des piles Bunsen. Sans s'en douter, on se mettait dans d'excellentes conditions, la résistance de la pile étant très grande, et les régulateurs qui furent construits alors étaient suffisants, appliqués ainsi. Mais, plus tard, la machine dynamo et les accumulateurs ayant relégué les piles au second plan, on fut étonné de ne pouvoir se servir de ces appareils. Cela tenait à la faible résistance intérieure de ces nouveaux générateurs d'électricité. On étudia la question, et l'on trouva bientôt qu'il était nécessaire d'ajouter au circuit une résistance artificielle considérable. Quoique donnant lieu à une grande déperdition d'énergie, ces appareils fonctionnent ainsi aujourd'hui encore.

Il est impossible de grouper plusieurs régulateurs de ce genre en tension; car ils influent les uns sur les autres, et lorsqu'il se produit des irrégularités dans l'un, les autres en sont immédiatement affectés. Chaque lampe exige donc un circuit spécial.

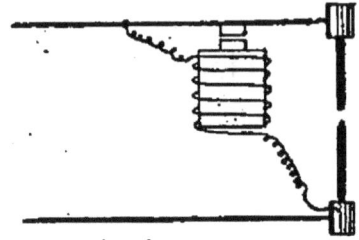

Fig. 85. — Régulateur en dérivation.

Dans les *régulateurs en dérivation* l'électro-aimant est relié aux deux charbons de l'arc, comme la figure 85 le montre. Il est régi par la différence de potentiel aux bornes de l'arc. Quand la longueur de l'arc augmente, cette différence de potentiel augmente aussi; l'électro régulateur exerce donc sur l'un des porte-charbon une attraction plus grande et rapproche les charbons.

On adjoint quelquefois à ce dispositif un second électro-aimant, dont le rôle consiste à amener les deux charbons en contact au moment de l'allumage. Les régulateurs basés sur ce principe peuvent être groupés dans le même circuit en série.

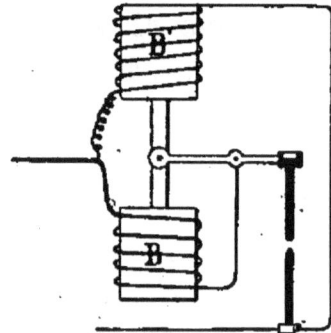

Fig. 86. — Régulateur différentiel.

De la combinaison des deux systèmes précédents est résultée la classe des *régulateurs différentiels*. Dans ceux-ci, deux bobines agissent en même temps sur un noyau de fer doux. L'une des bobines B est dans le circuit

principal, l'autre B′ est branchée sur les deux porte-
charbon (fig. 86). Le réglage dépend alors du rapport
des intensités qui traversent les deux bobines; l'une de
ces intensités est proportionnelle aux différences de potentiel de l'arc. Il en résulte que le fonctionnement
dépend du rapport $\frac{e}{1}$, autrement dit de la résistance
apparente de l'arc.

Placées dans le même circuit, les lampes pourvues de
ce système de régulation ne s'influencent pas mutuellement. Ce principe différentiel est appliqué dans la
plupart des nouvelles lampes à arc. Aussi nous sommes-
nous bornés à décrire les régulateurs en série de
MM. Archereau, Foucault, Serrin et Cance, et le régulateur en dérivation de M. Gramme. Nous avons choisi,
parmi les nombreux régulateurs différentiels, ceux de
MM. Siemens et Krizik-Piette.

RÉGULATEUR SERRIN

La lampe de M. Serrin est celle qui, parmi les premiers
régulateurs, a eu le plus de succès. Elle avait été spécialement combinée dans le but de fonctionner avec le
courant continu d'une pile; mais, dans une expérience
faite avec la machine de l'Alliance, il fut établi qu'elle
pouvait aussi bien être alimentée par des courants alternatifs. Ce résultat n'avait pas été prévu par M. Serrin
lorsqu'il construisit son appareil.

A l'état de repos, lorsque le courant ne le traverse
pas encore, cet appareil met les deux charbons en contact, sans qu'on ait besoin d'y mettre la main. Dès que
le courant est amené à la lampe, les deux charbons
s'écartent immédiatement et l'arc jaillit entre eux. A

mesure que les charbons se consument et augmentent
la distance qui les sépare, le mécanisme de la lampe les
rapproche, de façon que l'arc ne conserve pas seulement
la longueur voulue, mais encore qu'il occupe le même
point dans l'espace, ce qui est avantageux quand on
veut adapter à la lampe un système de lentilles.

L'appareil exécute ces divers travaux par l'intermédiaire de deux organes, dont l'un entre en activité lorsque l'autre cesse d'agir. La première partie consiste
dans les deux porte-charbon BC et KK (fig. 87), dont
l'un BC, qui porte le charbon supérieur, est relié au pôle
positif de la pile ou de la machine, et dont l'autre KK
est en communication, par l'intermédiaire de quelques
pièces, avec le pôle négatif. Les deux porte-charbon sont
arrangés de façon que le mouvement descendant du
charbon positif provoque un mouvement ascendant du
négatif.

La deuxième partie du mécanisme est constituée par
une sorte de parallélogramme, dont la partie gauche est
fixe et porte deux autres leviers du parallélogramme,
qui pivotent en R et T. La quatrième tringle peut se
mouvoir dans la glissière S; elle est solidaire avec la
pièce J qui porte une poulie. Ce système peut donc
osciller autour des points R et T, mais il est maintenu
en suspension par deux forts ressorts, dont on voit sur
la figure celui de devant. Ce mouvement oscillatoire du
système de leviers a pour but de séparer d'abord les
charbons, lorsque le courant traverse l'appareil, et de
les ramener ensuite dès que la distance menace de devenir assez grande pour que l'arc soit rompu. L'action de
l'électro-aimant E s'exerce sur l'armature A, fixée aux
leviers.

L'action réciproque de ces deux mécanismes a lieu au

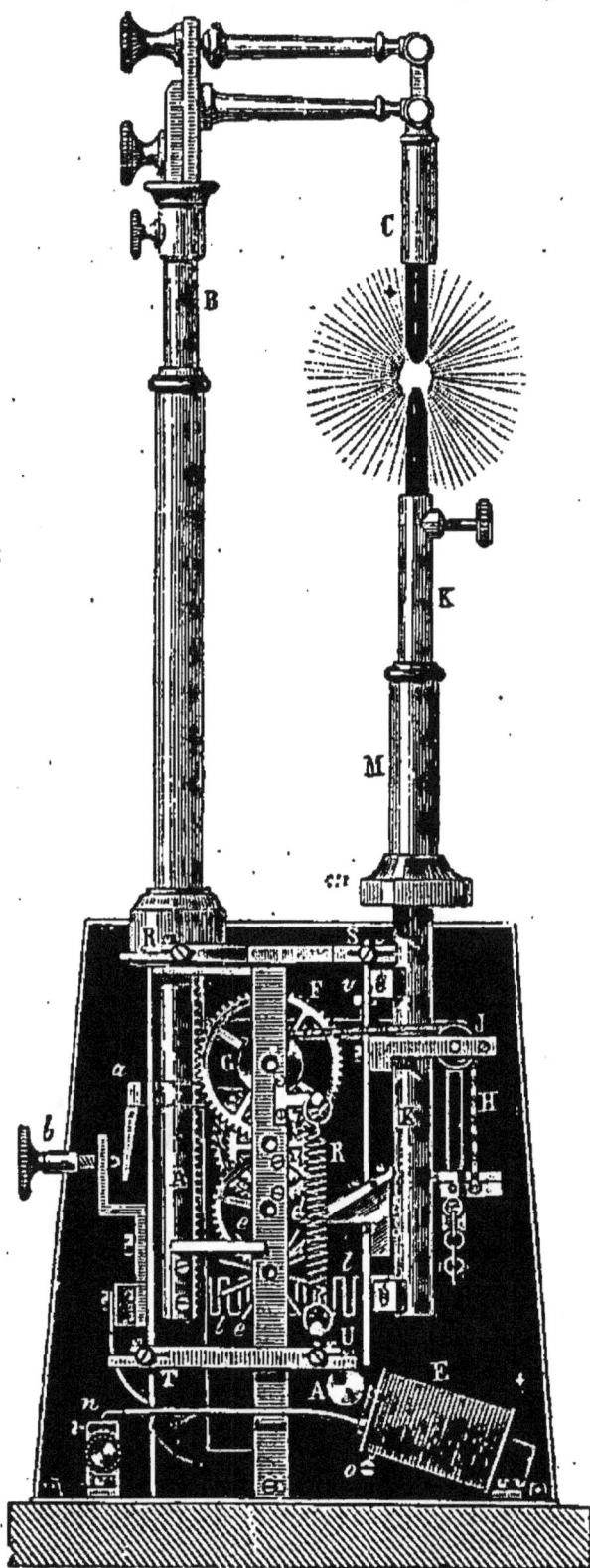

Fig. 87. — Régulateur Serrin.

moyen d'un système de rouages, mis en mouvement par le porte-charbon supérieur, qui est muni à sa partie inférieure d'une crémaillère. La première roue G porte sur son axe un tambour roulé d'une chaîne qui agit sur le porte-charbon inférieur et le fait déplacer d'une quantité égale à la moitié du chemin parcouru par le charbon supérieur. Comme l'usure des charbons est dans le rapport, on voit que le point lumineux doit rester absolument fixe.

Nous ne décrirons pas les autres pièces de l'appareil qui prennent part à la régulation; leur fonctionnement est très facile à comprendre. La lampe Serrin est sensible aux moindres variations de courant, et elle exige des charbons absolument purs. On peut s'expliquer pourquoi ce régulateur fonctionnait si bien avec les piles et les machines magnéto-électriques, quand on songe que ces générateurs ont une résistance intérieure très grande qui tend à atténuer les variations introduites par les oscillations de l'arc.

LAMPE CANCE

Le régulateur Cance est beaucoup moins compliqué que le précédent, et permet néanmoins d'obtenir les mêmes résultats.

L'organe principal de cette lampe est une vis centrale V (fig. 88), sur laquelle peut courir librement un écrou K qui porte le charbon supérieur. Un autre écrou EF, dit écrou régulateur, repose sur un disque O solidaire avec la vis. Un autre disque LL, appuyé sur les noyaux NN des électro-aimants B_1 et B_2, qui sont en communication avec les charbons par les fils représentés sur la figure.

Quand la lampe n'est pas allumée, les deux charbons CC sont en contact, mais dès que l'on ferme le circuit le mécanisme tend à les écarter, voici de quelle manière. Le courant, ayant au moment de l'allumage sa plus forte intensité, attire, en traversant les électro-aimants, les noyaux de fer doux NN. Ceux-ci, dont la partie supérieure se termine par une tige de laiton, soulèvent la traverse LL, qui est alors pressée contre l'écrou régulateur EF. Celui-ci ne peut donc tourner; mais il cède à la pression de la traverse en faisant tourner la vis V, ce qui fait monter lentement l'écrou K et produit ainsi l'écartement des charbons.

Quand l'intensité vient à diminuer, les noyaux cèdent à la pesanteur, l'écrou régulateur redevient libre, et le poids du porte-charbon supérieur fait descendre celui-ci jusqu'à ce que la longueur de l'arc soit normale.

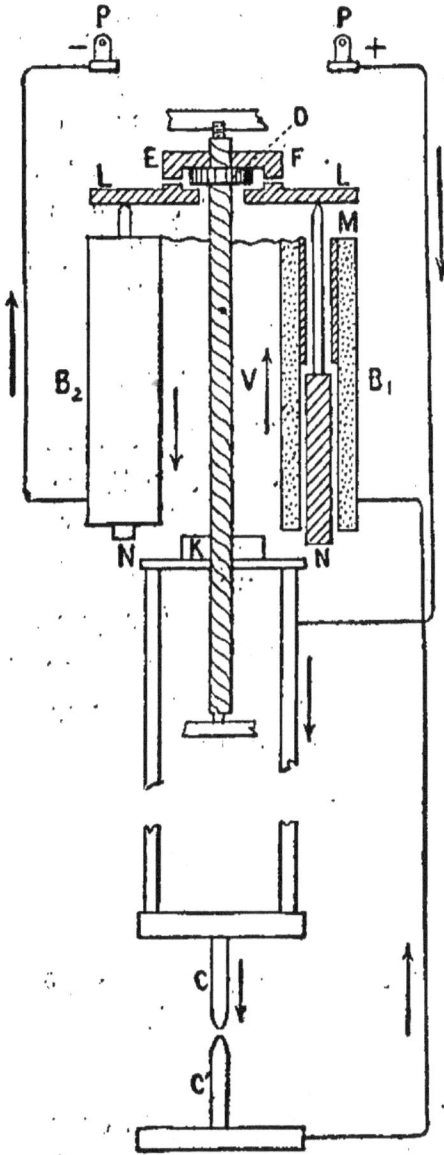

Fig. 88. — Lampe Cance.

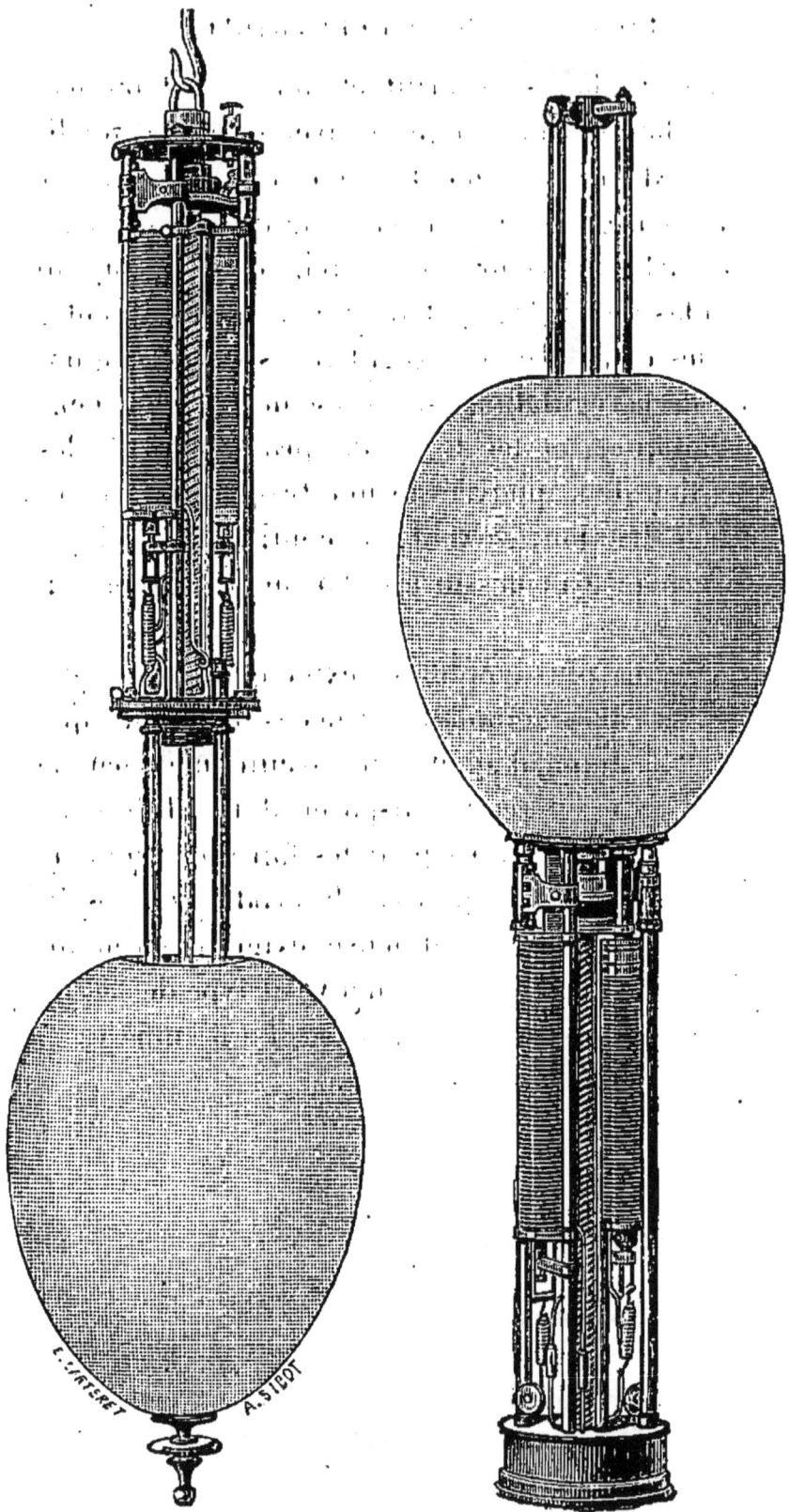

Fig. 89 — Lampe Cance.

Le réglage se fait sans bruit et tout à fait insensiblement. La lampe Cance se prête, avec quelques modifications de détail, au montage en tension. Dans ce dernier cas, l'allumage se fait par une bobine spéciale, placée à la partie inférieure du régulateur, et le courant des solénoïdes de réglage est dérivé. L'appareil rentre alors dans les catégories des régulateurs en dérivation. La marche de la régulation est inverse de celle que nous venons d'indiquer, et les tiges de prolongement des noyaux, au lieu de s'appuyer sur une traverse inférieure au plateau de friction, servent, au contraire, à relever une traverse placée au-dessus du plateau de friction qui tourne la vis.

Les lampes les plus employées exigent 40 à 50 volts à leurs bornes; mais comme il est nécessaire, ainsi que nous l'avons expliqué, d'ajouter au circuit une certaine résistance, il faut en réalité disposer d'une différence de potentiel de 70 à 75 volts pour les faire fonctionner. L'intensité est de 7 à 8 ampères et la production des 40 à 45 carcels d'intensité lumineuse exige environ un cheval-vapeur. Depuis 1887, un nouveau type de lampe Cance est employé; il fonctionne avec 3 à 6 ampères et donne 20 à 25 carcels et devient, à cause de cette intensité lumineuse relativement faible, une véritable lampe d'intérieur.

La figure 89 représente ce régulateur employé comme la lampe de table et la lampe de suspension.

RÉGULATEUR DIFFÉRENTIEL DE SIEMENS

Nous avons exposé déjà le principe général des régulateurs différentiels. Il nous reste à étudier le détail de son fonctionnement.

Au repos, la position des charbons peut être quelconque; supposons qu'ils soient très écartés et que nous envoyions un courant dans les fils représentés par des gros traits dans la figure. Il ne passera rien dans la bobine inférieure, puisque le circuit à gros fil est rompu aux charbons. En revanche, le noyau de fer sera fortement attiré par la bobine supérieure à fil fin, qui est en ce moment seule dans le circuit. Dès lors, le charbon supérieur s'abaissera jusqu'à venir en contact avec l'autre. Au même instant le courant, trouvant dans la bobine inférieure une résistance plus faible, quitte presque totalement la bobine à fil fin. Mais le noyau est alors attiré en bas, l'arc s'allonge et le courant tend de nouveau à revenir dans la bobine supérieure et à relever le noyau. Ces actions antagonistes se produisent jusqu'au moment où la résistance de l'arc prend une certaine valeur, qu'il garde pendant toute la durée du fonctionnement, car le système est alors dans sa position d'équilibre.

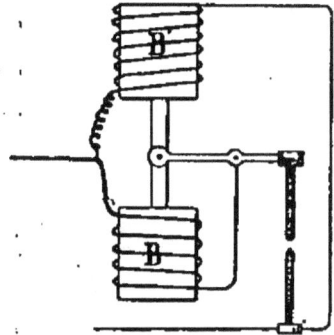

Fig. 90. — Régulateur différentiel.

Les détails de construction d'une lampe fondée sur ce principe peuvent être très variés. Dans la lampe différentielle de Siemens, présentée par la figure 91, le porte-charbon *a* n'est pas suspendu directement au levier *ec'* dont le pivot est en *d*. Il est fixé à la pièce A, qui ne peut se placer que parallèlement à elle-même. La crémaillère *z* ne peut descendre que très lentement, car elle commande un petit échappement E, qui met en mouvement le pendule P. Toute cette dernière partie est fixée à la pièce A et se meut avec elle.

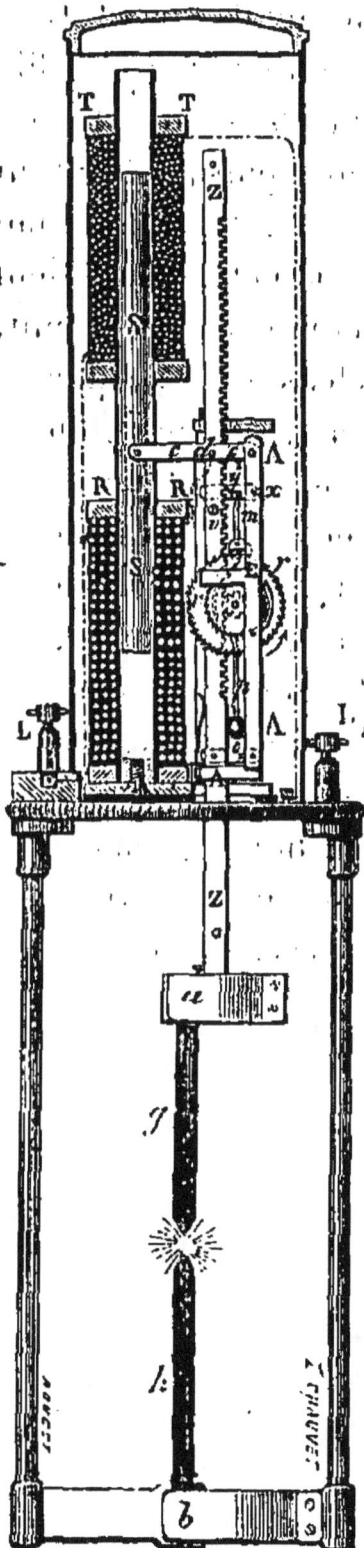

Fig. 91. — Régulateur différentiel de Siemens.

La disposition de la lampe Siemens permet d'en mettre plusieurs dans le même circuit, parce que toute variation produite par l'arc d'une des lampes est sans influence sur les autres lampes et que chaque lampe règle son arc tout à fait indépendamment des autres. S'il arrivait qu'une lampe s'éteigne, un contact spécial la met hors circuit, sans interrompre ce dernier.

LAMPE KRIZIK-PIETTE

MM. Piette et Krizik ont considérablement simplifié la lampe Siemens. Ils ont apporté une modification essentielle à la construction du noyau des électro-aimants. Nous avons déjà fait remarquer que l'action exercée par un solénoïde sur une tige de fer n'est pas la même dans les différentes positions que peut prendre cette tige à l'intérieur du solénoïde. Dans cette nouvelle lampe, les inventeurs ont écarté cet inconvénient en donnant au noyau de fer une forme conique.

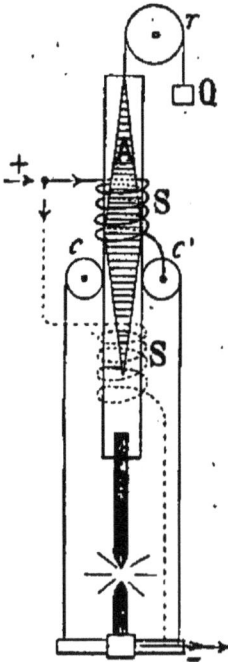

Fig. 92. — Principe du régulateur Krizik-Piette.

Ce noyau peut se mouvoir librement à l'intérieur d'une boîte cylindrique en cuivre A (fig. 92); il est fixé au porte-charbon supérieur. La bobine S est dans le même circuit que l'arc, et est formée de gros fils de cuivre à faible résistance; la bobine S est, au contraire, placée en dérivation, et composée de beaucoup de spires de fil fin. L'intensité du courant dans les deux bobines dépend de la longueur de l'arc : plus celle-ci

est grande, plus faible est le courant dans la bobine S,
et plus énergique dans S.

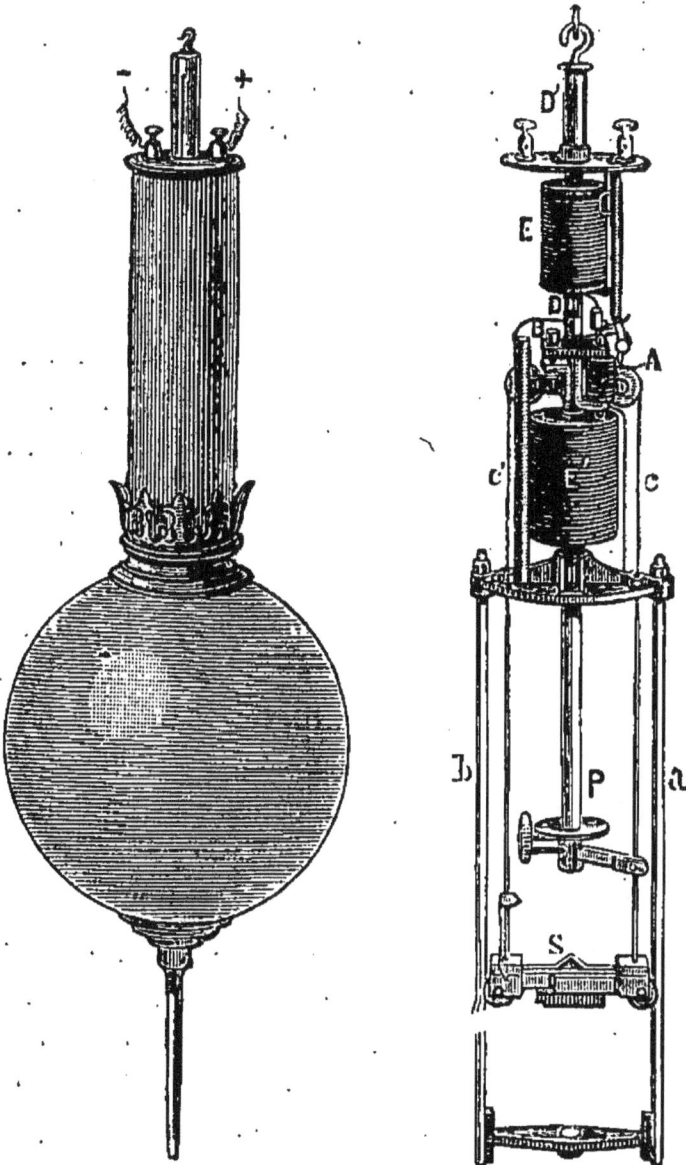

Fig. 93. — Lampe Pilsen.

Au noyau de fer sont attachées des cordelettes qui
passent sur deux poulies *c c'*, fixées à la boîte A et por-

tent le porte-charbon inférieur, qui fait ainsi équilibre au poids du noyau et du porte-charbon supérieur. De la sorte, lorsque les solénoïdes laissent descendre le charbon supérieur par une certaine longueur, les poulies soulèvent le charbon inférieur de la moitié de cette longueur. L'arc garde non seulement une longueur constante, mais il reste encore absolument fixe dans l'espace.

La figure 95 donne l'aspect extérieur de cette lampe, qui est aujourd'hui plus connue sous le nom de *lampe Pilsen*, du nom de la ville où s'est formée la société qui les exploite. Ce régulateur est un des meilleurs qui aient été produits : les premiers modèles ont été perfectionnés. Il semble qu'on ne puisse guère désirer beaucoup mieux, comme simplicité et bon fonctionnement. Les Parisiens peuvent s'en rendre compte quotidiennement, une partie des boulevards étant éclairée par des lampes de ce système.

DES CHARBONS

Le régulateur rend constante la longueur de l'arc voltaïque, et la lumière devrait toujours avoir la même intensité ; mais, en réalité, cette condition est difficile à remplir, et il faut en accuser non point l'appareil, mais les charbons dont on est obligé de se servir. Les conducteurs de l'électricité pourraient être formés de deux crayons en charbon léger et très pur ; mais alors la combustion serait trop vive : les charbons disparaîtraient aussitôt ; pour les remplacer il faudrait perdre beaucoup de temps, et la dépense en serait considérablement augmentée. Il est donc nécessaire de choisir un charbon très dur, très dense, et en même temps très combustible. Foucault avait choisi celui dit charbon de cornues.

Lorsqu'on distille la houille pour en retirer le gaz d'éclairage, il reste dans les cornues, d'abord du coke, puis un autre charbon particulier, qui est appelé charbon des cornues à gaz. Ce dernier se forme en couches épaisses, noires, métalliques, très dures et très difficiles à tailler; il tapisse le sommet de la cornue, les parties qui ont été les moins échauffées pendant la distillation. C'est cette matière que l'on a choisie pour toutes les applications de l'électricité. Comme tous les charbons, il est bon conducteur de l'électricité; de plus, il est poreux, qualité qui le fait employer dans les piles pour former le pôle positif; enfin il est très dense et très combustible, c'est ce qui l'a fait rechercher pour la lumière électrique.

On taille de longs crayons pointus qui serviront de conducteurs; on les adapte au régulateur, aux points où viennent aboutir les pôles; puis le régulateur les fait se rapprocher et c'est entre les pointes que jaillit l'arc voltaïque. Comme l'éclat de cet arc est dû à la fois au transport des molécules et à la combustion des charbons, tout ce qui contrariera une de ces causes affaiblira la lumière électrique et en diminuera l'intensité.

Or le charbon des cornues à gaz est loin d'être pur, il renferme de petits grains de sable répandus dans la masse charbonneuse et en nombre très considérable. Aussi quand un de ces grains de sable se rencontre à la pointe enflammée du charbon, il ne peut pas brûler, il ne devient même pas incandescent; mais il absorbe une grande quantité de chaleur pour se liquéfier et couler de la pointe supérieure à la pointe inférieure; la lumière électrique pendant tout ce temps est affaiblie. Telle est la cause des titillations désagréables de la lumière électrique. On dirait une étoile qui scintille; la lumière augmente et diminue brusquement sans qu'on puisse remédier à ces oscillations.

Ce charbon contient encore, en très grande quantité, des fragments de potasse. Lorsque l'électricité atteint ces matières, la grande chaleur développée dans l'arc voltaïque les fait à la fois fondre et brûler. Et la flamme violette et fusante de la potasse change complètement, pendant quelques instants, la nuance de la lumière électrique.

Ce n'est pas encore là le seul inconvénient provenant de l'emploi des charbons impurs : les pointes s'émoussent, et bientôt les crayons sont plats : l'arc lumineux ne jaillit plus alors qu'entre deux surfaces. Quand viendra se présenter un grain de sable en un des points de cette surface, s'il est trop gros pour fondre tout de suite, l'arc quittera ces points obstrués et jaillira entre les points voisins. Ainsi l'arc voltaïque tourne autour des extrémités des charbons, il s'élance tantôt entre deux points, tantôt entre deux autres. Cet effet ajoute encore à la titillation de la lumière électrique.

Produite de cette façon, cette lumière ne pourrait être employée qu'à des usages très restreints, où les oscillations ne sont plus un inconvénient. Pour qu'elle devienne propre à tous les usages, il faut d'abord purifier les charbons et les débarrasser des matières terreuses qui les souillent.

Un chimiste, M. Jacquelain, avait fabriqué des charbons qui s'usaient fort peu, et qui cependant, à cause de leur pureté, donnaient une intensité de lumière presque double de celle des charbons ordinaires. Mais il paraît que les procédés de fabrication étaient difficiles et coûteux; M. Jacquelain n'avait obtenu ces produits si rapprochés de la perfection qu'en très faible quantité.

On avait également essayé le graphite, c'est-à-dire ce
charbon naturel qui est presque aussi pur que le diamant et dont on trouve des mines abondantes dans
divers pays. Des expériences furent faites à l'Opéra;
elles n'eurent pas de suite.

M. Carré étudia, en 1868, le problème de la fabrication industrielle, à bon marché, des charbons artificiels.
Il est possible de produire ces derniers aussi purs que
leur application spéciale l'exige, en purifiant les poudres
de charbon qui entrent dans leur fabrication.

« Ces charbons, dit M. Carré, sont 3 à 4 fois plus
tenaces et surtout bien plus rigides que ceux de cornue:
on les obtient de longueur illimitée, et des cylindres de
10 millimètres de diamètre peuvent être employés sur
une longueur de 50 centimètres sans crainte de les voir
fléchir ou se croiser pendant les ruptures de circuit,
comme cela arrive trop souvent avec les autres; on les
obtient aussi facilement aux diamètres les plus réduits
qu'aux plus gros.

« Leur homogénéité chimique et physique donne une
grande stabilité au point lumineux, leur forme cylindrique, jointe à la régularité de leur composition et de
leur structure, fait que leurs cônes se maintiennent
aussi parfaitement taillés que s'ils étaient usés au tour;
dès lors plus d'oscillations du point lumineux maximum, comme celles qui sont produites par les cornes
saillantes et relativement froides des charbons de
cornue; ils n'ont pas l'inconvénient d'éclater à l'allumage comme ceux-ci par la dilatation énorme et instantanée des gaz renfermés dans leurs cellules closes, quelquefois de plus de 1 millimètre cube. En leur donnant
une même densité moyenne, ils s'usent d'une même
quantité à section égale; ils sont beaucoup plus conduc-

teurs, et même, sans addition de matières autres que le carbone, ils sont plus lumineux dans le rapport de 1,25 à 1. »

La fabrication actuelle des charbons est faite suivant des procédés peu différents de ceux qu'employait M. Carré. On fait une pâte avec de la poudre de charbon aussi pur que possible et une solution de sucre, de gomme, de dextrine ou de toute autre matière agglutinante. Cette pâte, rendue très homogène, est débitée sous forme de baguettes, obtenues soit par tréfilage, soit par moulage. Ces baguettes sont introduites dans un four et chauffées fortement à l'abri de l'air pour en dégager tous les produits gazeux. Le premier produit obtenu est très poreux ; on le plonge dans une solution concentrée de sucre et on procède à une nouvelle calcination en vase clos. Cette opération, le *nourrissage*, est pratiquée plusieurs fois et a pour effet de rendre le charbon dur et compact.

On fabrique aujourd'hui des charbons dont le centre est formé par du charbon moins dur que les autres parties. Cette espèce de *mèche* a pour but de donner à l'arc plus de fixité en le maintenant au centre. On emploie aussi aujourd'hui des charbons métallisés dans le but de diminuer l'usure. On a reconnu en effet que les charbons cuivrés s'usent moins vite que les charbons nus, sans pour cela donner un plus faible rendement lumineux. Le nickelage semble donner encore de meilleurs résultats..

L'industrie des charbons pour lampes à arc a pris de nos jours une extension considérable. Nous citerons comme exemple l'état de cette industrie aux États-Unis. Il se consume journellement dans ce pays 150 000 crayons ; cela fait, par an, environ 55 millions. A l'Exposition uni-

vers elle de 1889, dix fabriques parisiennes environ avaient
exposé leurs produits. L'une d'elles, annexe des usines
de MM. Sautter, Lemonnier et Cⁱᵉ, a livré, depuis 1879,
500 000 mètres de crayons, dont le diamètre varie
de 3 à 45 millimètres.

BOUGIES ÉLECTRIQUES

On avait plusieurs fois tenté de maintenir les deux
pointes de charbon entre lesquelles jaillit l'arc voltaïque
à une distance constante l'une de l'autre, au moyen
d'un réglage géométrique, ne dépendant pas du courant.
M. Rapieff avait fait plusieurs tentatives dans ce sens;
il produisait l'arc entre quatre charbons disposés en
croix, dont l'écartement était réglé par un contrepoids
avec cordelettes, etc. M. Rapieff avait en outre essayé de
produire l'arc entre plusieurs charbons parallèles, séparés par une substance isolante; il n'était ainsi pas
loin de réaliser la bougie électrique.

M. Jablochkoff cherchait un moyen de diviser la lumière pour l'approprier aux usages domestiques, et, en
1876, il présenta à l'Académie des sciences la première
bougie électrique. L'invention de M. Jablochkoff a
presque supprimé le régulateur.

Au lieu de mettre les charbons bout à bout, sur le
prolongement l'un de l'autre, M. Jablochkoff les place
parallèles entre eux, et l'intervalle qui les sépare et qui
maintient leur distance invariable est formé par une
bande de kaolin isolante pour empêcher le courant. Un
petit arc se forme entre les pointes des deux charbons.
La substance isolante fond et se réduit en vapeur, et les
deux charbons se consument lentement. Pour l'allumage,
les pointes du charbon sont réunies entre elles par une

sorte de pont charbonneux légèrement conducteur. Le courant s'établit à travers cet intermédiaire qui brûle, et les charbons produisent l'arc.

Dans le choix de la matière isolante on doit se préoccuper de trouver une substance qui fonde à la température de l'arc et se réduise même en vapeur, pour que les particules incandescentes de cette vapeur augmentent le pouvoir lumineux de l'arc. Les terres peu fusibles sont presque toutes plus ou moins propres à cet usage. Le sable, le verre pulvérisé, différents aimants, le kaolin, le plâtre, etc., peuvent y être employés; le plâtre semble surtout avantageux dans cette application.

On procède d'abord à la fabrication d'un ruban de pâte, que l'on laisse sécher à l'air sur des tables de marbre. Une fois sec, on le découpe en morceaux de 2, 5 centimètres de longueur, employés à fixer 2 tubes de cuivre devant servir à recevoir les crayons de charbon. Ces crayons ont généralement une longueur double de celle qu'aura la bougie terminée, on les coupe en deux au moment de la fixation dans les tubes métalliques. On a remarqué, en effet, que les crayons étaient toujours plus faibles au milieu qu'aux extrémités.

L'isolant est formé de 3 parties de plâtre sur une demi-partie de sulfate de baryte; ce mélange, appelé *colombin*, est moulé au moyen d'un outil spécial. Après l'avoir fait sécher il ne reste plus qu'à le placer entre les crayons de charbon. On amorce la bougie en en trempant le

Fig. 94.
Bougie
Jablochkoff.

bout dans une pâte formée de gomme et de plombagine ; c'est ce qui s'appelle « faire le nez » de la bougie.

Les bougies sont placées par 3, 4 ou 5 dans des chan-
deliers de forme appropriée. Dans les premiers temps,
chaque chandelier était accompagné d'un commutateur
qui permettait, après la combustion d'une bougie, de
faire passer le courant dans une autre, intacte. Mais ce

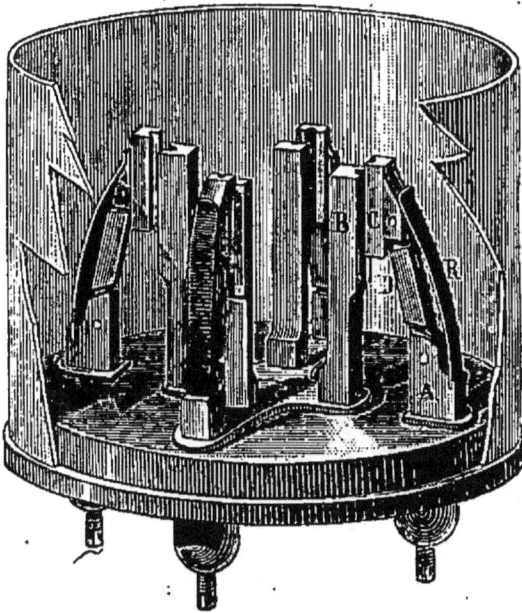

Fig. 95. — Chandelier pour bougies électriques.

système exigeait une surveillance de tous les instants,
et l'on imagina plusieurs dispositifs opérant automatiquement le remplacement d'une bougie brûlée par une
bougie neuve. La figure 96 représente une de ces dispositions. Un levier MOm porte un petit fil de platine f
qui appuie sur la bougie, à une certaine hauteur. Lorsque la bougie est brûlée jusqu'au-dessous du niveau de
ce fil, le levier, n'ayant plus de point d'appui, bascule
et va faire contact sur la pièce P, ce qui a pour effet de

diriger le courant dans les bougies suivantes. Chaque
bougie était munie d'un tel dispositif.

Quoique ce système fonctionnât assez bien, on a réussi

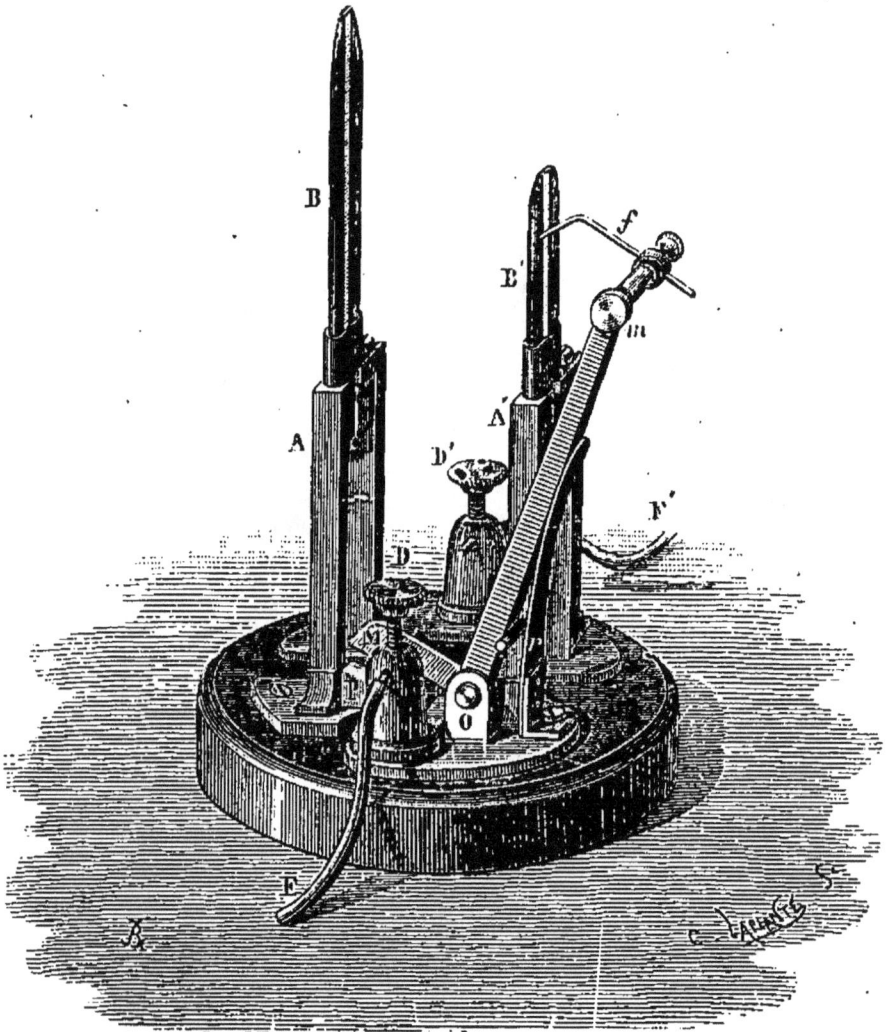

Fig. 96. — Chandelier automatique.

à le remplacer par un autre plus simple, le chandelier
Bobenrieth, que construit la Société *l'Éclairage électri-*
que. Toutes les bougies sont montées en dérivation entre

les bornes B et B′ (fig. 97). Lorsqu'on ferme le circuit,
c'est la bougie qui présente le moins de résistance au
passage du courant qui s'allume. Le courant va de la
borne B par la bougie à une petite rondelle de plomb *a*,
qui retient un ressort *r*, communiquant à la pièce métallique *e*, qui sert de retour commun. La bougie de gauche
est actuellement en combustion ; mais lorsque l'arc arrive
en face de la rondelle de plomb, celle-ci fond, la lame
de ressort s'écarte, et
le courant, interrompu,
passe dans la moins ré-
sistante des bougies qui
restent. La partie de
droite de la figure re-
présente la position des
différentes pièces après
l'extinction d'une bou-
gie.

Pour obtenir l'usure
égale des deux charbons,
les courants alternatifs
sont ici plus avantageux

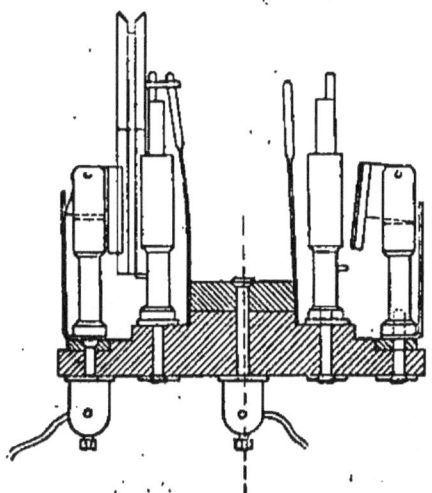

Fig. 97. — Chandelier Bobenrieth.

que le courant continu ; lorsqu'on emploie les premiers,
les crayons doivent avoir les mêmes dimensions. Un
des modèles de machines Gramme a été construit exprès
en vue de cette application. Avec courant continu, le
charbon positif doit avoir une section double de celle
du négatif. Dans ce dernier cas l'usure des charbons
n'est pourtant pas aussi régulière qu'avec courants
alternatifs, parce que l'usure du positif n'est pas exactement deux fois plus grande que celle du négatif pendant le même temps.

Les bougies sont faites de différentes longueurs, mais

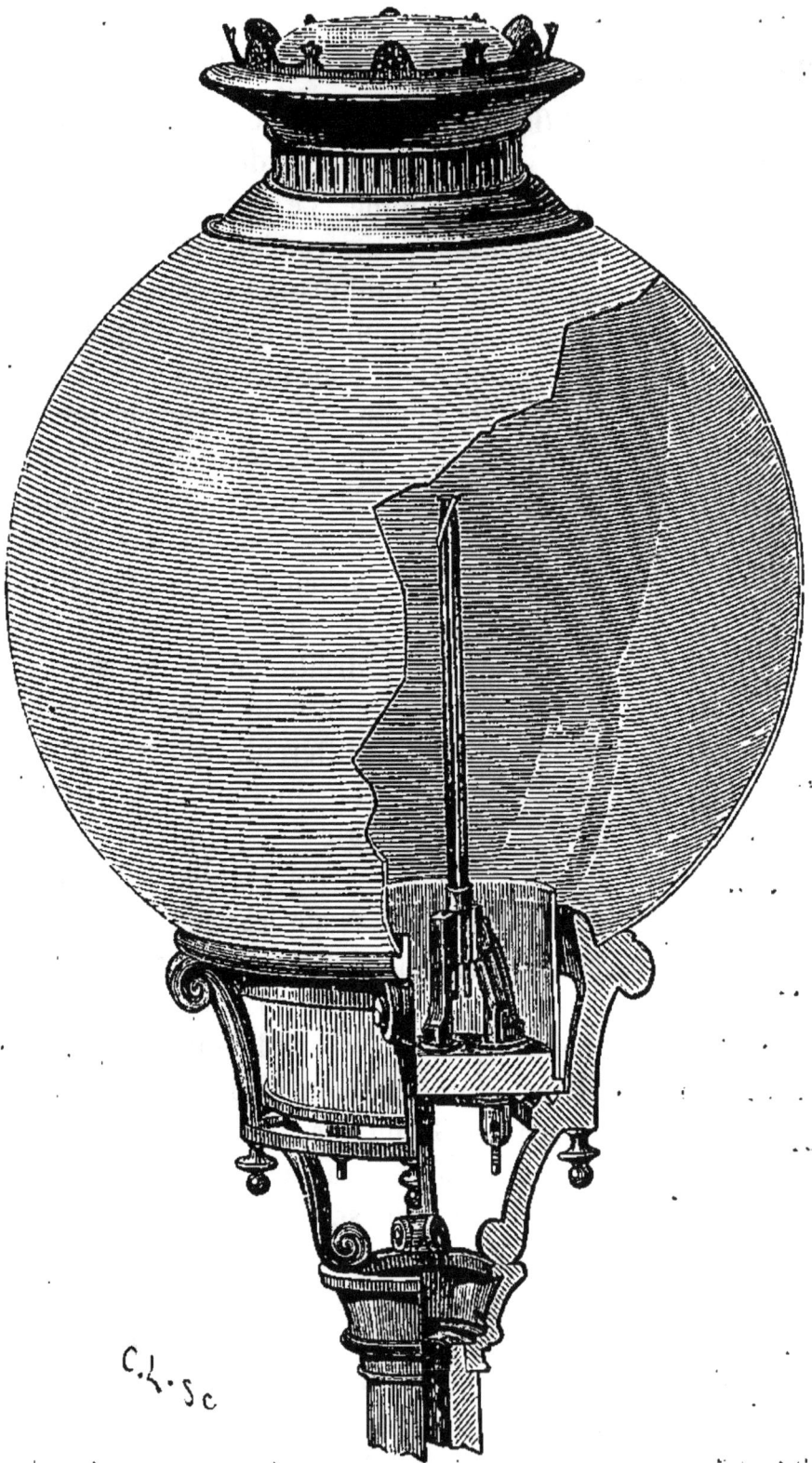

Fig. 98. — Foyer Jablochkoff avec son globe.

la majorité de celles que l'on emploie couramment mesurent de 20 à 25 centimètres, avec un diamètre de 4 millimètres pour les crayons ; la durée moyenne d'une bougie est d'une heure et demie.

CHAPITRE II

LAMPES A INCANDESCENCE

Le principe de la production de lumière électrique par incandescence repose sur ce fait que lorsqu'on fait passer dans un fil mauvais conducteur et peu fusible un courant électrique d'intensité suffisante, ce fil est peu à peu porté à l'incandescence et devient alors un foyer de lumière. Ce phénomène était connu depuis longtemps, mais il a fallu bien des tâtonnements pour arriver à la réalisation d'une lampe à incandescence pratique, capable de détrôner tous les autres moyens d'éclairage.

HISTORIQUE

Depuis de longues années, plusieurs inventeurs cherchaient à rendre pratique l'éclairage par un fil porté à l'incandescence électriquement. Mais après les premiers essais, qui datent d'une cinquantaine d'années et qui avaient été faits dans la bonne voie, d'autres personnes cherchèrent à trouver un biais entre l'arc et l'incandescence et imaginèrent des lampes mettant à contribution à la fois l'arc voltaïque et l'incandescence d'une mince baguette de charbon. M. Reynier étudiait depuis 1878 une disposition dans laquelle un charbon très mince, de 2 millimètres de diamètre, s'appuyait sur un charbon plus gros et était non seulement porté à l'incandescence par le passage d'un courant intense, mais produisait aussi entre son extrémité et le gros charbon un petit arc voltaïque. Comme la baguette de charbon s'usait, on la faisait avancer lentement sous l'influence du poids du porte-charbon. A cette époque on employait encore des charbons assez impurs qui, après leur combustion, laissaient des cendres. Pour se débarrasser de ces dernières, M. Reynier disposa le gros charbon sous la forme d'un galet animé d'un lent mouvement de rotation. Nous représentons, figure 99, le premier modèle de cette lampe, qui fut, du reste, transformée plus tard. CC est le charbon mince appuyant sur le disque de charbon ou de cuivre R. Ce dernier reçoit le courant par un frotteur dont l'action est réalisée par un frein F. Les expériences qui furent faites sur ces lampes prouvèrent bientôt que l'adoption d'un pareil système n'était pas sans inconvénients. Les baguettes de charbon qui se consumaient rapidement revenaient très cher et ce défaut n'était pas racheté par un bon rendement; au contraire, il fallait dépenser bien plus d'énergie électrique pour obtenir un carcel d'intensité lumineuse que dans l'arc voltaïque. M. Werdermann pensa augmenter ce rendement en réduisant l'incandescence et rendant l'arc relativement plus important. Mais ce n'était évidemment qu'un pas en arrière et ses lampes, qui ne différaient du reste que très peu de celles de M. Reynier,

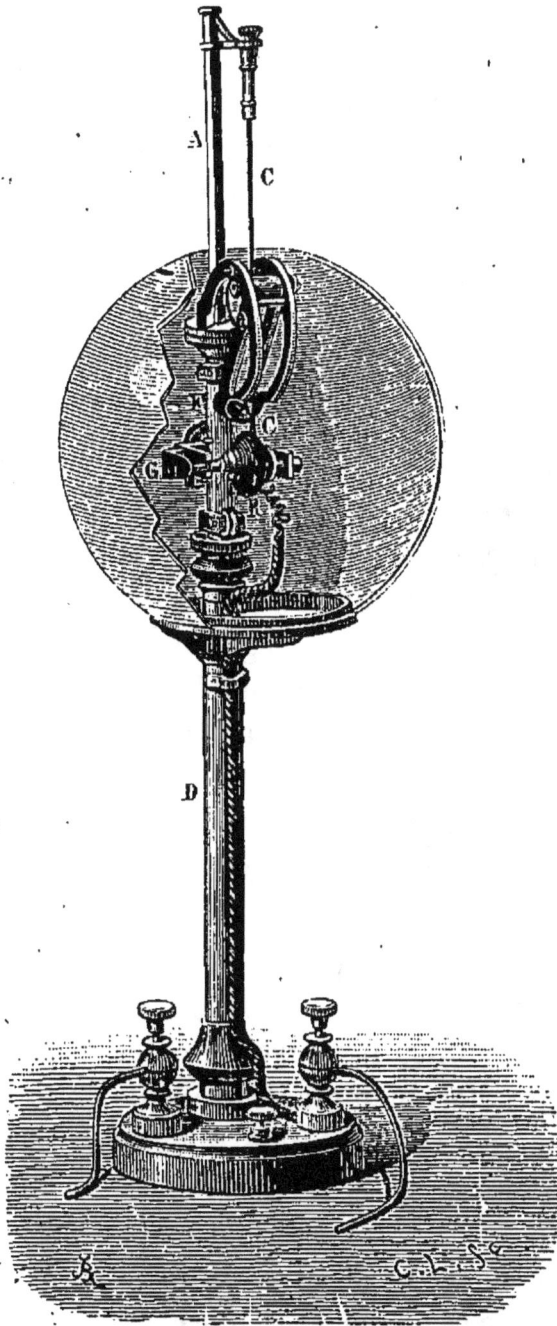

Fig. 99. — Lampe Reynier.

ne donnèrent pas de meilleurs résultats. Cela ne veut pas dire qu'elles n'étaient pas capables de fournir la lumière que l'on désirait; on pouvait les voir fonctionner à l'Exposition de 1881 et l'éclairage qu'elles donnaient produisait même un très bel effet, mais il était excessivement cher. Nous n'insisterons donc pas sur ces tentatives.

La lumière par l'incandescence pure et simple d'un fil résistant occupait plusieurs savants. Plusieurs Anglais étudiaient cette question sans pourtant y attacher grande importance. M. de Changy, en France, s'y adonnait depuis 1844 avec beaucoup de persévérance. Il est curieux de remarquer que les premiers essais qu'il fit étaient tout près de réaliser la lampe à incandescence aujourd'hui si répandue. M. de Changy taillait dans du charbon de cornue des baguettes de charbon aussi minces que possible, de véritables fils, qu'il fixait sur des fils de platine. Il soudait ce système dans une ampoule de verre dans laquelle il faisait le vide. Mais lorsqu'il faisait passer le courant à travers son filament, il se heurtait à de nombreuses difficultés. Nous avons vu que le charbon de cornue est loin d'être une matière homogène, et quoique les plus grands soins fussent mis à rendre la baguette de charbon d'un diamètre égal en tous ses points, il se trouvait des endroits dont la température était bien plus élevée que celle des parties voisines. Il en résultait une dilatation inégale et par suite une désagrégation moléculaire qui amenait invariablement la rupture du charbon. A ce défaut s'en ajoutait un autre. Le platine qui traversait le verre ne se dilatait pas de la même façon que celui-ci et donnait lieu à des rentrées d'air dans l'ampoule, circonstance évidemment préjudiciable à la conservation du filament.

Mais ce dernier inconvénient aurait pu être évité assez facilement par un choix judicieux du verre à employer et de la grosseur des fils de platine. N'eût été la mauvaise qualité du charbon, la lampe à incandescence était inventée dès 1844.

M. de Changy songea donc à employer une autre matière que le charbon; il étudia à ce point de vue le platine. Quoique très peu fusible, ce métal ne résiste pas aux hautes températures auxquelles les rayons qu'il émet ont un pouvoir lumineux assez intense; et ce fut encore là une grosse difficulté. Des études furent entreprises avec du platine qui avait été soumis à une opération analogue à celle de la cémentation de l'acier; les lampes construites avec cette matière étaient en outre munies d'un système qui interrompait le courant dès qu'il devenait assez intense pour mettre le filament en danger. Mais ce n'étaient pas encore les appareils que réclamait la pratique, quoiqu'ils fissent alors un certain bruit. L'inventeur n'avait, d'ailleurs, pas abandonné sa première idée, et il chercha à se procurer des fils de charbon produits artificiellement. Le procédé qu'il employa présente beaucoup de ressemblance avec ceux dont se servent aujourd'hui plusieurs fabricants de lampes, et l'on peut dire que M. de Changy a maintes fois touché le succès. Ce procédé consistait à fabriquer de la poudre de charbon pur par la carbonisation de diverses matières, à agglomérer cette poudre et à passer le produit à la filière. Il faut penser que le mode opératoire était assez imparfait, relativement à nos moyens actuels, car les filaments ainsi fabriqués péchaient encore par leur défaut d'homogénéité.

Découragé par l'insuccès de ses recherches, qui avaient duré plus de dix années, M. de Changy aban-

donna ses études, et ce n'est qu'en 1874 que l'on enten-
dit de nouveau parler d'un embryon de lampe à incandescence. Cette fois ce fut un savant russe, M. Lodyguine,
qui entreprit la solution du problème. Il avait remarqué
que la rupture des filaments de charbon se produisaient
au point de jonction avec le conducteur métallique, et
il avait pensé qu'il fal-
lait éviter de faire pas-
ser le courant brusque-
ment d'un métal bon
conducteur au charbon
résistant. Partant de ce
principe, il combina la
disposition que repré-
sente la figure 100. Les
fils venant de la source
d'électricité s'engagent
dans le col d'un petit
ballon renversé A. Cha-
cun d'eux vient se réu-
nir à une des extrémi-
tés d'une petite tige de
charbon très pur et
très dense c, par l'in-
termédiaire de deux

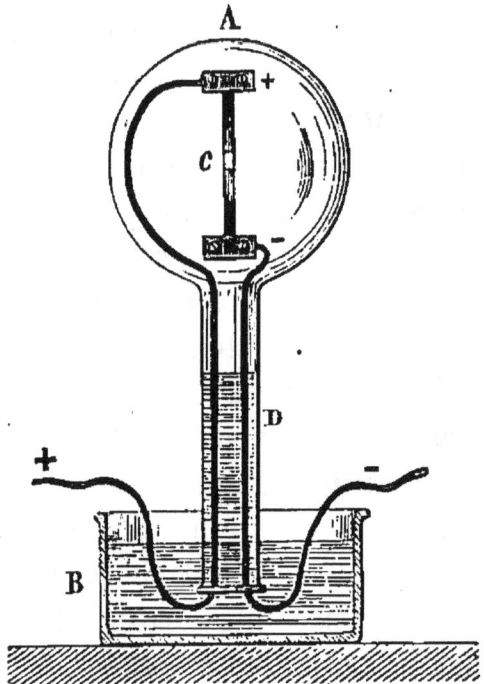

Fig. 100. — Lampe électrique
de M. Lodyguine.

petits blocs de charbon fixés dans des pinces. Le ballon
est rempli d'oxyde de carbone, gaz incombustible et
inattaquable par le charbon chauffé au blanc, de sorte
que la tige c ne se consume pas. En se dilatant, le gaz
refoule l'eau contenue dans le vase B et le col D; dès
que le courant ne passe plus, le gaz se refroidit et l'eau
reprend son niveau primitif. En somme, rien d'essen-
tiellement nouveau n'apparaît dans ce dispositif, et cette

lampe n'a, pas plus que celles de M. de Changy, reçu d'application courante.

Mais ces études avaient du moins le mérite d'avoir mis en lumière le point sur lequel devait être portée l'attention des chercheurs. Il fallait trouver le moyen d'obtenir du charbon très pur et absolument homogène, il devait même avoir une certaine élasticité pour ne pas se casser au moindre choc mécanique. La voie était donc grande ouverte, la route était toute tracée, et ceux qui s'y sont engagés n'ont pas tardé à doter l'industrie électrique de ce précieux petit appareil qui est la lampe à incandescence.

LAMPE EDISON

M. Edison a le mérite d'avoir trouvé, le premier, un mode de fabrication convenable de filaments de charbon minces et résistants, et d'avoir appliqué les appareils susceptibles de produire un bon vide dans les ampoules de verre renfermant ces filaments. En un mot, M. Edison a produit la première lampe à incandescence vraiment pratique.

La préparation du filament de charbon telle qu'elle est faite aujourd'hui sur une si vaste échelle a demandé de nombreuses et patientes recherches préliminaires. M. Edison et ses collaborateurs, après avoir cherché à carboniser un filament découpé dans du bristol, ont finalement fixé leur choix sur la fibre de bambou. Encore fallait-il faire une sélection entre les nombreuses espèces de cette plante et fallait-il déterminer la partie à utiliser et l'âge le plus convenable de la plante. Il faut que l'arbuste ne soit ni trop jeune ni trop vieux pour fournir des fibres assez robustes et assez homogènes. On a trouvé que c'est vers l'âge de trois ans que les fibres du bambou ont les qualités requises pour la nouvelle application de ce végétal, qui rend déjà tant de services.

On découpe dans l'écorce de l'arbuste des petites lames de 20 centimètres de longueur environ sur 1 centimètre de largeur. Ces lames sont ensuite amincies et polies au moyen d'outils spéciaux ; on y découpe alors des brins qui n'ont plus qu'un millimètre d'épaisseur et qui présentent à leurs extrémités des pattes permettant de les fixer solidement sur leurs supports lorsque les filaments ont été carbonisés. Ces brins sont alors courbés en forme d'U, et placés dans des moules en nickel combinés de façon à céder au retrait qui s'opère pendant la carbonisation. Les moules sont placés au nombre de quelques centaines dans des moufles que l'on achève de remplir avec de la plombagine de façon à éviter tout contact avec l'air extérieur.

Une fois sorti de cette calcination en vase clos, le filament présente déjà la rigidité et aussi l'élasticité nécessaire aux manipulations auxquelles il est soumis dans la suite. Il s'agit maintenant de le fixer dans l'ampoule de verre. Pour cela on soude, au préalable, dans l'intérieur d'un tube de verre approprié, deux fils de platine dont les bouts, sortant par une extrémité de la tige de verre, sont terminés en pinces. On y introduit les pattes du filament de charbon. Cette opération, qui demande une grande délicatesse de main, n'a pourtant pas été jugée suffisante pour assurer un contact assez intime entre le métal et le charbon; on y ajoute une soudure à froid. A cet effet les tubes porte-platine sont introduits dans un bain galvanoplastique, dans lequel les points de contact entre platine et charbon se recouvrent d'une enveloppe solide de cuivre, qui assure une excellente jonction. On introduit ensuite les tubes dans des ampoules en verre de Bohême auxquelles on les soude hermétiquement.

Toutes les étapes de cette fabrication longue et délicate, devenue courante par la division du travail, montrèrent combien il a fallu étudier tous les détails pour arriver au résultat actuel. Nous avons laissé le filament au moment où il vient d'être monté à l'intérieur de l'ampoule de verre. Cette ampoule est munie à sa partie supérieure d'un tube que l'on met en relation avec la pompe à vide, on commence par raréfier l'air jusqu'à un certain degré et l'on porte en même temps le filament à l'incandescence au moyen d'un courant. Cette opération a pour but d'extraire des pores du charbon les gaz de carbonisation qu'ils ont pu retenir.

Ici encore on a dû perfectionner les procédés anciens. Le vide, dans les lampes à incandescence, doit être aussi complet que possible, et il ne fallait pas songer à se servir des machines pneumatiques pour le produire : on se sert de pompes à mercure fondées sur le principe des appareils de MM. Geissler et Sprengel. Lorsqu'on a organisé cette partie de la fabrication dans l'usine de la Compagnie Edison à Ivry, on a donné à ces organes la disposion représentée par la figure 101. Les tubes DD, D'D', remplis de mercure, font communiquer entre eux tous les appareils. Ces tubes sont reliés entre eux par un tube barométrique (de plus de 74 centimètres de long), terminé à sa partie supérieure par une bifurcation. L'une des branches est en communication avec le réservoir R, sur lequel on fixe la lampe par un joint hermétique O. Le réservoir R est à moitié rempli d'acide sulfurique concentré, destiné à absorber l'humidité que pourrait

contenir l'air. Le mercure descend continuellement du
tube supérieur D au tube inférieur D'. Arrivé à la bifur-

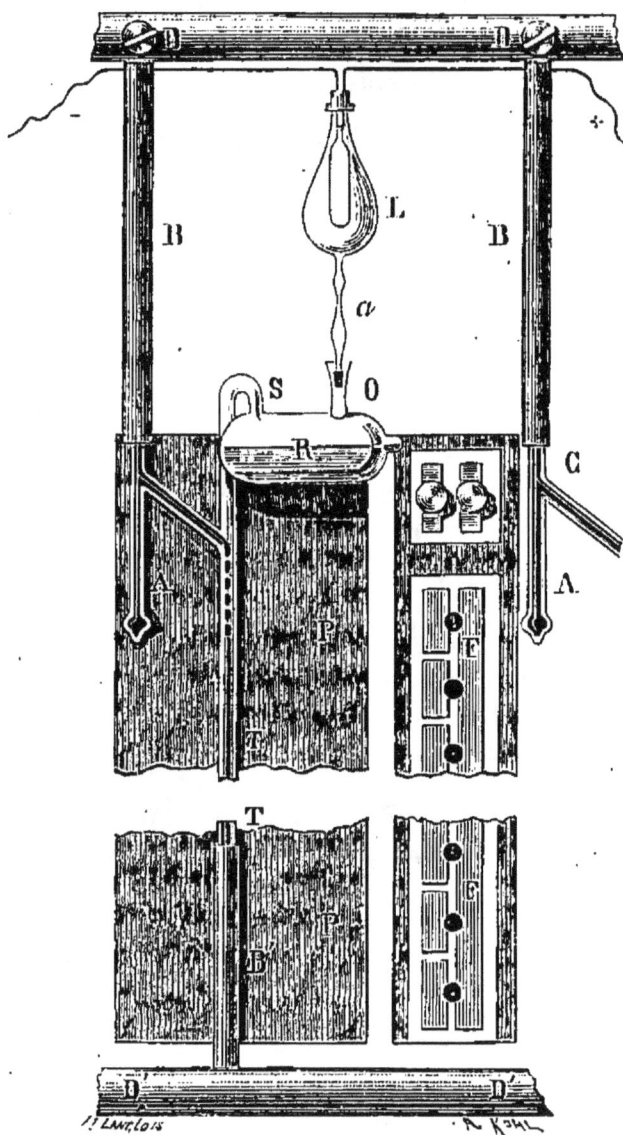

Fig. 101. — Pompe à vide.

cation, la colonne de mercure se sépare en gouttelettes.
Chaque gouttelette entraîne avec elle un petit volume
d'air et l'on arrive à vider le réservoir R et la lampe. L

presque totalement. L'alimentation continue des tubes est assurée par un petit moteur qui remonte continuellement le mercure dans la partie supérieure des appareils. Ces pompes à vide ont été perfectionnées ; chaque fabricant emploie son système, mais le principe est le même partout.

Lorsque l'épuisement de l'air est terminé, on soude au chalumeau le tube de l'ampoule. Il faut ensuite munir la lampe d'une monture qui permette de la fixer sur un support. A cet effet on coule sur la base de l'ampoule une galette de plâtre laissant à nu un piton métallique et entourée d'une gaine en laiton mince, estampée en forme de vis. Chacune des deux pièces métalliques est en relation avec un des fils de platine. La lampe est alors terminée et présente l'aspect de la figure 102. On la monte sur un support formé par un tube de laiton fileté fixé sur un manchon en bois muni en son centre d'une lame métallique qui vient en contact avec le piton de la monture.

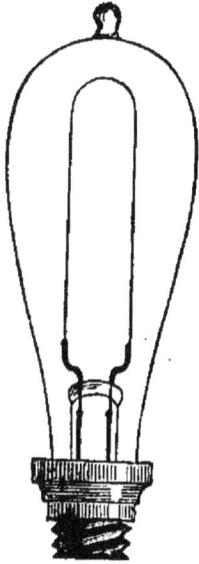

Fig. 102. — Lampe Edison.

La compagnie Edison fabrique actuellement quatre principaux types de lampes, caractérisés par la différence de potentiel qu'ils exigent : ils sont de 25, 50, 75 et 100 volts, et leur puissance lumineuse varie de 10 à 50 bougies. Ce sont là les types courants, mais cette industrie est dès à présent en état de fournir des lampes à intensité lumineuse bien supérieure ; on en a fabriqué des spécimens qui donnent 100, 200, 500 et même 1000 bougies. La durée aussi a été augmentée ; les procédés de fabrication actuels permettent de garantir aux lampes une *vie* de 1000 heures, en moyenne, quoique

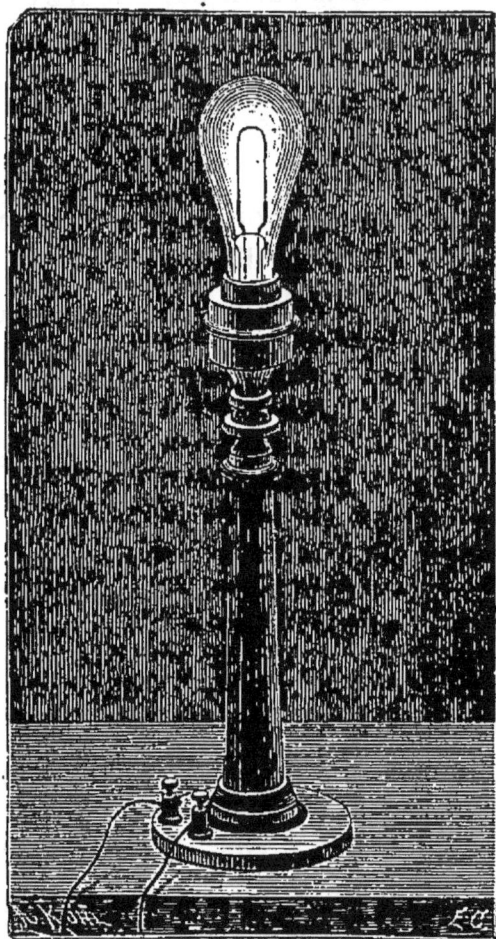

Fig. 105. — Chandelier Edison.

avec des ménagements on puisse arriver à prolonger cette vie jusqu'à plusieurs milliers d'heures.

Il n'y a pas tout à fait sept ans que la Compagnie Edison fit sa première installation en France, qui fut en même temps la première installation d'éclairage électrique par incandescence faite en Europe, et déjà plus de cent mille lampes Edison ont été installées, en France, seulement. Ces lampes éclairent de nombreuses poudreries nationales et la plupart des grands théâtres parisiens. A la station centrale du Palais-Royal, cinq mille lampes Edison sont en activité et la Compagnie vient d'obtenir récemment de la Ville de Paris la concession de tout un quartier.

La Société possède à Ivry une usine occupant deux cents ouvriers et utilisant une puissance de 250 chevaux. Elle peut livrer par jour environ deux mille lampes.

LAMPE SWAN

Nombreux sont les inventeurs de lampes à incandescence et nombreux les systèmes qu'ils préconisent. Swan est un des premiers fabricants de lampes et un de ceux qui ont revendiqué la priorité de leur invention. Sans nous laisser aller à examiner le plus ou moins bien fondé de ces prétentions, nous devons dire que Swan avait, comme Edison, réussi à préparer un filament de charbon convenable, mais leurs procédés sont différents.

Pour préparer le filament de la lampe Swan, on se sert d'une fibre de coton dont les extrémités sont renflées par un enroulement du fil. Cette fibre est plongée dans un bain d'acide sulfurique, ce qui a pour but de lui donner de la consistance et de l'élasticité en la parcheminant. On replie le fil en forme de boucle dans la partie centrale et on le carbonise dans de la poudre de charbon. Le filament est ensuite monté dans les ampoules comme on l'a vu à propos de la lampe Edison. La monture de la lampe Swan est très simple : les extrémités du platine sont repliées en crochets *aa'* (fig. 104 et 105), que l'on accroche dans les agrafes *bb'*.

Un ressort R tend à assurer un bon contact. Cette monture, qui se recommande par sa simplicité, a aussi l'avantage d'être très élastique et de céder aux chocs dangereux pour le filament. Mais le contact devient mauvais

Fig. 104-105. — Lampe Swan.

lorsque les deux agrafes ne tirent pas également sur les crochets.

Les lampes Swan sont divisées en deux classes : l'une, la classe A, comprend les lampes destinées à une longue durée obtenue aux dépens du rendement lumineux ; l'autre, la classe B, est formée de lampes à grand éclat, mais à durée plus courte. Elles demandent, selon les

15

types, de 25 à 120 volts, et fournissent de 5 à 50 bougies.

LAMPE MAXIM

Le filament de cette lampe est obtenu avec une autre matière et d'une autre façon que les précédents. On le découpe dans une feuille de carton bristol, légèrement roussie entre deux plaques de fonte. L'inventeur a tenu à donner au filament la forme de la lettre M, initiale de son nom. Le brin de carton est carbonisé comme d'ordinaire.

Mais M. Maxim semble être le premier qui ait employé le procédé que nous allons décrire, et qui constitue un perfectionnement pour cette fabrication. Le but en est de rendre le filament plus compact et de section homogène. Lorsque le fil carbonisé est monté sur son support, on l'introduit dans un flacon contenant du gaz éthylène, hydrocarbure très chargé de carbone. Dans cette atmosphère on porte le filament au rouge, en y faisant passer un courant. On remarque qu'il chauffe inégalement : les parties à faible section et, par conséquent, à grande résistance électrique, sont portées à une température plus haute que les autres. Or, l'hydrocarbure est décomposé par la chaleur et dépose une partie de son carbone sur le filament. Le dépôt le plus considérable se produit aux endroits les plus chauds et les plus minces; le filament tend donc à s'égaliser sur toute sa longueur. Cette opération de *nourrissage* — ou, pour employer le terme anglais souvent employé, le *fleshing*, — présente un autre avantage : il permet, au moyen d'essais photométriques simultanés, d'amener le filament à donner exactement l'intensité lumineuse voulue.

M. Maxim fait usage d'un ciment spécial pour souder les fils de platine à l'ampoule de verre.

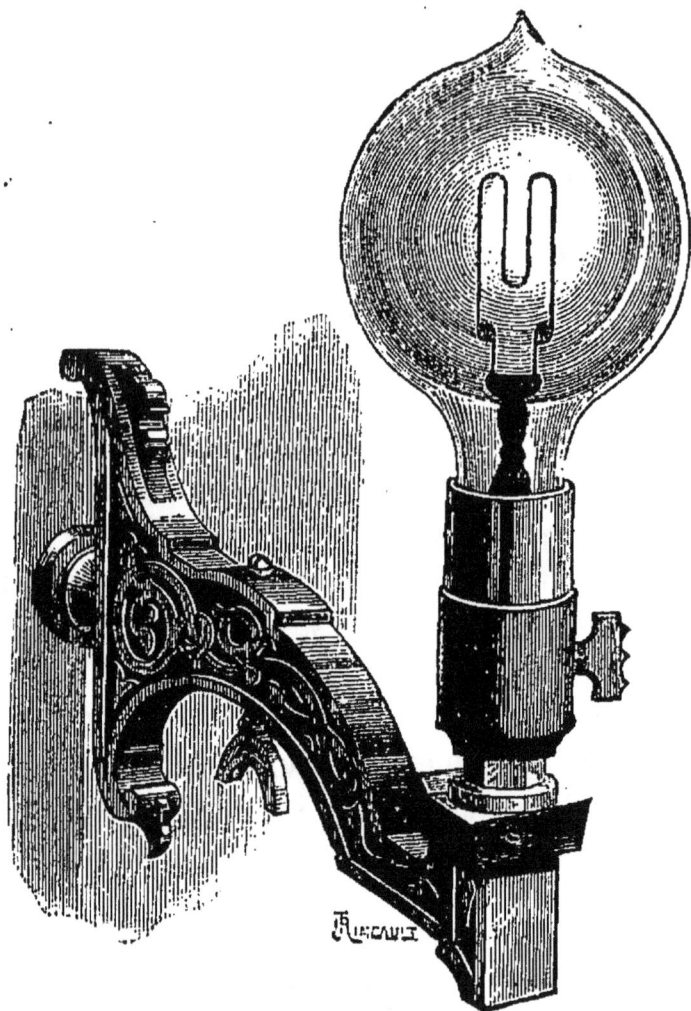

Fig. 106. — Lampe Maxim.

LAMPE CRUTO

Le procédé dont nous venons de parler sert de base à la fabrication de la lampe Cruto ; mais ici le verbe « nourrir » serait très mal employé, car l'opération qu'il désigne

sert à préparer de toute part le filament Cruto. L'âme
du filament, ou son support, est constituée par un fil de
platine excessivement délié, obtenu par le procédé de
Wollaston. On étire dans des filières de diamant du fil
de platine, dont on réduit le diamètre jusqu'à 1/40 de
millimètre; on entoure ce fil d'une enveloppe d'argent
et on passe de nouveau à la filière; on arrive ainsi à
donner au fil de platine 1/100 de millimètre de diamètre;
il est imperceptible à l'œil nu. Ce fil est porté à l'incandescence dans un hydrocarbure très carburé, où il se
recouvre d'une couche uniforme de carbone. La section
augmente graduellement; le courant devient donc de
plus en plus intense et la température s'élève à mesure.
A un moment donné la résistance augmente brusquement. Les uns en attribuent la raison à la volatilisation
du platine, mais il est plus vraisemblable d'admettre
que le platine s'unisse au carbone ou qu'il soit soumis
à une transformation moléculaire. Quoi qu'il en soit, le
filament que l'on obtient ainsi est très élastique et
parfaitement homogène.

Ces lampes s'emploient avec de faibles tensions et
des intensités assez fortes. Mais M. Cruto a construit
dans ces derniers temps des types à potentiel plus
élevé, jusqu'à 160 volts. Son nouveau filament est préparé avec un composé organique, l'acide ulmique, que
l'on passe à la filière. L'échelle des intensités lumineuses des lampes Cruto est très étendue; elle va de
0,5 à 100 bougies.

LAMPE GÉRARD

« Le grand succès de l'Exposition de l'Observatoire de
Paris en 1885 a certainement été pour les lampes à incan-

descence de M. A. Gérard. Les charbons des lampes
Gérard sont obtenus à la filière, mais doivent leurs qualités spéciales à un traitement particulier de la poudre
de charbon qui sert à les fabriquer. Ces lampes peuvent
être poussées à des intensités très
élevées sans que leur durée soit
sacrifiée[1].... »

Les qualités spéciales de cette
lampe sont entièrement dues au
mode de fabrication tout particulier de son filament. M. Gérard
est parvenu à préparer de fines
baguettes en charbon aggloméré
d'une parfaite homogénéité. Une
pâte, formée avec une poudre
impalpable de charbon, est passée
à la filière, et les fils ainsi obtenus
sont carbonisés sans déformation
préalable. Deux baguettes sont
ensuite accouplées pour former
un V et soudées ensemble par une
goutte de pâte de charbon. Elles
sont fixées sur leurs supports en
platine par l'intermédiaire de deux
cylindres de la même pâte. Les

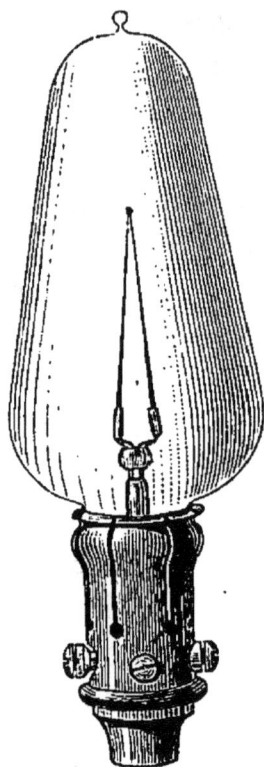

Fig. 107. — Lampe
Gérard.

cylindres sont terminés par des cônes, du côté du filament, ce qui constitue une disposition excellente à tous
les points de vue. Par ce moyen la section décroît graduellement, ce qui assure aux points de jonction une
grande résistance mécanique.

Le filament est soudé dans une ampoule pourvue

1. L'Électricien, 6 avril 1885.

d'une monture très simple (fig. 107). L'extrémité de
l'ampoule présente un renflement autour duquel viennent
se serrer les lames-ressorts d'une douille en métal
nickelé. Pour enlever la lampe de son support il suffit de
la tirer de bas en haut, et on la remet en place tout aussi
facilement par l'opération inverse.

Le procédé de fabrication particulier de cette lampe

Fig. 108. — Applique pour lampe Gérard.

permet d'obtenir toutes les intensités lumineuses, depuis
les plus petites jusqu'à celle de 1000 bougies. Ce résultat
était obtenu dès 1885, époque où il semblait extraordinaire. Les modèles courants sont de 6 à 200 bougies.
On remarquera qu'à cause de la section relativement
grande du filament ces lampes prennent peu de volts.
Cette circonstance peut être incommode lorsqu'on se
propose de les alimenter avec les machines ordinaires;

on est alors obligé de les grouper par séries de 3. Mais, d'un autre côté, la grande masse du charbon est avantageuse pour la fixité de la lumière et permet, de plus, de pousser assez haut l'intensité sans danger pour le filament. Aussi est-on frappé par la blancheur de la lumière, qui rivalisait à l'Exposition Universelle avec celle des lampes à arc voisines.

La figure 108 représente un spécimen de ce que l'on peut obtenir, au point de vue de l'ornementation, d'un candélabre de la ville, mais paré et décoré en l'honneur de la lumière électrique.

La lampe Gérard brille au Sénat, au Grand Hôtel, à l'Hôtel Continental, aux magasins du Printemps, etc. Plusieurs stations centrales s'en servent, elle se répand de plus en plus.

LAMPES DIVERSES

Parmi les lampes qui méritent mention nous citerons celle de Bernstein, qui a de l'analogie avec la lampe Gérard au point de vue de la grosseur du filament, mais qui est fabriquée différemment. On l'obtient en carbonisant un tube de soie tissée à minces parois. Cette lampe peut, comme la précédente, être poussée très loin sans brûler.

Fig. 109. — Rose de corsage.

Selon des vues tout autres sont conçues les lampes Kothinsky. Dans celles-ci le filament est très fin et très

long. Aussi leur faut-il des potentiels jusqu'à 200 volts.
Elles se prêtent ainsi à la tendance, justifiée du reste,
de distribuer à potentiels de plus en plus élevés.

M. Trouvé a innové la fabrication de petites lampes
minuscules qui trouvent une application dans les
bijoux électriques. On monte ces petites lampes sur des
épingles de cravate, à l'intérieur d'une petite lanterne,
d'une tête de mort, etc., ou bien on en fait des broches
étincelantes. Nous représentons en grandeur naturelle
une petite rose de corsage du plus charmant effet. Tout
le monde connaît les épingles à cheveux d'un si brillant effet, dont se servent les danseuses de l'Opéra. Les
diamants artificiels dont elles sont constellées n'em-
pruntent leur éclat qu'à l'éclairage électrique en minia-
ture.

AVANTAGE DE LA LUMIÈRE ÉLECTRIQUE

Il n'y a pas de meilleur moyen d'établir les bonnes
qualités de la lumière électrique que de la comparer à
l'éclairage au gaz.

Au point de vue de l'hygiène, la combustion du gaz
donne lieu à la formation de véritables torrents d'acide
carbonique, dont les effets toxiques sont bien connus.
Une lampe à arc ne dégage pas la millième partie du
volume de gaz carbonique engendré par un bec de gaz
de même intensité lumineuse, et les lampes à incandescence n'en produisent pas du tout. En dehors de cette
viciation de l'air, le gaz a l'inconvénient de chauffer
très désagréablement les locaux qu'il éclaire, inconvénient à peu près négligeable dans l'éclairage électrique.

Les dangers d'asphyxie, d'explosion et d'incendie qui

caractérisent l'éclairage au gaz sont à peu près complètement écartés dans l'éclairage à l'électricité. On pourrait
craindre qu'ils ne fussent remplacés par des chances
d'accidents dus à des commotions électriques; mais dans
les installations où l'isolement des conducteurs est
suffisamment complet, ce danger est à peu près nul, du
moins tant que ces installations sont neuves et soignées;
il augmente d'ailleurs avec la tension des courants que
l'on emploie. A ce point de vue les courants alternatifs
sont bien plus à craindre que le courant continu. Des
règlements ont d'ailleurs fixé la limite de ces tensions,
limites qui, malheureusement, ont été dépassées dans
beaucoup de cas.

On a fait reproche à l'électricité, prétextant qu'elle
donnait une lumière blafarde et déplaisante. Les
personnes qui lui font ce reproche ne se rendent pas
compte que leur œil a été trop longtemps habitué aux
lueurs jaunâtres du gaz. Mais l'électricité peut satisfaire
tous les goûts, la lampe à incandescence est un appareil
qui se prête à toutes les exigences : menée modérément, elle donne une douce lumière dorée; poussée plus
vigoureusement, elle projette une blanche et vive lumière. Mais ce dernier régime ne lui est pas salutaire,
l'ampoule se recouvre intérieurement d'une couche
opaque de charbon. Dans tous les cas la lumière artificielle de l'électricité est encore celle qui se rapproche
le plus de la clarté du jour.

PRIX DE REVIENT DE L'ÉCLAIRAGE ÉLECTRIQUE

Le prix de l'éclairage électrique est très variable. Il
dépend de la grandeur de l'installation considérée,

c'est-à-dire de l'importance de la quantité de lumière à fournir. Il est directement lié à la nature du générateur mécanique. En un mot, il est différent pour chaque installation.

Dans les frais de fonctionnement doit entrer la consommation de baguettes de charbon, lorsqu'il s'agit de lampes à arc, ou bien le remplacement des lampes détériorées, dans le cas de lampes à incandescence. Dans les petites installations, l'amortissement du capital d'installation est, en général, plus considérable que les frais occasionnés par l'usure des charbons et le bris des lampes. Il en résulte que l'on a tout avantage à faire marcher les appareils au maximum de travail. Le cas contraire se présente dans les éclairages plus considérables, où il faut ménager le plus possible les lampes et les charbons.

M. H. Fontaine a fourni dans son ouvrage *l'Éclairage à l'électricité* les données suivantes :

PRIX D'INSTALLATION

Arc. — Le prix varie avec le nombre d'arcs alimentés par un seul générateur. L'installation complète, comprenant la dynamo, le régulateur, les câbles et accessoires, coûte :

Pour 1 seul foyer de	450 becs Carcel	. . . .	1000 francs
—	150 —	. . . . .	800 —
—	50 —	. . . . .	600 —

Pour 50 foyers de 150 becs Carcel, la dépense totale n'est plus que de 500 francs par foyer.

Bougies. — Le prix du matériel électrique varie entre 600 et 650 francs par foyer.

Incandescence. — Suivant l'importance de l'installation et sa nature :

Nombre de lampes de 16 bougies (55 watts)	Installations particulières (prix par lampe)	Installations industrielles (prix par lampe)
30	62 francs	»
60	54 —	47,9 francs
120	51,5 —	45,9 —
250	47,6 —	42,8 —
500	» —	40,4 —

FRAIS D'EXPLOITATION

Arc. — La dépense de charbon pour lampe à arc de 100 becs Carcel est de 10 centimètres par heure en comptant les déchets, crayons cassés, bouts perdus, etc., soit 0 fr.10 par foyer et par heure.

Bougies. — Les bougies Jablochkoff de 4 millimètres de diamètre coûtent 0 fr.02 la pièce et durent 1 h. 40, soit 0 fr.12 par foyer et par heure.

Incandescence. — Pour les lampes normales durant 1000 heures et coûtant 5 francs, ou durant 800 heures et coûtant 4 francs, la dépense de renouvellement des lampes est de 5 millimes par foyer et par heure.

Le Formulaire de l'Électricien qui reproduit ces données ajoute les chiffres suivants, indiqués par M. Decker, de Nuremberg. Les prix sont exprimés en centimes par foyer et par heure. Ils se rapportent à une petite installation de 15 lampes à arc ou 150 lampes à incan-

descence de 16 bougies. Il faudrait les réduire de 30
pour 100 si l'installation dépassait 500 lampes.

	Durée de l'éclairage en heures par arc.		
	500	1200	3000
Lampe à arc de 20 becs Carcel.			
Moteur hydraulique.	45	25	15
Moteur à vapeur déjà installé . .	55	32	23
— spécial.	100	60	38
Moteur à gaz.	120	80	60
Lampe à incandescence de 16 bougies.			
Moteur hydraulique.	»	»	1,6
Moteur à vapeur déjà installé. . .	5,1	3,5	2,3
— spécial.	11,1	6,4	5,7
Moteur à gaz.	12,8	9,1	

CHAPITRE III

APPLICATIONS DE L'ÉCLAIRAGE ÉLECTRIQUE

ÉCLAIRAGE DOMESTIQUE

L'application de l'électricité à l'éclairage domestique
est encore aujourd'hui à l'état de problème à résoudre,
du moins quand il s'agit d'une installation particulière.
Tous les inventeurs de piles travaillent à trouver un
générateur d'électricité suffisamment puissant, suffisamment commode à manier et assez bon marché pour
que nos ménagères se hasardent à remplacer l'antique
lampe aux huiles variées par la mignonne lampe à
incandescence. Il n'est pas cependant encore donné aux

familles de s'éclairer à l'électricité, si elles n'ont pas la bonne chance de demeurer dans le voisinage d'une usine centrale de distribution. Non pas que cela soit impossible, mais parce qu'il faut s'imposer de lourds sacrifices pour produire, en petit, l'énergie électrique nécessaire à l'alimentation des lampes.

La solution la plus pratique semble encore être celle que M. Hospitalier a indiquée. On installe, dans sa cave ou dans tout autre local inhabité, une pile au bichromate à écoulement, que l'on fait travailler toute la journée pour la charge d'un poids convenablement calculé d'accumulateurs. Le soir, on décharge ces accumulateurs à travers le circuit d'éclairage.

Chaque fabricant de piles vous présente une petite combinaison d'une lampe avec sa pile, qu'il qualifie ordinairement de « portative » ou de « transportable ». Il vous suffit de soulever un pareil système pour vous convaincre de l'ironie de ces qualificatifs.

ÉCLAIRAGE PUBLIC

Un soir de décembre 1844, par un brouillard épais, les personnes qui passaient sur la place de la Concorde à Paris étaient étonnées d'y voir clair, quoique les becs de gaz fussent invisibles à quelques pas : une lumière très intense traversait l'atmosphère et allait éclairer jusqu'aux recoins les plus reculés de cette vaste place. C'était un foyer électrique, situé vers le milieu de la place et à une certaine hauteur au-dessus du sol, qui envoyait ces rayons; une forte pile alimentait le foyer, et, pendant toute la soirée, il brilla presque sans variations. Cette expérience fut faite par M. Deleuil, habile constructeur d'instruments de physique.

Depuis cette époque, les essais se sont multipliés sous bien des formes. Du haut du Pont Neuf on a projeté la lumière sur la Seine; une sorte de phare, établi au sommet de l'Arc de triomphe de l'Étoile, éclaira les nombreuses avenues qui y mènent; on a vu de semblables expériences au Palais-Royal et à la Porte-Saint-Martin. Chaque fois qu'un régulateur nouveau était inventé, l'auteur demandait et obtenait l'autorisation de l'essayer publiquement.

Paris fut devancé par quelques petites villes de province qui ne possédaient même pas l'éclairage au gaz. Il faut dire que ces villes sont dans des conditions autrement favorables que ne le sont la plupart des grandes cités. Elles sont, pour la plupart, situées dans des pays montagneux, et ont à proximité des torrents et chutes d'eau qui leur fournissent la force motrice nécessaire. A Paris, après de longues études d'une commission nommée par le Conseil municipal, plusieurs compagnies ont obtenu la concession de l'éclairage électrique de divers secteurs. Pendant la dernière Exposition Universelle, on installait sur nos boulevards des canalisations souterraines permanentes permettant de distribuer l'énergie électrique produite par de grandes usines centrales. La Ville a tenu à mettre elle-même à l'étude les voies et moyens permettant de généraliser ce mode d'éclairage en fondant la station des Halles centrales, qui fonctionne déjà depuis un certain temps.

D'autre part, l'Exposition d'électricité de 1881 avait laissé un excédent de recettes, qui servit à la fondation d'un Laboratoire central d'électricité, dû à l'initiative de la Société internationale des électriciens. L'Exposition Universelle de 1889 était une occasion des plus propices pour permettre aux électriciens de démontrer les avantages nombreux — et d'ailleurs incontestés — de l'éclairage électrique. Vingt-six maisons d'électricité, tant françaises qu'étrangères, se groupèrent en un syndicat, au capital de 300 000 francs. M. H. Fontaine, président de ce syndicat, a fait à la Société des électriciens une communication qui permet de se rendre compte des résultats obtenus.

Six usines, réparties en divers endroits de l'Exposition et disposant d'une puissance totale de 3 000 chevaux-vapeur, ont été nécessaires pour la production de l'électricité. Elles alimentaient environ 1000 lampes à arc, isolées ou réunies en lustre, dont l'intensité individuelle variait de 40 à 1000 becs Carcel ; de plus, 9 000 lampes à incandescence dont la lumière, ajoutée à celle des arcs, donnait un total de 180 000 becs Carcel. Cet éclairage est plusieurs fois supérieur à celui de la ville de Paris. Jamais on n'avait éclairé un espace restreint d'une façon aussi grandiose.

D'autres pays sont encore plus avancés que nous. Pour ne citer que les États-Unis, on y comptait au commencement de 1889 près de 6 000 stations centrales et installations, qui alimentaient 2 504 490 lampes à arc et 219 924 lampes à incandescence.

DES PHARES

Chaque soir, les côtes françaises s'illuminent et se ceignent d'un cordon de feu ; les navires qui passent au large se guident sur les signaux, connaissent leur position exacte et peuvent suivre une route certaine. Aucun pays de l'Europe ni du monde ne peut rivaliser avec la France pour la régularité de ce service ; aucun ne présente un système de phares aussi complet que le nôtre.

Les phares français sont classés en quatre catégories ;
ceux du premier ordre, espacés d'au moins quatorze
lieues marines, indiquent les parages, et guident les
vaisseaux qui ne s'approchent pas des côtes ; ceux du
deuxième ou du troisième ordre indiquent les écueils,
les baies, les rades foraines ; enfin les derniers sont placés
aux embouchures des fleuves et à l'entrée des ports.
Chacun des phares échelonnés sur les côtes se distingue
par une série de signaux particuliers, de sorte que le
navire qui passe au large, apercevant les signaux, reconnaît immédiatement le phare et estime sa véritable position. Ces signaux sont de plusieurs sortes.

Les phares à feux fixes rayonnent tout autour d'eux,
envoient leur lumière dans toutes les directions, et
toujours avec la même intensité. On avait essayé, il y a
quelques années, d'en colorer la lumière au moins par
instants, afin d'avoir un plus grand nombre de signaux.
Il y aurait eu des phares à feux rouges ou verts, ou bien
des phares se colorant en rouge ou en vert de minute
en minute : mais ces systèmes n'étaient pas certains, à
cause des impuretés de l'air qui peuvent changer entièrement les couleurs vues de loin.

Les phares à éclipses sont les plus communs. La
lumière émanée du foyer se concentre en huit rayons
uniques, et l'on fait tourner ces rayons autour de l'horizon. Un navire voit d'abord une vive lumière, puis le
feu s'éteint ; bientôt après le phare s'illumine encore
pour s'éteindre aussitôt. La vitesse avec laquelle ces feux
se succèdent forme le signe distinctif du phare.

On utilise enfin les phares à feux variés, qui tiennent
à la fois des deux précédents. L'horizon tout entier est
éclairé ; par intervalles apparaît seulement un éclat brillant, un surcroît de lumière, après lequel la lumière

redevient ce qu'elle était auparavant ; de la succession de ces éclats on a fait des signaux distinctifs.

Jusque vers le commencement de ce siècle, on s'est servi, pour envoyer la lumière, de miroirs courbes, réfléchissant les rayons dans une direction particulière ; ces miroirs tournaient d'un mouvement uniforme. Un éminent physicien français, Fresnel, un de ceux auxquels la science moderne doit le plus, substitua aux miroirs courbes les lentilles à échelons, formées par une série de cercles concentriques en verre bombé, et qui possèdent la propriété de concentrer tous les rayons dans une même direction. Ces lentilles sont d'une construction délicate, mais elles rendent d'immenses services aux phares ; grâce à elles, la portée est beaucoup plus considérable que celle des miroirs, et la lumière en est plus nette et plus constante. Au-dessus du foyer est disposé un chapeau conique, formé de prismes en verre qui renvoient, eux aussi, la lumière dans la même direction que la lentille.

Dans les phares à éclipses, la lentille est formée par un tambour octogonal, dont chaque face est une lentille à échelons, telle que celle qui vient d'être décrite, surmontée de son chapeau de prismes. Cette lanterne tourne autour du centre, et la direction dans laquelle la lumière est envoyée tourne avec le tambour : ainsi se forment les éclipses et les éclats. Si le tambour fait un tour par minute, le phare présente huit éclats et huit éclipses par minute ; c'est là son signal distinctif. Si le tambour ne tourne pas, la lentille se présente sous la forme d'un véritable cylindre, et le phare est à feux fixes.

Longtemps on s'est servi pour éclairer les phares de véritables feux, et la source lumineuse était un feu de fagots qu'on entretenait soigneusement. Vers 1700, un savant français remplaça ces feux par des lampes à huile, et depuis lors ces dernières ont été grandement perfectionnées. Aujourd'hui on se sert de lampes à double courant d'air : l'huile est poussée à la mèche par une petite pompe mue par un mouvement d'horlogerie, et l'excès retombe dans un vase qui est ainsi toujours plein. Dès que l'huile n'arrive plus en excès à la mèche, le vase se vide, et par suite de cet allégement de poids, il fait sonner une clochette d'appel. Au-dessus de la mèche est une cheminée en verre avec des rallonges pour régler le tirage. Une instruction détaillée · enseigne aux gardiens les soins et la direction des feux.

La mèche de la lampe est formée, d'après les études d'Arago et de Fresnel, par 4 mèches cylindriques concentriques : ce sont les feux les plus lumineux. On obtient ainsi un éclat maximum de 4000 becs Carcel ordinaires, c'est-à-dire une lumière équivalente à celle de 24000 bougies. Par la disposition de la mèche, cette immense lumière est concentrée au foyer de la lentille.

Un phare ordinaire du premier ordre a une portée de 30 à 40 kilomètres, avec l'intensité indiquée; il consomme 750 grammes d'huile par heure, et coûte annuellement 8000 francs d'entretien. Il est desservi par trois gardiens qui font le quart. Le prix des appareils accessoires, sans y comprendre la lanterne, dont le prix est variable, est de 30000 francs.

On a essayé, il y a plusieurs années, la lumière électrique pour les phares, et l'on a fait une comparaison sérieuse entre les anciens et les nouveaux systèmes. Au Havre, il existe deux phares situés au cap de la Hève distants de 100 mètres l'un de l'autre, ils indiquent l'entrée du port et l'embouchure de la Seine. On les a reconstruits vers 1860, et c'est à cette occasion que furent faites les comparaisons dont il s'agit ici. L'appareil lumineux dans le phare électrique de la Hève est renfermé dans la lanterne supérieure, au-dessus de la chambre du quart : au bas de la tour sont placées les machines magnéto-électriques et les machines à vapeur qui les desservent.

Aujourd'hui on n'en est plus à faire des essais ; la pratique a consacré ce nouveau mode d'éclairage, et nos phares les plus importants sont des foyers électriques. L'Exposition universelle a, du reste, fourni un exemple de la puissance de ces feux à arc voltaïque.

La Tour Eiffel, cette colossale construction de 300 mètres de hauteur dominant l'Exposition et même Paris tout entier, a été rendue visible la nuit par un feu très puissant qui s'allume tous les soirs à son sommet. L'installation d'un phare de très grande puissance lumineuse sur ce piédestal de 300 mètres a été exécutée par MM. Sautter-Lemonnier et Cie. On ne pouvait confier cette mission à des mains plus expérimentées qu'en en chargeant cette importante maison française qui, pendant les soixante-quatre années de son existence, a construit plus de 2000 phares disséminés dans le monde entier.

Le phare de la Tour est du type ordinaire, légèrement modifié pour rendre ses éclats visibles à une petite distance de l'édifice. La rotation du tambour mobile qui suppporte les lentilles est produite par un petit moteur électrique, dont on peut faire varier la vitesse à l'aide d'un rhéostat. Les éclats ont une durée de 5 secondes et le tambour fait un tour en 90 secondes.

L'arc voltaïque qui constitue le foyer de ce puissant engin lumineux possède une intensité équivalent à 5 500 becs Carcel. Mais les verres amplifient considérablement cette intensité, et les parties qui sont destinées

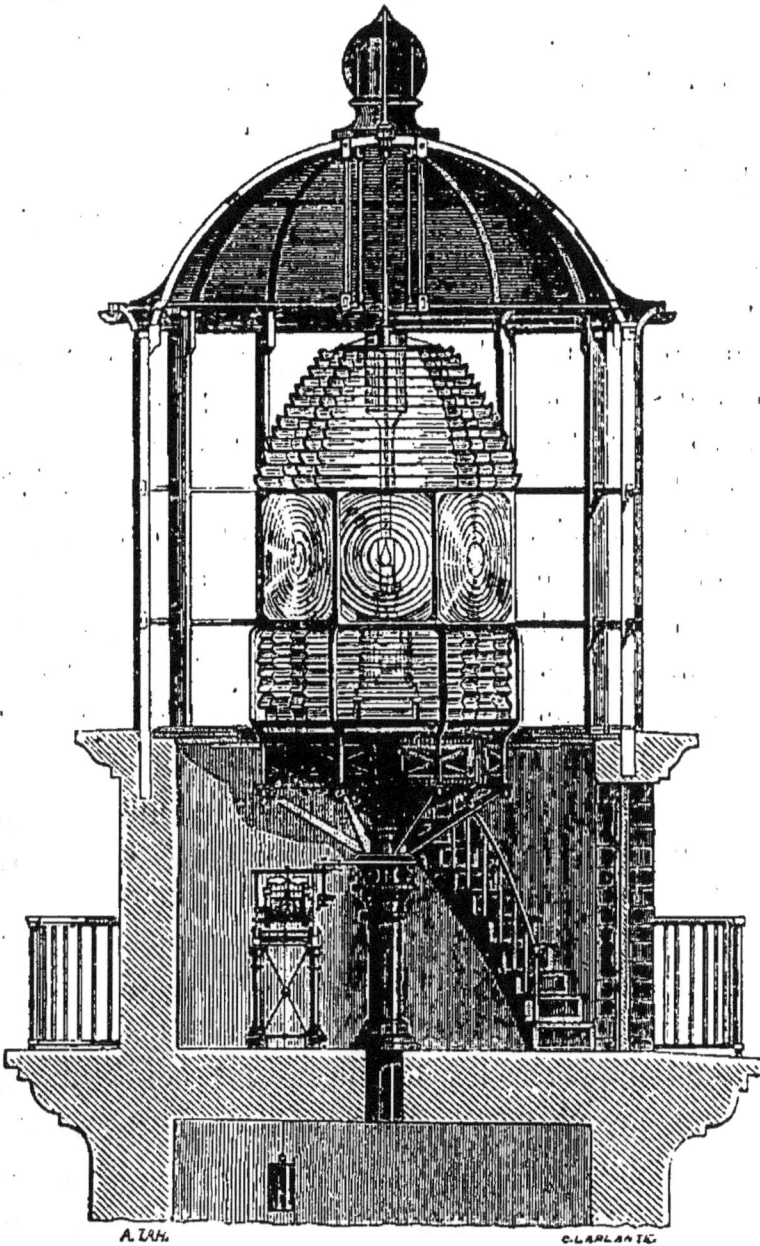

Fig. 110. — Intérieur de la lanterne d'un phare.

à envoyer la lumière à une très grande distance
donnent 520 000 carcels.

On a calculé que la distance à laquelle le feu serait encore visible, en ligne droite, serait de 205 kilomètres. Mais la sphéricité du globe terrestre limite beaucoup cette portée, qui ne serait que de 70 kilomètres sans l'intervention de la réfraction de l'atmosphère qui rabat les rayons et les rend visibles à 140 kilomètres. Toutefois, à cette distance, il est rare qu'il n'y ait pas d'obstacles s'interposant entre l'observateur et le point lumineux. On cite comme les plus grandes distances de visibilité, les observations faites à Chartres (76 kilomètres) et Orléans (112 kilomètres).

On avait employé comme générateur de courant, dans les phares maritimes, des dynamos enroulées en série ; mais les employés, peu habitués à manier ces machines, les brûlaient très souvent. On en est donc revenu à l'emploi de machines à courants alternatifs, quoique la puissance lumineuse soit moitié moindre qu'avec le courant continu. A signaler aussi comme défectueux l'emploi de régulateurs d'intensité, puisque l'intensité fournie par les machines à courants alternatifs est relativement constante, comme nous avons déjà eu l'occasion de le faire remarquer.

PROJECTEURS ÉLECTRIQUES

Depuis longtemps on avait songé à appliquer l'énorme intensité lumineuse de l'arc électrique à éclairer des objets situés à une grande distance de l'observateur. A l'époque si peu reculée où l'on en était encore réduit à l'usage exclusif de la pile M. Martin de Brettes avait déjà indiqué comme possible et même avantageux l'application de projecteurs électriques à l'art militaire. Il s'appuyait sur les considérations suivantes :

« Il se présente à la guerre des circonstances où l'on a besoin d'un éclairage d'une durée plus ou moins longue, par exemple :

« Pour reconnaître une fortification, l'assiégeant a besoin de produire un éclairage momentané suffisant à ses projets, et pas assez long pour éveiller l'attention de l'assiégé.

« Pour diriger le tir d'une batterie sur un but déterminé, il faut que ce but soit éclairé assez longtemps pour permettre un bon pointage.

« Pour n'être pas surpris lors de l'ouverture de la tranchée, l'assiégé doit éclairer d'une manière continue le terrain où cette opération a des chances d'être exécutée.

« L'éclairage d'un champ de bataille, d'une brèche, lors de l'assaut, demande aussi un éclairage d'une durée indéfinie.

« Ainsi, à la guerre, on peut avoir besoin de produire ou un éclairage momentané ou un éclairage de longue durée dont la limite est celle de la nuit. Nous avons vu précédemment que l'on pouvait produire, sans difficulté et à volonté, ces deux éclairages avec la lumière électrique, en fermant ou en interrompant le circuit voltaïque. »

On n'a pas tardé à procéder à l'application de ces vues théoriques, mais les difficultés que l'on a rencontrées dans l'exécution pratique étaient bien plus grandes qu'on ne l'avait supposé de prime abord. Il s'agit, avant tout, de produire un faisceau de rayons parallèles ; la théorie indiquait l'emploi de miroirs à surfaces paraboliques. Mais il est extrêmement difficile de réaliser pratiquement une pareille surface, soit sur verre, soit sur métal. Grâce à l'ingéniosité d'un de nos plus savants officiers du génie, le colonel Mangin. on put heureusement tourner cette difficulté. Dans ce projecteur les rayons sont en même temps réfractés et réfléchis par un miroir en verre à deux faces convexe et concave. Comme ces surfaces sont rigoureusement sphériques, il est aisé de les construire avec les moyens ordinairement employés par les opticiens.

L'appareil Mangin permet, par un simple déplacement du foyer, de faire varier à volonté la grandeur de la surface éclairée. La figure 111 fait voir la position inclinée que l'on donne aux charbons; on a dû recourir à cet artifice à cause de l'emploi du courant continu. Le cratère qui se forme dans le charbon positif faisant office de réflecteur, la plus grande intensité lumineuse ne se trouve pas dans le plan horizontal, mais à environ 30 degrés au-dessous.

La maison Sautter-Lemonnier, qui est spécialement chargée de la construction des projecteurs militaires, avait placé, au centre du Palais des machines de l'Exposition universelle, un projecteur monstre dont l'ouverture ne mesurait pas moins de 150 mètres. Cet appareil est le plus grand de son genre; mais malgré l'étendue du miroir aplanétique qui forme sa surface réfléchissante, le foyer est presque un point mathématique. Il est muni de foyer électrique équivalent à une dizaine de milliers de becs carcel, et grâce au pouvoir amplificateur de ses dispositions optiques il éclaire une surface placée à 500 mètres de distance comme le ferait le soleil en plein midi.

Cet appareil monstre était simplement exposé; il ne fonctionnait pas. Mais les projecteurs installés par les mêmes constructeurs au sommet de la tour Eiffel sont soumis à des expériences quotidiennes. Placés au-dessous du phare de la tour, ils permettent de promener sur

Fig. 111. — Projecteur Mangin.

l'horizon de Paris deux puissants faisceaux lumineux.
Lorsque le temps est clair, on peut distinguer, à une

distance de 7 à 8 kilomètres, les détails des monuments éclairés par ces rayons.

Ces engins, avons-nous dit, sont surtout destinés à rendre des services en temps de guerre; mais pendant cette Exposition des produits du travail et de la paix, les deux projecteurs de la Tour ont eu l'occasion de servir : ils ont aidé au sauvetage d'un bateau qui coulait bas, en éclairant le fleuve d'une manière continue.

ÉCLAIRAGE DES TRAVAUX DE NUIT

La lumière électrique sert à éclairer les travaux de nuit dont l'achèvement est nécessaire dans le plus bref délai.

Pendant la construction du pont Notre-Dame, à Paris, un service de ce genre fut organisé pour la première fois. Assurément on ne pouvait dire que l'on cherchait à faire des économies; la lumière était produite par une forte pile, et le prix de revient était environ quatre fois plus considérable que pour l'éclairage à l'huile. Mais on voulut étudier cette nouveauté et faire travailler pendant la nuit. Le pont fut ainsi très rapidement construit.

On appliqua ensuite aux travaux des docks Napoléon, puis à ceux du nouveau Louvre, ce nouveau système de lumière; on alla ensuite l'essayer à Strasbourg, au pont de Kehl. On cherchait dans ces travaux, non point une illumination resplendissante, mais un éclairage suffisant pour le travail. L'ouvrier devait voir, autour de lui, assez pour se diriger; les minutieux détails pouvaient lui échapper. Ces essais n'ont pas tous réussi. On n'a pas trouvé dans l'emploi de la lumière électrique, des avantages assez grands pour compenser les nombreux inconvénients qui en résultent.

Depuis ces premières tentatives on a inventé la machine magnéto-électrique, et la lumière est produite à bien meilleur marché et plus régulièrement. Les essais ont donc été repris. En dernier lieu, on s'est proposé d'éclairer les mines et de substituer la lampe électrique aux chandelles et aux lanternes que porte chaque ouvrier et qui éclairent si lugubrement les points environnants. Les essais furent faits par M. Bazin, directeur des ardoisières d'Angers, et conduits par lui avec succès.

Il s'agissait d'éclairer une galerie souterraine à peu près carrée, de 40 mètres de longueur, la hauteur étant un peu moindre. On plaça aux points convenables deux lampes, alimentées par deux machines de la compagnie de *l'Alliance*. Les résultats furent satisfaisants: le travail devint plus facile, la surveillance plus sûre, l'exploitation plus régulière. Chacun était satisfait du changement; puis, à la suite de je ne sais quelles circonstances, on rendit aux ouvriers leurs lampes à huile, et chacun regrette ce bien-être d'un instant qu'on avait dû à la lumière électrique.

La question de l'éclairage des mines de houille intéresse l'humanité tout entière. Dans les galeries souterraines s'accumule un gaz terrible, le *grisou*; quand il prend feu, une explosion épouvantable détruit la mine et ensevelit dans les profondeurs les nombreux ouvriers qui allaient y gagner le pain de leur famille et qui y meurent asphyxiés et brûlés. Nul n'ignore qu'un illustre savant anglais, Davy, avait déjà mérité l'éternelle reconnaissance des mineurs en inventant une lampe qui diminuait notablement les chances de catastrophe. Mais, hélas! ces horribles accidents se produisent souvent encore; tantôt une circonstance fortuite, tantôt un éboulement qui casse la lampe, enlève à l'appareil de Davy

Fig. 112. — Travaux de nuit à la lumière électrique.

sa plus grande efficacité ; chaque année, il meurt en
Angleterre plusieurs milliers d'hommes de ce fait, lais-

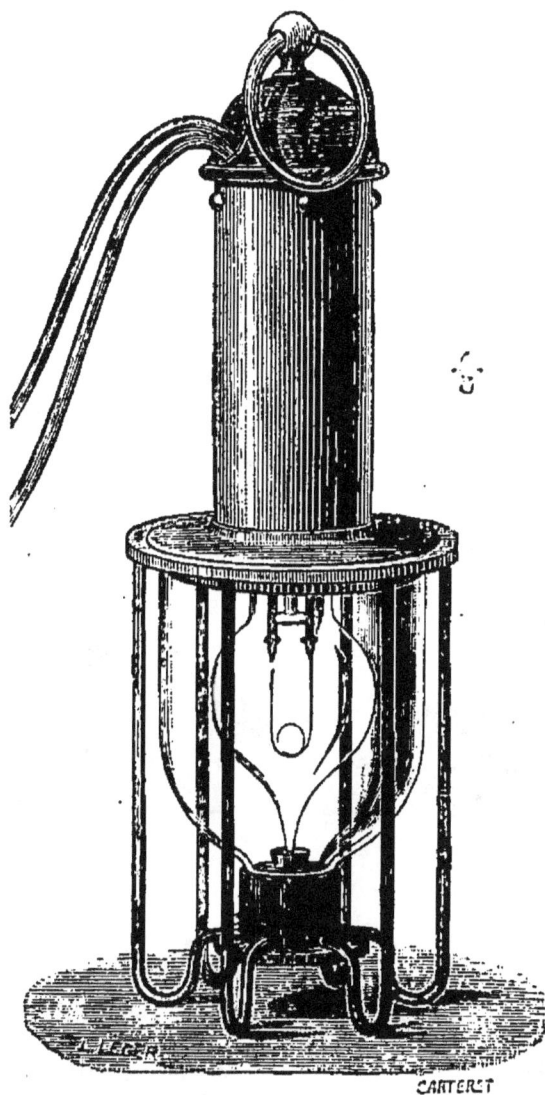

Fig. 113. — Lampe de mine Swan.

sant leur famille dans la désolation et la plus affreuse
misère.

L'invention de la lampe à incandescence est venue
heureusement modifier cet état de choses. Les inventeurs

l'ont pourvue des accessoires nécessaires à cet usage. Edison et Swan ont adopté à peu près la même disposition. La figure 113 représente la lampe de mine de M. Swan. L'ampoule de la lampe est entourée d'une enveloppe de verre, préservée elle-même des chocs accidentels par une armature métallique. La double enveloppe est remplie d'eau.

Il est des travaux où l'opérateur a besoin de s'éclairer

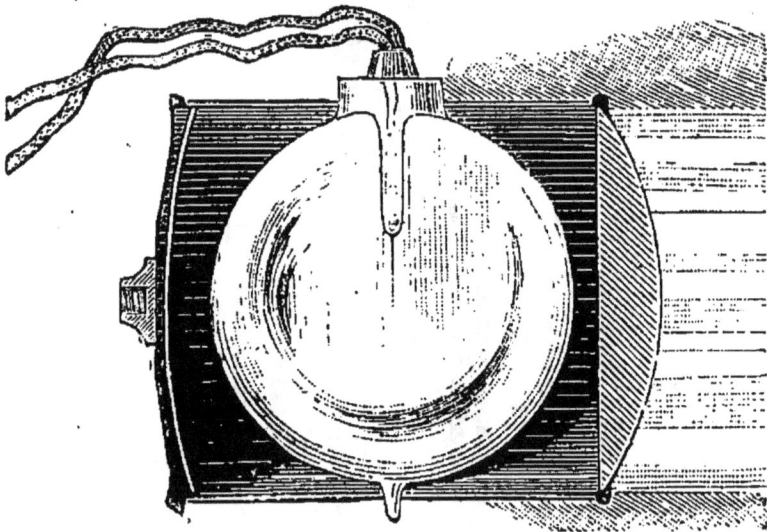

Fig. 114. — Lampe du photophore.

tout en gardant le libre exercice de ses mains. De ce genre sont les recherches que l'on est obligé de faire dans les canalisations souterraines pour trouver les fuites de gaz le long des tuyaux. Dans ce but, M. Trouvé a combiné une ingénieuse petite disposition que la figure 114 représente en grandeur naturelle. Une petite lampe à incandescence, placée à l'intérieur d'un cylindre, envoie au dehors un faisceau de rayons rendus parallèles par une lentille fixée à l'extrémité du cylindre. Cet appareil, que M. Trouvé appelle le *photophore frontal*, se fixe sur le front au moyen d'un bandeau (fig. 115). Il peut être d'une très grande utilité pour les opérations chirurgicales.

Comme la lumière à incandescence n'a pas besoin d'être alimentée par l'air pour se renouveler, on a pensé

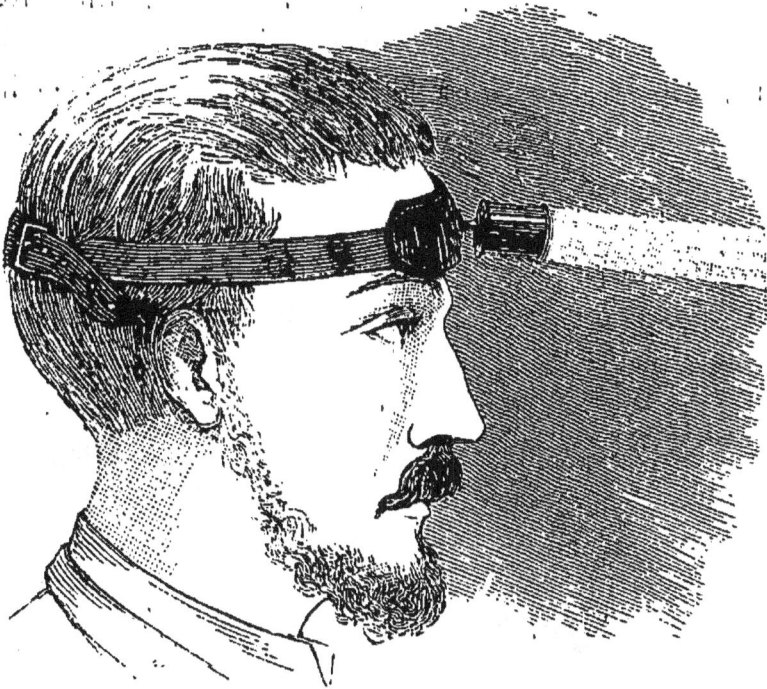

Fig. 115. — Photophore frontal.

à en munir les scaphandres dans leurs travaux sous-marins. A cette occasion on a remarqué que les poissons étaient en quelque sorte hypnotisés par ce point lumineux et qu'ils s'approchaient en grand nombre. On a fondé là-dessus des récits de pêches miraculeuses; mais s'il faut en croire quelques personnes, la pêche à la lampe électrique ne serait pas très productive.

ÉCLAIRAGE DES NAVIRES

Quand le jour cesse, on allume un grand fanal à la

proue de chaque navire, pour que sa marche soit signalée
et que les autres vaisseaux s'éloignent du sillage parcouru. Dans les nuits sereines, ce fanal jette une vive
lumière; mais lorsque le temps est couvert et brumeux,
le flambeau est obscurci, et on ne le voit plus même à
de faibles distances. On applique aujourd'hui la lumière
électrique à cet éclairage. Grâce à elle, on évite de
grands malheurs; les rencontres, les chocs entre vaisseaux, où l'un d'eux est presque toujours coulé bas,
deviennent plus rares.

L'emploi des projecteurs pour éclairer la marche des
navires près des côtes facilite l'entrée dans les ports et
rend possibles les opérations du chargement et du déchargement même dans l'obscurité de la nuit.

Il y a quelque temps, il était à peu près impossible aux
navires de traverser le canal de Suez pendant la nuit.
MM. Sautter-Lemonnier ont augmenté considérablement
la sécurité de la marche des navires, en éclairant leur
route au moyen des puissants appareils' qu'ils con-
struisent. On a pu abréger ainsi de moitié la durée de
traversée du canal.

Enfin, tous nos grands paquebots, qui sont aménagés
à l'intérieur comme de véritables hôtels, sont éclairés à
l'électricité. Arc et incandescence y sont mélangés, et
les circuits sont disposés de façon à pouvoir être alimentés par un seul générateur, empruntant une faible
partie de la force motrice des machines à vapeur du
navire. On a proposé de se servir de la coque du navire
comme fil de retour, mais la sécurité en souffrirait.

APPLICATION AUX EFFETS DE THÉATRE

En 1846, lorsqu'on prépara les représentations de

l'opéra du *Prophète*, on voulut que la mise en scène fût splendide et digne à la fois de la musique et du poème. Deux tableaux surtout furent l'objet de soins et d'études particulières, le lever du soleil au 3ᵉ acte, et l'incendie du dénouement. La lumière électrique était encore une nouveauté et son apparition sur le premier théâtre de Paris avait quelque chose d'étrange et de solennel qui devait décider de son avenir. Elle eut sa part dans l'immense succès du *Prophète*. Aussi n'est-il plus guère aujourd'hui de ballet ni d'opéra où la lumière électrique ne joue un certain rôle.

Une des pièces où l'arc voltaïque a été employé avec le plus de succès, est le *Moïse* de Rossini, repris à Paris il y a quelques années. Quoique la scène soit presque constamment éclairée, Moïse ne marche le plus souvent que dans un rayon de lumière. Une scène est surtout remarquable. Le peuple est au milieu du camp, il regrette l'Égypte, il veut retourner dans ce pays. Alors Moïse apparaît ; ses yeux lancent des éclairs, toute sa personne est éblouissante, sa longue robe blanche est semblable au soleil. A cet aspect, avant même que le terrible prophète ait exhalé son indignation, le peuple tremble et s'agenouille. Cet effet de scène soulève toujours de grands applaudissements.

A l'intérieur des coulisses sont placées trois lampes électriques, dans le haut de la scène, vers ce qu'on appelle le cintre ; la lumière des deux lampes placées de chaque côté est dirigée sur l'entrée de la tente de Moïse ; une troisième est disposée en avant et frappe l'acteur en face. Les rayons se croisent à la porte. Aussitôt que la tente s'ouvre, quand l'acteur apparaît sur le seuil, on envoie le courant électrique. Les rayons balayent, pour ainsi dire, toute cette partie de la scène, et l'acteur.

Fig. 110. — Théâtre de l'Opéra : *Moïse*.

averti par avance des positions qu'il devra prendre, se
meut continuellement au milieu de la lumière.

Ce sont là des effets ordinaires. Si un acteur principal doit être mis en relief, pour une cause ou pour une
autre, s'il doit ressortir au milieu d'un groupe placé
dans l'ombre, on dirige un jet de lumière à l'endroit où
se placera l'acteur ; la lampe est braquée, les rayons
vont à l'endroit voulu ; et lorsque le moment est venu,
lorsque la réplique est donnée, il n'y a plus qu'à lancer
le courant de la lampe.

A l'Opéra, où ce service, installé par M. J. Dubosq,
fonctionne très régulièrement, on produisait la lumière à
l'aide de piles de quarante ou cinquante éléments ; une
chambre sous les combles était uniquement affectée à
ces piles. Chaque soir un employé les monte, les arrange,
les surveille, et, à la fin de la soirée, il les démonte.
L'électricité qu'elles produisent passe dans différents
fils, qui se divisent sur toute la scène et se dirigent vers
chaque plan et chaque étage. Une petite armoire est
pratiquée dans le mur : c'est là que débouchent les fils
conducteurs de l'électricité. Le chef de service a la clef
des placards ; il les ouvre au moment convenable, attache des fils volants à ces fils fixes, et amène ainsi les
courants au point où est disposée la lampe. De cette façon
on n'a pas à chercher les fils, on ne risque pas de les
embrouiller et de ne pouvoir agir quand le moment sera
venu. Le courant de chaque pile est lancé dans le fil
désigné et on le recueille. Puis, quand il faut changer
de place, on va à un autre plan recueillir le courant
d'une seconde pile, ou bien celui de la première, si on
a eu le temps d'en changer la direction. Maintenant,
depuis que l'éclairage entier de la salle est obtenu par
des lampes incandescentes, alimentées par le courant

Fig. 117. — Théâtre de l'Opéra. Scène finale de *Moïse*.

de fortes machines dynamo-électriques, le service des piles a été supprimé, et le courant nécessaire aux effets de scène est emprunté au courant total.

Parfois on envoie des rayons colorés, soit pour faire ressortir un personnage particulier, soit pour éclairer un coin de la scène. Ailleurs, dans *Faust*, par exemple, Méphistophélès est de temps en temps éclairé par la lumière rouge. Dans une autre pièce d'un moindre succès, un alchimiste, lisant le destin dans un vase magique, était éclairé par un rayon vert qui semblait sortir du vase même : c'est que la lumière était teinte en traversant des verres colorés.

Dans la scène finale de l'opéra de *Moïse*, on était arrivé à un effet de lumière assez curieux et très difficile. Le peuple d'Israël vient de traverser la mer; sur le devant de la scène, dans une demi-obscurité, les Égyptiens se noient. Au fond, sur une montagne, Moïse tient les tables de la loi; les Hébreux, groupés autour de lui, chantent la célèbre prière considérée comme un des chefs-d'œuvre de Rossini. Le jour est éclatant, les lampes électriques éclairent la scène, la nuée flamboyante plane sur Israël. A ce moment, comme gage d'une alliance nouvelle, apparaît l'arc-en-ciel.

Pour produire cette illusion, il y avait deux difficultés à vaincre. Il fallait d'abord faire dessiner par la lumière électrique un arc-en-ciel; puis cet arc devait être assez intense pour être vu de la salle sans être noyé dans les autres lumières électriques. Une lampe électrique, placée vers le milieu de la scène, mais cachée derrière un rocher, était alimentée par un fort courant. On avait attelé deux piles, afin que l'intensité de la lumière fût considérable. En revanche, on avait légèrement diminué l'intensité de la lumière du fond, ce qui n'était pas sensible, puisque le devant de la scène était obscur. Enfin, au moyen d'un appareil particulier, la lumière blanche était décomposée en spectre et l'on ne prenait dans ce spectre qu'un arc, qui allait se peindre sur la toile du fond : tout le reste de la lumière était perdu ou concentré du côté de l'arc.

D'autres théâtres ont imité ces innovations de l'Opéra, souvent bien, quelquefois mal. Mais nous ne pouvons nous appesantir ici sur cet objet.

Tout autre moyen d'éclairage que l'électricité est dangereux au théâtre ; de fréquents incendies l'ont suffisamment démontré, mais il n'a fallu rien moins que le récent incendie de l'Opéra-Comique de Paris, incendie qui a fait tant de victimes, pour que l'administration se disposât à agir. Depuis ce désastre, le gaz est complètement proscrit, et tous les théâtres et cafés-concerts parisiens sont aujourd'hui éclairés à l'électricité.

MICROSCOPE PHOTO-ÉLECTRIQUE

Pour toutes les expériences de physique dont il a été parlé et d'autres encore, on emploie les microscopes photo-électriques. On ne dispose pas du soleil comme on veut, mais on peut toujours avoir une lampe électrique. Il suffit de monter une pile, et d'en amener, avec des fils, le courant au régulateur et aux charbons.

Un microscope sert à l'agrandissement des petits objets ; il est formé d'une série de loupes, dont chacune grossit l'image formée par la précédente ; leur ensemble amplifie extraordinairement l'objet, et tous les détails en deviennent perceptibles. Mais la lumière qui éclairait un petit espace, se trouvant répandue sur une vaste surface, chaque point de l'objet est, après le gros-

sissement final, fort peu éclairé ; souvent même il est
invisible. Tout microscope est donc muni de miroirs

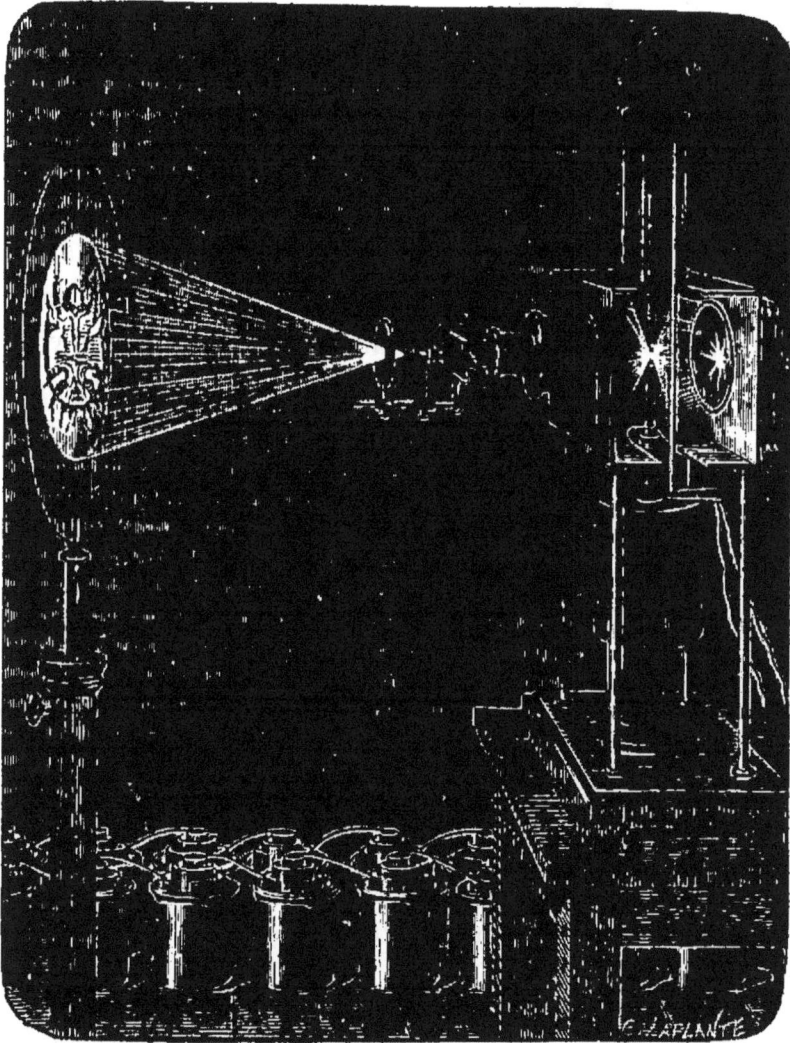

Fig. 118. — Microscope photo-électrique.

ou de lentilles pour concentrer sur l'objet la plus grande
quantité de lumière possible.

Dans l'appareil photo-électrique, la lampe est placée
dans une sorte de lanterne qui ne laisse sortir aucun

rayon, pour ne pas troubler l'obscurité de la salle ; la plus grande partie de la lumière dégagée par l'arc est renvoyée par des réflecteurs sur une lentille en verre. Celle-ci concentre tous les rayons qu'elle reçoit sur l'objet que l'on veut voir, et à la suite de cet objet est placée la série de loupes formant microscope. L'image fortement agrandie est enfin projetée sur un écran blanc, située en face au fond de la salle, comme on le fait pour la lanterne magique. Dans le microscope ordinaire, l'observateur vient coller son œil sur la lunette ; ici, dans l'appareil de projection, chacun peut de sa place voir l'objet sur l'écran. C'est ainsi qu'on a vu les charbons de la lampe et étudié les colorations de la lumière électrique.

Cet appareil est très souvent utilisé dans les cours publics. Le professeur, sans s'interrompre, décrit les faits que l'auditeur voit se produire sur le tableau. Toutes les expériences scientifiques sont susceptibles d'être ainsi projetées ; les observations les plus ténues de la chaleur, les expériences les plus délicates de l'électricité, sont rendues visibles à un nombreux amphi-théâtre. La sensibilité des appareils est pour ainsi dire augmentée, et l'intelligence des auditeurs est accrue de tout le pouvoir de leurs yeux.

COLORATION DE L'ARC VOLTAÏQUE

La lumière de l'arc électrique est produite à la fois par le transport des particules incandescentes et par la combustion très énergique des charbons; aussi une grande chaleur règne-t-elle au milieu de cette source lumineuse. Si l'on introduit entre les charbons un fil de fer, ce métal fond d'abord, puis brûle rapidement, et

projette autour de la flamme une multitude d'étincelles
enflammées semblables à une gerbe d'artifices. Les
métaux même les moins sensibles à l'action de la chaleur, les plus réfractaires, l'or, le platine, pris en faibles
quantités, sont fondus et volatilisés.

A l'occasion de cette propriété de l'arc, M. J. Dubosc,
qui a beaucoup étudié tout ce qui se rapporte à la
lumière électrique, a disposé une série d'expériences
scientifiques très curieuses. On taille le charbon inférieur, qui sera le pôle positif, en forme de petite coupelle; on dépose dans le creux de petits fragments de
métaux; puis on fait jaillir la lumière. Bientôt les métaux sont fondus et réduits en vapeurs; les particules
mêmes sont entraînées d'un charbon à l'autre, et on
les retrouve parsemées sur la pointe du charbon supérieur.

La lumière est alors colorée. La nuance particulière
d'une flamme est due, on le sait, aux particules incandescentes entraînées et suspendues au milieu du foyer
avant d'être consumées. Portés à une haute chaleur, ces
corpuscules entrent en irradiation, deviennent blancs,
ou bleus, ou rouges, selon la nature de la substance. Si
la flamme est formée de charbon pur, comme celle de
l'arc voltaïque, la couleur en sera blanche, aussi blanche que celle du soleil; si la flamme contient du sel
marin, comme toutes celles que nous connaissons,
comme celle du charbon ordinaire, du gaz d'éclairage,
des bougies et des huiles, la couleur en sera jaunâtre,
parce que ces substances renferment toujours, et en
grande quantité, des parties de sel marin.

Et c'est à cette cause qu'il faut attribuer les reflets
bleuâtres qui semblent propres à la lumière électrique.
L'œil, accoutumé à la nuance jaune de toutes les

flammes dont nous nous servons, compare instinctivement les deux nuances, et celle qui est blanche lui paraît bleuâtre à côté de la jaune. Aussi, soit à cause de sa blancheur éblouissante, soit à cause de sa grande intensité, soit à cause de sa désagréable scintillation, la lampe électrique, pas plus que le soleil, ne peut être regardée en face.

On peut donc colorer la flamme électrique et la rendre à volonté blanche ou jaune, suivant qu'on laisse brûler le charbon pur ou qu'on place du sel marin dans la coupelle du pôle inférieur. La nuance peut être variée, si l'on fait servir le courant à volatiliser des métaux; avec le cuivre, par exemple, l'arc électrique est franchement bleu; avec le zinc, il est violet; avec le lithium, métal particulier qui a peu d'usages pratiques, il est rouge; et avec des mélanges de ces métaux, la nuance que prend l'arc voltaïque est formée du mélange des couleurs élémentaires. Mais il faut ajouter que cette propriété de la lumière électrique ne peut pas être appliquée industriellement, car la matière se consume et bientôt la flamme blanchit et finit par redevenir celle des charbons.

Il est vrai que les rayons électriques sont capables, comme les autres, de traverser les verres colorés et de sortir teints par cet écran. Mais alors l'intensité lumineuse est fortement diminuée, et elle ne suffit plus pour servir à un éclairage quelconque.

L'étude de la lumière électrique est, comme celle du soleil, d'un intérêt considérable. Lorsque, par l'ouverture du volet d'une chambre, on fait arriver un rayon solaire sur un prisme bien taillé, la couleur blanche du soleil est décomposée et se résout en sept couleurs principales, depuis le rouge qui est la première, jus-

qu'au violet qui est la dernière, en passant par le jaune,
le vert et le bleu. Si l'on prend les précautions convenables, si l'ouverture est assez petite pour ne recevoir
qu'un seul rayon lumineux, on découvre au milieu de
cette sorte d'arc-en-ciel rectiligne, qu'on appelle le
spectre solaire, une série de raies noires, très fines,
ayant une position bien déterminée et provenant probablement de l'interposition d'une atmosphère particulière autour du foyer solaire. C'est que, dans cette
atmosphère, se trouve une grande quantité de vapeurs
métalliques, et les rayons, en les traversant, sont arrê-
tés en partie comme par une grille. On peut ainsi analy-
ser et étudier la lumière qui nous vient du soleil, et
rechercher même la constitution de l'atmosphère de ce
foyer central.

La même étude peut se faire avec la lumière électrique. Le charbon seul donne un spectre continu formé
des sept couleurs élémentaires, mais ne présentant aucune raie noire. Aussitôt que l'arc voltaïque contient
des vapeurs métalliques, les couleurs élémentaires du
spectre s'effacent peu à peu, deviennent presque invisibles, et à leur place se dessinent des raies particulières,
très brillantes, colorées suivant la nature du métal, et
situées à des places parfaitement fixes. Ainsi le sel
marin donne deux raies fines jaunes, très rapprochées
l'une de l'autre; le cuivre donne trois ou quatre raies
bleues, le lithium une seule raie rouge. A l'aide d'un
petit artifice d'expériences, on sait même faire devenir
noires ces raies brillantes, mais on ne peut, en aucune
façon, en changer les situations respectives. Par l'aspect
seul de ces raies, brillantes ou noires, par l'étude de la
place qu'elles occupent dans le spectre de charbon, on
peut reconnaître le métal qui est volatilisé dans l'arc

voltaïque, tant sont fixes et certaines les positions relatives des raies dues aux vapeurs métalliques.

FONTAINES LUMINEUSES

La lumière électrique sert encore à éclairer l'eau qui

Fig. 119. — Fontaines lumineuses.

jaillit d'une fontaine et à la faire paraître véritablement lumineuse. Un vase d'eau est placé dans le voisinage d'une lampe électrique, et tous les rayons sont concentrés dans le liquide; une fenêtre, que ferme une plaque de verre, est percée en face de l'ouverture par laquelle jaillira l'eau ; la plaque de verre permet aux rayons lumineux de pénétrer dans le vase. Quelques instants avant de laisser sortir l'eau, on fait marcher la lampe et on éclaire le vase ; la lumière pénètre alors dans le liquide, en imprègne les diverses parties et jusqu'aux moindres gouttes ; lorsque l'eau jaillit, elle reste pénétrée de rayons et emporte avec elle la lumière dont elle est pour ainsi dire imbibée : c'est la fontaine lumineuse. Le jet est très clair, quand la salle ou le théâtre sur lequel on opère est dans une demi-obscurité.

L'explication scientifique de ce phénomène est assez complexe. La lumière dont chaque goutte est imprégnée est due à une série de réflexions intérieures qui ont pour effet de laisser sortir une lumière diffuse. On ne s'est pas encore rendu un compte assez exact des diverses circonstances qui accompagnent ce phénomène.

On a vu seulement dans ce fait un nouveau moyen d'amuser le public.

On peut faire des jets diversement colorés, les uns rouges ou bleus, les autres verts ou blancs ; on peut même, pendant que la fontaine coule, changer la couleur de la lumière, comme si toute l'eau verte étant épuisée, l'eau bleue commençait à couler. Pour produire ces effets on n'a qu'à mettre un verre coloré au-devant de la lampe.

Les fontaines lumineuses installées à l'Exposition universelle de 1889 ont été, pendant toute la durée de l'Exposition, la *great attraction* des soirées. La foule affluait tous les soirs autour de ce spectacle vraiment original, qui était admirablement agencé.

M. Bechmann, ingénieur des ponts et chaussées, avait été, en 1888, à Glascow, où il fit les études préalables qu'il a communiquées à l'académie des sciences. Grâce à lui et à un ingénieur anglais, M. Galloway, cette merveilleuse mise en scène a pu être menée à bien.

Au milieu du grand jardin central qui s'étend du pied de la Tour Eiffel jusqu'au palais des Machines, est située une grande pièce d'eau, de forme rectangulaire, qui se termine par la fontaine monumentale que tous les journaux illustrés ont représentée. C'est dans ce bassin et près de cette fontaine que l'on a groupé 48 gerbes d'eau, formées de 300 ajutages. L'eau de Seine provenant du réservoir de Villejuif était débitée à raison de 1260 mètres cubes par heure, et l'éclairage des jets d'eau absorbait environ 500 chevaux-vapeur. On peut se rendre compte, par ces chiffres, de l'importance que l'on a tenu à donner à ce spectacle. Jamais on n'a fait aussi grand.

Nous allons révéler à nos lecteurs par quels artifices on est parvenu à produire ces effets de coloration qui constituent les fontaines lumineuses. Les gerbes d'eau n'étaient pas pleines; elles sortaient d'ajutages annulaires et formaient de véritables tubes liquides. On arrivait ainsi à éclairer des veines liquides plus épaisses que si l'on avait employé des jets pleins. Au-dessous du bassin on avait pratiqué des chambres souterraines, dont le plafond était formé, sous chaque jeu d'eau, d'une épaisse dalle de verre, parfaitement polie. Dans ces chambres étaient placés des foyers électriques intenses, qui envoyaient leurs rayons à l'intérieur des tubes hydrauliques, par l'intermédiaire d'un miroir placé à 45 degrés.

Les gerbes étaient colorées par des verres de couleur, manœuvrés par des ouvriers, et que l'on interposait sur le trajet des rayons lumineux. On pouvait aussi faire varier à volonté l'ouverture du faisceau lumineux et éclairer non seulement la veine liquide, mais encore les innombrables gouttes retombantes, qui étincelaient, sous ce feu, comme autant d'étoiles.

A quelque distance du bassin, dans une petite cabane vitrée se tenait le commandant en chef de tout ce scenario. Il avait devant lui une série de poignées, réglant la puissance des jets, et des boutons électriques qui permettaient de donner aux travailleurs souterrains l'ordre de produire telles ou telles colorations.

Rien de plus gracieux que ces fontaines lumineuses. et les innombrables visiteurs de l'Exposition emporteront de ce spectacle un ineffaçable souvenir.

LIVRE III

GALVANOPLASTIE

ͼ

CHAPITRE

DORURE GALVANIQUE

HISTOIRE DE LA GALVANOPLASTIE

La galvanoplastie est née d'hier, quoique certaines personnes, aimant le paradoxe, veuillent la faire remonter à des milliers d'années et assurent que les savants modernes ont à peine eu l'honneur de la retrouver. Les Égyptiens devait connaître, dit-on, l'art de déposer électriquement le cuivre sur des vases, car on retrouve dans les tombeaux de Thèbes et de Memphis divers objets recouvert d'une même couche de ce métal présentant, au microscope, la texture des dépôts galvaniques. On a même trouvé dans les sarcophages des pièces curieuses en métal, si légères et si fines qu'il eût été impossible de les obtenir par la fonte ou le martelage de ces métaux. On imagine donc qu'un moule de cire aurait été fondu en laissant isolée la mince couche de métal. D'autre part, on prétend que les anciens alchimistes,

quelques-uns du moins, parmi ceux qui cherchaient la
pierre philosophale, savaient recouvrir divers objets
d'une couche d'or. Quelques-uns se servaient de ces
objets pour laisser croire qu'ils avaient trouvé la *benoîte
pierre*, et s'enrichissaient aux dépens de la crédulité et
de l'ignorance des autres. Un savant homme, Paracelse,
réputé magicien et sorcier, transforma en or, dit-on,
sous les yeux de Cosme de Médicis, une coupe et un
clou de fer. On conserve ces témoignages de son art
dans la collection d'antiquités du palais de Ferrare.
Pour qu'on ne l'accusât pas de fraude, il avait laissé une
de leurs moitiés intacte. Mais la vérité est qu'il avait
tout simplement dissous de l'or dans l'eau régale et
trempé sa coupe dans cette liqueur, qui n'avait rien de
magique.

Malgré ces efforts d'érudition, il reste incontestable
que c'est seulement depuis Volta que l'on obtient des
dépôts métalliques. Ce savant reconnut, presque aussitôt après sa grande découverte de la pile, qu'en faisant
passer le courant électrique dans la dissolution saline,
il y avait dépôt de métal à un des pôles; depuis lors on
s'est beaucoup occupé de cette question. Vers 1830,
M. de la Rive, à Genève, en étudiant la pile, reconnut
sur le dépôt métallique toutes les éraillures de la plaque
qu'il couvrait.

Le 17 octobre 1838, M. de Jacobi annonça à l'Académie de Pétersbourg qu'il était parvenu à obtenir des
planches en cuivre offrant l'empreinte exacte du dessin
gravé en creux sur l'original. A la même époque,
M. Spencer, en Angleterre, fit la même découverte. Les
dépôts de cuivre étaient reconnus propres à copier des
médailles, des bas-reliefs, et à servir de caractères pour
l'impression. On imprima par ce procédé une lettre à

un grand nombre d'exemplaires, et on la distribua publiquement. M. de Jacobi continua ses études; le 12 octobre 1836, dans une lettre adressée à Faraday et publiée par l'Athenæum, il décrivit les procédés galvanoplastiques et en proclama les avantages industriels. M. de Jacobi peut donc être considéré comme le principal inventeur de la galvanoplastie, c'est-à-dire de l'art de déposer du cuivre sur des supports. — M. de la Rive recommença ses essais, et parvint à déposer également l'or et l'argent. Son travail fut publié en 1840. On travaillait beaucoup et vite en ces temps-là. Les trois années 1838, 1839 et 1840 ont vu paraître au grand jour quatre des plus grandes découvertes modernes : la télégraphie électrique, la galvanoplastie, la dorure électrique et le daguerréotype.

Le procédé, tel qu'il était indiqué par M. de la Rive, n'était pas industriel; M. Elkington, qui depuis longtemps travaillait à ces recherches, trouva des procédés véritablement pratiques pour le dépôt de l'or : ce sont ceux qu'on emploie encore aujourd'hui. Il prit des brevets et les transmit en France à M. Christofle, dont l'établissement est devenu célèbre.

Ce que M. Elkington fit pour l'or, M. de Ruolz le fit en même temps pour l'argent, et prit aussi des brevets. D'autres inventeurs ont surgi, et, à leur suite, sont survenus des procès où ont comparu, comme experts, de célèbres savants, depuis M. Becquerel jusqu'à M. Raspail. En somme, M. Elkington, inventeur de la dorure, et M. de Ruolz, inventeur de l'argenture, transmirent leurs brevets à M. Christofle, qui organisa immédiatement ses vastes usines; depuis ce temps, les brevets sont, pour la plupart, tombés dans le domaine public.

PROPRIÉTÉS CHIMIQUES DES COURANTS

Les courants électriques fournis par des générateurs ordinaires sont dus, ainsi que nous l'avons dit, aux actions chimiques s'exerçant entre les divers éléments constituant la pile : généralement l'acide sulfurique attaque le zinc, forme du sulfate de zinc, en laissant dégager le gaz hydrogène, et cette action est accompagnée d'une grande production d'électricité. Il est donc évident, d'après le principe important de l'action et de la réaction que nous avons déjà eu occasion de citer, que le courant électrique peut à son tour déterminer des actions chimiques.

Volta paraît être le premier qui ait démontré définitivement ce fait au moyen d'une série d'expériences. Il reconnut que l'étincelle même de la machine pouvait déterminer la combinaison de l'oxygène et de l'hydrogène, les deux gaz constituant l'eau. Il alla plus loin encore, et s'aperçut que le courant électrique fourni par sa pile avait la propriété de décomposer les solutions métalliques, en donnant un dépôt de métal à l'un des pôles. Mais ce fut Davy qui, quelques années après Volta, étudiant d'une manière si brillante les effets de la pile, attira l'attention de tous sur les propriétés chimiques des courants. En électrisant la potasse, corps prétendu simple jusqu'à lui, le savant anglais retira le potassium. métal étrange, qui brûle au contact de l'eau et qui a la consistance et la légèreté du beurre. Cette expérience fut considérée comme capitale; elle eut un immense retentissement. L'Institut de France décerna à Davy le grand prix des sciences physiques (1807), et, malgré la guerre qui régnait alors entre la France et l'Angleterre, l'Empereur envoya un vaisseau chercher l'illustre savant et le reçut à Paris avec des honneurs presque royaux. On raconte qu'il fit répéter devant lui l'expérience de la décomposition de la potasse, et qu'en la voyant, il se prit à comparer la pile de Volta à la moelle épinière, les fils conducteurs aux nerfs, partant de l'encéphale et y retournant, la potasse aux muscles, recevant comme eux l'action des générateurs.

Davy ne s'arrêta pas à la décomposition de la potasse ; son éclatant succès l'encouragea, et il se mit à étendre ce fait : la soude, la chaux, l'alumine furent également décomposées ; certaines matières organiques, feuilles de laurier, tiges de menthe, soumises à l'action de la pile, montrèrent même des phénomènes curieux, quoique beaucoup moins nets que les précédents.

Depuis cette époque, une innombrable quantité de corps, surtout les liquides ont été soumis à l'action de la pile. On reconnut que sauf le mercure, qui est resté simple jusqu'à ce jour tous les liquides sont décomposés par le courant électrique et réduits en leurs éléments. En particulier, l'eau, qui a été naturellement très étudiée, se décompose difficilement lorsqu'elle est bien pure ; mais la réduction est plus facile si l'on ajoute au liquide quelques gouttes d'acide sulfurique : l'eau est alors décomposée ; l'hydrogène se dégage au pôle négatif, l'oxygène au pôle positif, et on s'est servi du procédé pour constater que le premier gaz était double du second.

Un grand nombre de savants, parmi lesquels se retrouvent Faraday et Becquerel, ont recherché les lois des décompositions électro-chimiques. Les lois qu'ils ont trouvées et énoncées paraissaient au premier abord assez complexes ; mais aujourd'hui, en tenant compte du principe de la conservation du travail des forces, principe qui domine toute la science moderne et dont nous avons dit quelques mots, on peut les réunir en une seule, et dire que *le courant électrique pourrait, s'il n'y avait pas de pertes passives, déterminer dans le circuit qu'il traverse un travail chimique égal à celui qui lui a donné naissance.* Ainsi, lorsque l'acide sulfurique transforme en sulfate 33 grammes de zinc, poids particulier qui représente l'équivalent chimique de ce métal, l'électricité produite est au plus capable de décomposer l'eau et de dégager 1 gramme d'hydrogène, ou bien de réduire un sel de cuivre, d'argent ou de potasse en déposant 32 grammes de cuivre, 108 grammes d'argent, ou 39 grammes de potassium, nombres particuliers qui représentent les équivalents chimiques de ces corps. Mais c'est là une loi limite, difficile à atteindre, à cause des pertes d'électricité imprévues et inévitables.

Les décompositions électro-chimiques, quelles qu'elles soient, ont une importance considérable dans la science. Nous en avons dit assez pour le montrer; et industriellement, la décomposition particulière des sels de cuivre, d'or et d'argent, constitue les principes de la galvanoplastie, qui rend de si grands services à la société moderne.

PRÉPARATION DES PIÈCES POUR LA DORURE

La dorure électro-chimique est l'art de recouvrir d'une couche d'or des objets de différentes formes, au moyen du courant électrique. On dépose cette couche par une série d'opérations qui peuvent se grouper en trois ou quatre manipulations principales. La première est la préparation des pièces : c'est aussi la plus importante, car tout le succès des opérations suivantes dépend de cet apprêt. Comme on peut dorer divers métaux, il y a différentes manières de préparer les pièces.

Les objets sortant des mains du fabricant et du ciseleur sont toujours recouverts d'une légère couche grasse qui empêcherait l'adhérence de l'or. On se propose donc de décaper ces objets, c'est-à-dire d'en rendre la surface entièrement homogène et dans un état physique convenable.

Quand l'objet est en bronze, on le recuit sur un feu de mottes en le faisant rougir; quand il est en laiton, comme on ne pourrait, sans altérer profondément la matière, le chauffer à une haute température, on le décrasse en le lavant dans une lessive concentrée de soude. Mais si le recuit ou la lessive alcaline enlève la matière grasse, il reste toujours une mince couche d'oxyde, et c'est pour enlever celle-ci qu'on *déroche* les pièces. On les porte dans un bain acide chaud pour les petites, froid pour les grandes; on les suspend par de grands crochets en cuivre, emmanchés de bois pour éviter le contact des mains; puis on les laisse là un certain temps, jusqu'à ce qu'elles deviennent légèrement rougeâtres; alors on les sort et on les lave en les brossant. Ce n'est pas tout encore, et la pratique, qui est le meilleur guide, a montré que les objets ainsi préparés ne sont point parfaitement prêts à être dorés.

On achève donc leur préparation dans deux bains de décapage, fortement acides, dont le second, qui s'appelle bain de *blanchissement*, attaque vivement le métal. On opère très vite et on lave à grande eau; puis on les sèche à la sciure chaude et on les porte immédiatement à la dorure. C'est ainsi que l'on prépare les objets de bronze ou de laiton.

Lorsque les pièces sont en maillechort, en fer ou en

zinc, on commence par les décrasser dans un bain de
soude; puis on les soumet au *ponçage*, ce qui se fait en
les frottant, sous un filet d'eau, avec de la ponce réduite
en poudre et une brosse très raide en soies de sanglier,
montée sur un tour rapide. Si les pièces sont trop délicates ou trop volumineuses pour être ainsi portées sous
le tour, on les frotte à la main avec des brosses appropriées. Enfin les objets sont séchés à la sciure de bois et
portés à la dorure.

Pour l'argent, les opérations sont les mêmes que pour
le fer et le zinc; seulement avec le ponçage la pièce est
blanchie; on la recuit au rouge et on la trempe vivement dans un bain légèrement acide. La surface sort de
là avec un mat très blanc; la dorure qu'on applique
ensuite est très belle.

Le plus souvent ces diverses opérations, surtout celles
du ponçage, sont faites par des femmes. De temps en
temps un ouvrier passe et porte les objets achevés à la
dorure. Mais il faut éviter avec un soin extrême de toucher avec les mains les pièces déjà décapées. A ce
moment, elles sont très sensibles, la surface est parfaitement nette, et les pores en sont ouverts, tout prêts à
recevoir, à humer pour ainsi dire, le dépôt, dont l'adhérence sera complète avec ces précautions.

BAINS D'OR

La composition du bain d'or est parfaitement connue;
on sait et l'on trouve dans tous les traités spéciaux la
proportion des substances avec lesquels on obtient les
meilleurs dépôts. On rencontre pourtant parfois des industriels qui ne veulent pas divulguer la nature de leurs
bains, soit qu'ils mêlent des matières inertes aux liquides

utiles, soit qu'ils s'imaginent posséder un véritable
secret, soit enfin qu'ils aient trouvé quelques tours de
main pratiques qui leur permettent d'obtenir plus facilement de beaux effets. Mais la nature du bain est la
même dans toutes les usines.

On fait dissoudre 50 grammes d'or dans l'eau régale
et on évapore; puis, quand la liqueur est sirupeuse, on
ajoute de l'eau tiède et on verse peu à peu 50 grammes
de *cyanure de potassium*. Ce dernier corps est, grâce à
cette application, devenu un des plus importants de la
chimie; il est analogue à l'iodure de potassium, souvent ordonné par les médecins; il jouit de propriétés
également remarquables, mais il est fortement véné-
neux.

On forme ainsi 50 litres de la dissolution d'or et de
cyanure; on fait bouillir ce liquide pendant quelques
heures et on les verse dans la cuve où doit se faire la
dorure. Cette cuve est elle-même chauffée, pendant
l'opération, vers 70 degrés. On pourrait bien opérer à
froid, mais la qualité du dépôt est moindre et les couleurs sont moins riches.

Avant de plonger les pièces dans ce bain, on les
rince une dernière fois à l'alcool, puis dans un bain
acide, et on lave à grande eau pour enlever les poussières qui auraient pu tomber depuis le décapage; ce
n'est qu'après cette dernière préparation, faite au bord
de la cuve même, que l'on plonge les pièces dans le bain.
On les y laisse un certain temps, qui varie suivant
l'épaisseur qu'on peut obtenir. Mais la couche d'or apparaît au bout de quelques minutes, et elle augmente au
fur et à mesure.

Du reste, pour se rendre compte de la quantité d'or
déposée, quantité dont le prix de l'objet dépend, on pèse

le corps lorsqu'il arrive dans l'atelier de dorure, puis lorsqu'il en sort.

Tous les métaux se dorent également bien dans le bain formé comme il a été dit. Pour certaines substances cependant, l'acier, l'aluminium, le dépôt d'or ne serait pas adhérent. On recouvre ces corps, par la galvanoplastie même, d'une légère couche de cuivre, sur laquelle on dépose l'or. Le cuivre adhère au métal, et l'or au cuivre : de sorte que l'objet est solidement doré.

APPAREILS EMPLOYÉS

Les appareils que l'on emploie pour opérer ces dépôts sont très simples. Le courant d'une pile Bunsen ordinaire est amené par des fils à des tringles métalliques, suspendues au-dessus de la cuve. Les pièces à dorer sont attachées à deux tringles par des crochets également métalliques, et elles plongent entièrement dans le bain. Mais il faut bien observer qu'elles soient suspendues à la tringle négative, laquelle communique avec le pôle zinc de la pile; à l'autre tringle est suspendue une feuille d'or ou d'argent, suivant que le bain sert à la dorure ou à l'argenture.

Le courant électrique produit dans la pile, ou une machine dynamo-électrique, se rend aux tringles; de là, par les crochets métalliques et les pièces, il descend dans le liquide à travers lequel il passe. On voit qu'ainsi le circuit est complet et que l'électricité peut aller d'un pôle à l'autre. Mais le passage du courant à travers le liquide détermine des réactions très curieuses et très importantes. Ainsi que l'a reconnu Volta, l'électricité décompose les sels métalliques et fait déposer le métal au pôle négatif. C'est ce qui arrive ici : le sel d'or, traversé par le courant, se décompose; l'or se dépose au pôle négatif où se trouvent les objets, et ceux-ci sont dorés. Mais il faut avoir bien soin d'établir les communications métalliques, pour que les objets soient partout traversés par l'électricité, sinon ils ne seraient pas également recouverts.

A mesure que l'or se dépose, le bain s'appauvrit: il contient de moins en moins de métal précieux. Par suite, si l'on ne prenait aucune précaution, le dépôt, d'abord rapide, se ralentirait de plus en plus et cesserait au bout de quelque temps; il pourrait même arriver, surtout si le courant s'arrêtait, que l'or déjà déposé abandonnât l'objet pour se dissoudre de nouveau. C'est pour éviter cet effet qu'on place au pôle positif une plaque d'or; à mesure que le bain s'appauvrit d'un côté, il s'enrichit de l'autre; au pôle positif, une quantité d'or se dissout précisément égale à celle qui s'est déposée à l'autre pôle.

Considérez ici la double pompe : le pôle positif refoule, pour ainsi dire, le métal, et le renvoie dans le liquide; le pôle négatif l'attire et se l'approprie. Il n'y a aucune perte, et le bain reste également concentré, car il se renouvelle constamment pendant la durée de l'opération. Le même bain ainsi disposé peut servir très longtemps.

L'appareil se compose donc d'une pile, ou d'une machine dynamo, placée à un endroit quelconque, et reliée métalliquement aux tringles de la cuve, puis d'un vase en grès ou en bois doublé de gutta-percha contenant le bain et dans lequel plongent d'un côté les objets à dorer, de l'autre une lame de métal. La pile dégage toujours des vapeurs malsaines; il est bon de l'éloigner des ateliers où travaillent les ouvriers. Chez

M. Christofle, elle était placée en dehors dans un grand hangar fermé et surmonté d'une cheminée à fort tirage. Cet appareil, usité actuellement pour la dorure et l'ar

Fig. 120. — Appareil composé pour la dorure et l'argenture.

genture, s'appelle l'*appareil composé*; il est remarquable en ce que l'électricité est produite en dehors du bain.

DERNIÈRES OPÉRATIONS

En sortant du bain, les pièces ont ordinairement une couleur terne qui en réduit beaucoup la valeur. Aussi, leur fait-on subir plusieurs opérations finales destinées à les polir et à leur donner la couleur et le brillant si recherchés dans le commerce.

La première de ces opérations est le gratte-brossage. On frotte énergiquement l'objet avec une brosse en laiton, composée de longs fils réunis en faisceau par un bout; l'ouvrier prend le faisceau par l'autre extrémité, de manière à laisser une longueur libre plus ou moins

considérable, et il frotte la pièce; il dirige la brosse et
polit les points particuliers du dessin qui est représenté.
Cette opération se fait toujours au sein d'un liquide. Une
eau gommeuse, ou mieux encore une décoction de bois
de réglisse, est excellente pour cet effet; il se forme un
léger mucilage, et la brosse frotte plus doucement sans
qu'il y ait risque d'écorcher le dépôt formé.

Lorsque les pièces sont unies, sans dessins en relief,
on remplace le travail de la main par un travail mécanique. La brosse est disposée sur un mandrin qui tourne
d'un mouvement très rapide, sous l'action d'un arbre
de couche faisant 600 tours par minute. L'ouvrier dirige
l'objet et le présente sous la brosse. Un filet d'eau muci-
lagineuse tombe constamment sur le gratte-brosse et s'é-
coule dans un baquet inférieur. Un ouvrier peut faire
ainsi un travail égal à celui de dix hommes brossant à
la main.

Après cette première opération, les pièces sont *mises
en couleur*. La couleur est ravivée sur certains points
spéciaux; la réunion de ces points avec ceux qui sont
simplement gratte-brossés forme les diverses teintes et
les nuances dont on tire de si heureux effets. On a une
sorte de bouillie, appelée très improprement *or moulu*,
et qui ne contient que de l'alun, du nitre, de l'ocre
rouge, des sulfates de zinc et de fer et du sel ordinaire.
Ce mélange épais se dispose avec un pinceau sur la surface dorée. Puis on porte les pièces sur un feu de charbon de bois très clair et sans fumée. La bouillie fond,
se dessèche, prend un aspect bleuâtre, et l'opération est
terminée. On plonge vivement l'objet dans une eau
seconde, contenant de l'acide muriatique; la bouillie est
enlevée; l'objet est mis à nu; mais le dépôt a éprouvé
en ces points une transformation physique qui en a

modifié la couleur. On lave à grande eau, et on sèche à la sciure de bois chaude.

Les objets gratte-brossés ont un poli dur et cru, même sur les points mis en couleur; ils n'ont pas encore ce velouté miroitant qui égalise, pour ainsi dire, le polissage sur toute la surface et adoucit les couleurs. C'est le *brunissage*, troisième opération, qui donne ce poli aux objets. Le brunissoir se compose ici, comme dans l'orfèvrerie ordinaire, soit de pierres très dures, agates ou hématites, enchâssées dans des manches en bois, soit encore de morceaux d'acier bien arrondis et bien polis. L'ouvrier prend en main le brunissoir et le promène avec force sur tout l'objet, en écrasant le grain endurci. Il frotte pendant quelque temps, jusqu'à ce qu'il s'aperçoive que l'opération est achevée et que la pièce est prête à être vendue.

Ces diverses opérations augmentent beaucoup le prix de revient des objets dorés par l'électricité; car la couche est excessivement mince, et ce n'est pas elle qui fait renchérir ces objets. On a trouvé que des cuillers à café ordinaires d'argent sont parfaitement dorées avec moins de 8 décigrammes d'or, c'est-à-dire que chaque cuiller ne prend environ que 55 centimes de ce métal précieux. On paye donc non pas la couche d'or, mais bien les manipulations qui précèdent ou qui suivent le dépôt. Cependant il faut ajouter que les objets ainsi dorés coûtent environ deux fois moins que ceux que l'on obtenait par les anciens procédés, même à quantité d'or égale.

ARGENTURE ÉLECTRO-CHIMIQUE

L'argenture est plus importante encore que la dorure, car on argente assez fréquemment un objet avant de le

dorer . la préparation de la surface est bien moins délicate, et de plus un dépôt préalable d'argent permet
d'obtenir une belle dorure, parfaitement mate, sur laquelle les opérations finales seront très faciles.

L'argenture ne doit donc pas se séparer de la dorure.
Ce sont deux opérations semblables qui donnent des
effets analogues et souvent se complètent l'une par
l'autre.

Les objets à argenter sont soumis aux mêmes soins,
aux mêmes décapages que ceux qui doivent être dorés.
La composition du bain est la même, et la préparation
n'en est pas changée. La cuve est encore en bois doublé
de gutta-percha, pour empêcher l'absorption du liquide
argentifère; le cyanure d'argent, que l'on mélangera au
cyanure de potassium, comme on faisait tantôt pour le
composé d'or, doit être excessivement pur et préparé à
l'usine même; celui que l'on trouve dans le commerce
ne conviendrait pas à cet usage.

Quand le bain argentifère est préparé, on dispose encore au pôle positif des plaques d'argent pur, et au pôle
négatif les objets à argenter. Les diverses phases de
l'opération sont les mêmes que pour la dorure; mais les
dépôts se font plus rapidement; ainsi quatre éléments
ordinaires peuvent déposer en quatre heures environ
450 grammes d'argent, c'est-à-dire argenter très convenablement près de cinq mille cuillers à café, en ne supposant aucune perte de temps. — En sortant du bain,
les objets sont encore soumis au gratte-brossage et au
brunissage comme les autres.

Ordinairement le dépôt d'argent est mat; il arrive
parfois, mais par hasard, et par un courant de circonstances ignorées, que le dépôt est poli. On a cherché
depuis longtemps le moyen de régulariser ce hasard et

faire à volonté une couche mate ou polie. On a trouvé
qu'il suffisait pour cela de verser du sulfure de carbone
dans le bain. Environ 10 grammes de ce liquide à
odeur infecte suffisent pour 19 litres de bain argentifère. Ce mélange est abandonné à lui-même pendant un
jour; on sépare ensuite une sorte de poudre noire qui
tombe au fond, et le liquide restant est versé dans la
cuve. Il se forme une légère quantité de sulfure d'argent, et c'est probablement grâce à ce composé que le
dépôt est brillant. Ce procédé, pratiqué depuis M. Elkington, et rendu public seulement depuis quelques années,
évite le gratte-brossage : aussi l'emploie-t-on assez souvent.

Il peut se faire que, malgré les précautions prises,
les objets soient mal recouverts; et que, si l'on ne veut
pas perdre la matière précieuse, on soit obligé de dé-
dorer ou désargenter les objets. Si le support qui a été
mal argenté est en cuivre, on le plonge dans un bain
composé d'un mélange d'acides azotique et sulfurique
étendus d'eau; on chauffe à 70 degrés environ; l'argent
se dissout lentement; le cuivre n'est pas attaqué sensiblement au début; par le poids on peut juger la quantité d'argent qui a été enlevée. Pour le bain de dédo-
rage, on ajoute du sel marin et on opère à froid.—Si le
support est en fer ou en acier, on le débarrasse de la
couche par le courant électrique même, en le suspen-
dant au pôle positif. Ce procédé ne peut être employé
pour le cuivre, qui se dissoudrait trop facilement dans
le liquide cyanuré.

L'argenture est une opération plus fréquente que la
dorure. Aussi c'est à elle surtout que se rapportent les
principaux travaux et les remarques faites dans la pratique, et le nombre en est grand. Une foule de tours de

main, de petits procédés expéditifs, sont mis en usage non seulement pour faciliter et régulariser le dépôt d'argent, mais encore pour obtenir divers effets. Chaque usine, chaque fabricant a ses secrets que l'on cache à tous les yeux étrangers, que l'on redoute de se voir enlever par une usine rivale. On pousse même la précaution jusqu'à interdire l'entrée de certains ateliers spéciaux et de ne permettre qu'à regret la visite des autres ateliers. Tous les employés de la même maison ne sont pas dans le secret du fabricant; les ouvriers seuls qui méritent la plus grande confiance, et dont le nombre est le plus restreint possible, possèdent, non pas l'ensemble, mais chacun une partie spéciale des secrets. Défense leur est faite de travailler devant des étrangers et de dévoiler les procédés. C'est ainsi que, quoique l'ensemble des moyens d'argenture soit bien connu et bien étudié, beaucoup de procédés empiriques, de tours de main avec lesquels on obtient des effets particuliers, sont encore ignorés du public. — C'est là le résultat nécessaire de la spéculation et de la concurrence.

Outre les tours de main plus ou moins cachés et qui consistent, il faut bien le dire, surtout en de minimes détails, tels que faire bouillir un bain avant ou après une certaine opération, plonger la pièce au fond ou près de la surface, etc., il y a quelques observations communes à tous et qui n'ont rien de secret.

On a remarqué que les parties de l'objet les plus rapprochées des plaques suspendues au pôle positif se couvraient d'une couche épaisse. On a donc soin de placer en ces endroits les points les plus exposés au frottement et qui ont besoin d'une plus grande épaisseur. — Bientôt l'argent tombe au fond du liquide, et au-dessus il ne

reste plus, pour ainsi dire, que de l'eau pure; la dissolution d'argent s'est concentrée au fond de la cuve; les
pièces seraient donc très inégalement argentées; aussi
agite-t-on souvent le bain. — L'argent s'épuise et on le
maintient saturé avec des plaques; mais le cyanure de
potassium s'épuise également, et au bout de quelques
temps il n'y a plus dans le bain assez d'alcali pour dissoudre le composé d'argent; le liquide ne peut plus dès
lors fonctionner. On le régénère encore en ajoutant de
temps en temps du cyanure de calcium; il se passe alors
diverses réactions chimiques, et finalement le composé
alcalin est reformé. Cette heureuse modification est
due, paraît-il, à un ouvrier de la maison Christofle.

Il est utile de connaître ces procédés, autant pour
juger des minutieuses précautions qu'il faut prendre
pour avoir de bons produits, que pour ne pas être
embarrassé, si jamais on avait la fantaisie d'argenter de
menus objets, ainsi que la mode en régnait au commencement de cette industrie.

RÉSERVES

Dans les belles pièces d'orfèvrerie, on réunit quelquefois divers métaux. L'or et l'argent se mélangent, et,
par leur union, forment d'harmonieux contrastes. C'est,
par exemple, une guirlande de fleurs : les tiges, les
feuilles sont dorées à l'or vert, chacune avec des nances
plus ou moins foncées; les fleurs sont argentées, et les
étamines sont dorées à l'or ordinaires. Toutes les
nuances imitent entièrement les couleurs naturelles, et
de simples ustensiles de fer ou de cuivre deviendront de
magnifiques objets d'art, peints et ciselés par l'action
lente et silencieuse de l'électricité.

D'abord, on obtient de l'or vert en mélangeant un bain d'or avec des proportions plus ou moins grandes de bains d'argent; le dépôt est un alliage variable d'or et d'argent qui possède une teinte légèrement verdâtre. L'or rouge est donné dans un mélange de bains d'or et de bains de cuivre. L'or jaune est produit dans le bain ordinaire.

Quand on veut obtenir un dépôt sur toute la surface de l'objet, on le plonge entièrement dans le bain. Mais si l'on ne veut avoir de dépôts qu'à des points déterminés, il faut préserver les points voisins et les empêcher de recevoir la couche qui va se former; on pratique alors des réserves et des épargnes. Avec un pinceau on applique sur les parties qu'on veut conserver un léger vernis formé de copal, d'huile et de chromate de plomb; ce vernis ne laisse pas passer l'électricité. L'objet recouvert par places est plongé dans un bain et travaillé comme à l'ordinaire. Le vernis résiste aux liquides dans lesquels il est plongé, mais on l'enlève en le délayant dans la térébenthine.

APPLICATION DE LA DORURE GALVANIQUE

Quand on sut dorer et argenter des métaux, on se demanda si l'on ne pouvait pas opérer de même sur des objets de toute sorte. Les savants n'ont en vue que les conséquences théoriques; c'est à d'autres personnes, surtout aux industriels, qu'il appartient de chercher ensuite toutes les applications possibles de ces découvertes premières.

Qui pouvait songer d'abord à déposer l'or et l'argent sur la soie? à broder les tissus? à recouvrir les dentelles de couches métalliques si fines et si légères, que l'ai-

guille de la plus habile couturière ne puisse les imiter?
Qui donc aurait eu l'idée de dorer les robes de bal?
Lorsque le problème fut posé, il parut d'une exécution
presque impossible. Ne faudrait-il pas plonger les tissus
dans les liqueurs corrosives, dessiner des broderies à
la main et forcer l'électricité à attacher l'or aux points
indiqués? Sans doute, mais toutes ces questions ont été
résolues. On admire quelquefois dans les bals des toi-
lettes délicates surchargées de magnifiques broderies.
On s'étonne qu'il se soit trouvé une main assez habile
pour tisser ensemble tant d'or et tant de soie, et toutefois l'on est surpris de voir combien tout cela est fin et
léger. Les fils sont recouverts d'une si mince couche
d'or que le poids n'en est pas augmenté et que pour
fabriquer la robe de bal la plus riche on n'a consommé
que quelques centimes de ce métal.

Bien plus, on recouvre aussi d'or et d'argent les
matières organiques. A Berlin, on dore des corbeilles,
des fruits et des fleurs. Ces petits ornements fort délicats
sont très recherchés. On pique les fruits avec une épingle, et on en recouvre doucement toute la surface avec
de la plombagine, qui est du graphite réduit en poudre
très fine. Puis on porte chaque fruit dans un bain de
cuivre; il se forme une couche de cuivre, sur laquelle
on dépose l'or galvanique. On retire ensuite l'épingle,
on laisse sécher le fruit intérieur, et il ne reste plus
qu'une enveloppe métallique qui a exactement la forme
du fruit, et en reproduit les plus légers détails, même
jusqu'au duvet.

En France, on fabrique de petites corbeilles en argent
légères et gracieuses. On fait venir d'Allemagne une
sorte d'osier très mince, très léger; on tresse les corbeilles et on les recouvre d'une couche de plombagine

On dépose ensuite autour dés brins d'osier une couche assez épaisse de cuivre que l'on argente ; la corbeille est finie ; l'osier se dessèche dans sa gaine métallique, et l'on a des tiges d'argent très fines, très solides, tressées en corbeilles.

En France, en Belgique, on dore même le verre, la porcelaine, et la couche est adhérente. On commence par déposer sur la surface un léger voile d'argent, ce qui se fait dans un bain ordinaire contenant de l'huile d'œillette. Cette huile rend, on ne sait pourquoi, le dépôt d'argent adhérent. Puis on recouvre ce premier dépôt d'une couche de cuivre, et enfin d'une couche d'or. On commence même par faire avec ce procédé des miroirs, dans lesquels le tain mercuriel est remplacé par une couche d'argent.

Rien ne limite les applications de la dorure et de l'argenture électro-chimiques. Les procédés mis en usage sont plus ou moins faciles, plus ou moins connus et expliqués ; mais qu'importe à l'industrie, si la science prudente marche à tâtons dans une voie qu'elle explore ? L'industrie profite de toutes les découvertes, et il ne lui est même pas toujours indispensable de les comprendre.

PROCÉDÉS ANCIENS

Avant la découverte de la galvanoplastie, on dorait les objets par trois procédés qui étaient tous à la fois pénibles, incertains et coûteux.

La *dorure par immersion* est encore employée pour les bijoux plaqués et les petits objets. On trempe les pièces dans un bain aurifère. La préparation de ce bain est assez longue et pénible, et l'on ne peut tirer parti de tout l'or qui est dans le liquide, tandis qu'avec l'électricité on retire du bain jusqu'aux dernières particules de ce métal. Les opérations qui précèdent ou suivent la dorure sont les mêmes que celles qui ont déjà été décrites. La couche d'or est seulement extrêmement mince, et l'on ne peut augmenter le dépôt que par des moyens détournés; il arrive même que la dorure est irrégulière, peu homogène, et qu'il faut souvent recommencer l'immersion.

La *dorure au mercure* n'est plus employée. Elle avait l'épouvantable inconvénient d'empoisonner les ouvriers. Après un certain temps de travail, ils étaient saisis d'un tremblement nerveux; ils salivaient en abondance; leurs dents tombaient, leurs os se ramollissaient, ils mouraient enfin sous les pernicieuses influences des vapeurs mercurielles. Ce procédé consistait à former un amalgame d'or. On dissolvait le métal précieux dans le mercure, comme l'on dissout le sucre dans l'eau bouillante; on formait une pâte visqueuse, qui était placée avec le pinceau sur les objets à dorer; on portait ensuite le tout dans un four : le mercure se vaporisait et laissait l'or attaché au point où on l'avait mis. Cette opération devait se refaire plusieurs fois, car l'or ne s'attache pas également à tous les points, et il est nécessaire de faire des reprises. On se servait enfin du brunissoir pour polir la couche d'or.

S'il fallait dorer du bois ou du carton-pâte, comme les cadres de glaces, on dorait *à la feuille*. On appliquait sur le cadre une sorte de vernis et on le recouvrait d'une feuille d'or laminée et devenue d'une minceur extrême. La feuille était ensuite brunie avec une pierre d'agate. Si l'on veut dorer ainsi les métaux, il faut, avant de brunir, passer la pièce au four pour sécher le vernis : de là vient le nom de *dorure au four*.

On pratiquait de même une argenture à la feuille aujourd'hui complètement délaissée, car la main-d'œuvre y est considérable et les pertes sont très grandes.

Le plaqué d'argent s'obtient en soudant sur un lingot de cuivre une feuille d'argent fin ; la soudure est faite avec un mélange de borax et d'azotate d'argent. Le lingot de cuivre, chauffé au rouge et recouvert de cette pâte liquide, est entouré de la feuille d'argent, puis passé au laminoir. On fabrique aussi des plaques de cuivre plaquées d'argent, que l'on peut travailler au tour ou au moule et qui sont d'autant plus riches que la couche de métal fin est plus épaisse.

On pratique enfin, en Angleterre surtout, pour les objets de mince valeur, un dernier moyen d'argenture : c'est l'*argenture au trempé*, presque identique du reste à la dorure par immersion. On plonge les objets dans un bain argentifère bouillant, et le métal se dépose en mince couche.

La plupart de ces anciens moyens sont à peu près abandonnés aujourd'hui, grâce au procédé galvanoplastique, et les nombreux inconvénients qu'ils présentaient sont maintenant évités.

CHAPITRE II

CUIVRAGE GALVANIQUE

Dans la galvanoplastie, on se propose non seulement de recouvrir d'une couche de métal, or, argent ou cuivre, un objet déterminé, façonné, et ciselé d'avance ; mais on a encore pour but de reproduire un modèle autant de fois qu'on le voudra, et d'obtenir de nouveaux objets de forme identique. Le dépôt de cuivre s'effectue dans les mêmes conditions et suivant les mêmes règles que celui de l'or ou de l'argent ; on y a souvent recours, ainsi qu'on l'a déjà vu, pour faciliter l'adhérence du métal précieux. Le cuivrage en couches épaisses sur un modèle s'obtient au moyen de procédés faciles à comprendre d'après ce qui précède et également faciles à exécuter. Aussi, toutes les fois qu'on veut reproduire avec une exactitude scrupuleuse un objet quelconque, on le soumettra à la galvanoplastie. C'est ainsi que cet art s'applique à tous les autres et leur vient en aide, soit pour reproduire indéfiniment, et vulgariser par cela même les statues et les bas-reliefs, soit pour fabriquer les candélabres, les fontaines ou les colonnes publiques, soit pour conserver des clichés, des planches de gravure ou de typographie : applications innombrables et d'autant plus fréquentes qu'elles sont faciles et peu coûteuses.

APPAREIL

L'appareil dont on se sert pour cuivrer les objets

quels qu'ils soient, est un appareil simple, où l'électricité est produite dans le bain lui-même. Dans une cuve,
on met une dissolution de couperose bleue, ou sulfate
de cuivre, comme celle dont on se sert dans la pile de
Daniell; c'est dans ce liquide qu'on plonge la pièce. On
peut remarquer que l'on a ainsi un commencement de

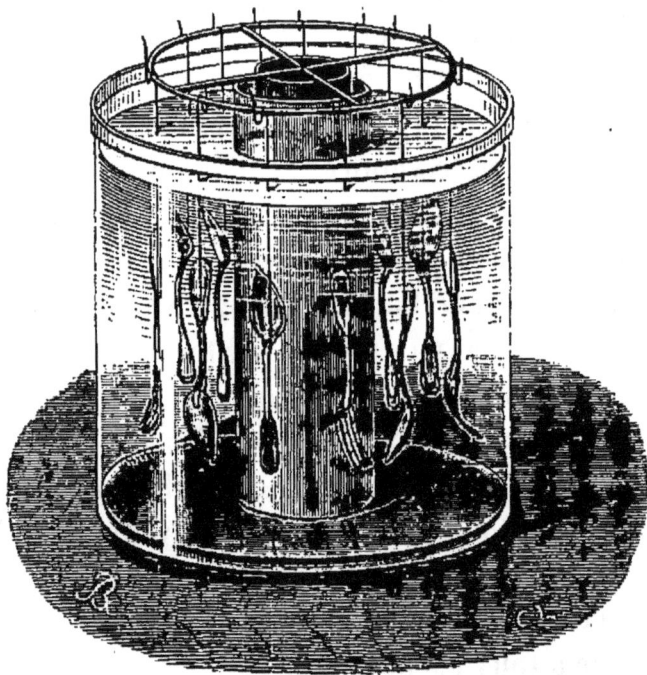

Fig. 121. — Appareil simple pour le cuivrage galvanique.

pilé et que le bain peut précisément faire partie du générateur de l'électricité. On a donc simplifié l'appareil
employé dans la dorure.

Dans le bain de cuivre on met un vase poreux en porcelaine dégourdie; ce vase est lui-même rempli d'acide
sulfurique et d'une plaque de zinc amalgamé. C'est là
une véritable pile de Daniell, avec cette modification

que la cuve extérieure contenant le sulfate de cuivre est très grande et peut contenir à la fois plusieurs vases poreux. L'électricité se produit dans ces vases par la réaction chimique de l'acide sur le métal, et le pôle négatif est le zinc lui-même : le pôle positif est dans le bain de sulfate de cuivre comme dans la pile de Daniell. Pour former le courant, il n'y a qu'à réunir les deux pôles par un fil métallique.

Le moule, l'objet à cuivrer, est suspendu dans le bain et devient le pôle positif, si l'on a soin de métalliser cet objet, c'est-à-dire de le rendre apte à conduire l'électricité. Aussitôt que le circuit est fermé, que le moule est réuni au zinc, le courant passe et le cuivre commence à se déposer. Bientôt cependant, à mesure que le métal se dépose, le bain s'épuise de plus en plus ; ici, comme pour la dorure, il est de toute nécessité d'entretenir le liquide à l'état de saturation. On suspend alors un petit sac de toile rempli de cristaux de couperose bleue qui se dissoudront au fur et à mesure et rendront le bain toujours également concentré.

On voit que cet appareil est très simple ; il contient à la fois la pile et le bain ; il n'exige l'emploi d'aucune pile spéciale, et chacun peut l'organiser chez soi pour faire de la galvanoplastie.

MOULES

Dans la dorure et l'argenture, il s'agissait de recouvrir d'une couche de métal un objet déterminé, et c'était cet objet lui-même que l'on plongeait dans le bain. Ici on peut se proposer, ou bien de cuivrer un objet particulier, ou bien de reproduire un modèle sans toucher à ce dernier. Dans le premier cas, on plonge encore dans le bain l'objet lui-même rendu métallique, s'il ne l'est déjà, par une couche de plombagine ; dans le second cas, il faut mouler le modèle et agir sur le moule. Ce qui arrive ordinairement pour le cuivrage se présente quelquefois dans la dorure, lorsqu'on cherche à reproduire un modèle en or ou en argent ; les procédés ne sont pas changés.

On fabrique les moules avec une substance plastique quelconque ; tous les détails, même les plus minimes, rapportés sur le modèle, seront ensuite recouverts de cuivre. La matière plastique varie ; on se sert tantôt de cire, tantôt de plâtre.

Ainsi, pour reproduire une médaille, on la couvre de plâtre coulé ; on imprègne ensuite ce plâtre d'une couche de stéarine pour le préserver de l'action corrosive du bain cuivreux : on le laisse sécher, et, après en avoir réservé les parties extérieures, on le plonge dans le liquide. Si la médaille est en relief, le moule en plâtre sera creux et le dépôt en cuivre recouvrira les creux d'une couche homogène, qui ira en augmentant de plus en plus. Lorsque l'épaisseur sera suffisante, on retirera l'objet, et on détachera le moule de son empreinte. Si la médaille n'est reproduite que sur une face, le dépouillement sera facile et le moule pourra servir plusieurs fois encore.

La réserve des parties extérieures s'obtient en ne métallisant pas les points où le dépôt ne doit point se faire. Cette métallisation est nécessaire pour tous les moules, à moins qu'ils ne soient métalliques : elle a pour but de les rendre perméables pour ainsi dire à l'électricité. Tous les corps, en effet, ne sont pas également traversés par les flux de l'électricité : les uns, ce sont les métaux, sont très facilement traversés, et conduisent aisément l'électricité, selon l'expression admise, jusque dans leurs parties les plus éloignées; les autres, au contraire, les résines, le verre, la porcelaine, les matières plastiques ordinaires, sont rebelles à l'action électrique, et ne laissent électriser que les points immédiatement touchés : ils sont mauvais conducteurs. Dans un bain galvanoplastique, pour que le dépôt se fasse, il faut que les points qui seront cuivrés soient conducteurs, et que l'électricité puisse circuler librement sur la surface. A cette condition seule, le dépôt aura lieu et la couche sera homogène.

La métallisation des moules se fait avec la plombagine, poudre très conductrice de l'électricité, et provenant des charbons graphitoïdes. On s'assure d'abord si la plombagine possède les propriétés que l'on recherche; puis, avec un blaireau chargé de charbon, on passe doucement et plusieurs fois sur toutes les parties du moule, de façon que la couche soit égale partout, et que tous les points en soient recouverts; enfin, avec une brosse fine, on rend la surface brillante. On entoure le contour de la médaille d'un fil de cuivre, qui touche sur tout son contour à la plombagine, et par ce fil on suspend le moule dans un bain.

On peut encore rendre les surfaces conductrices par la métallisation humide. On fait dissoudre du nitrate d'argent dans l'alcool, et on imbibe les substances de cette solution, puis on laisse sécher. Il reste une couche saline que l'on expose aux émanations sulfureuses : l'argent est réduit, la couche devient noire et conductrice. C'est de ce procédé que Elkington, en Angleterre, et M. Piéduller, officier français, se sont servis pour métalliser les substances végétales. Ainsi ont été rendus métalliques les fleurs, les fruits, les fils de soie; ainsi les verres et les cristaux; et lorsque ce premier dépôt chimique est obtenu, on soumet les substances aux bains électro-chimiques.

Les moules en cire ou en stéarine sont façonnés et disposés de la même façon. Mais toutes ces matières plastiques sont rigides et ne peuvent servir que pour les dépouillements faciles. Il ne faut pas que le moule soit brisé en dépouillant les pièces, ce qui augmenterait considérablement la dépense et la main-d'œuvre; il faut, au contraire, qu'il puisse servir plusieurs fois.

Aussi, le plus souvent, on abandonne le plâtre, la cire ou la stéarine, et on emploie la gutta-percha. C'est une résine particulière, analogue au caoutchouc, et éminemment propre aux usages galvanoplastiques. Si cette industrie a fait tant de progrès, si elle est arrivée à une si grande perfection, c'est grâce à l'emploi de la gutta-percha. Elle est assez élastique pour reproduire fidèlement les objets les plus fouillés; elle est complètement inaltérable dans les bains alcalins ou acides, et elle peut servir presque indéfiniment. De temps en temps cependant, la gutta-percha, qui, exposée à l'air, devient dure et cassante, est fondue avec un peu de résine neuve, et cette opération lui rend sa plasticité première. Il est bon, de plus, de la conserver dans l'eau, afin qu'elle dure plus longtemps.

On place sur la plate-forme d'une presse à vis un châssis où est couché l'objet à mouler; au-dessus, on met une boule suffisante de gutta, ramollie dans l'eau bouillante et pétrie avec les doigts. On dispose ensuite une contre-pièce, présentant grossièrement les anfractuosités du modèle, et l'on presse le tout. La gutta s'affaisse sous l'action de la presse et s'imprime exactement sur les contours du modèle. On laisse refroidir et

on démoule. Pour que le démoulage soit facile et afin
qu'il n'y ait pas adhérence entre le modèle et la matière
plastique, on enduit préablement le corps d'une eau
savonneuse et la gutta de plombagine; on peut alors
séparer parfaitement les objets.

Quand on pétrit entre ses mains la gutta-percha ramollie, elle s'attache aux doigts comme un pétrin trop
sec; elle se réduit en filaments pâteux et noirâtres, qui
s'allongent et se collent entre les doigts. En vain on la
lave à l'eau chaude, à l'eau froide; la gutta refroidit et
adhère à la peau. Il faut frotter énergiquement et longtemps, pour se débarrasser de ces taches gluantes. Mais
il y a un moyen bien simple de se préserver de cet
inconvénient: c'est de tremper ses mains dans l'eau
froide avant de toucher à la gutta-percha.

Le moulage à la compression ne peut se faire que sur
les objets ou les métaux qui ne craignent pas de se dé-
former sous la presse ou à la chaleur. Cependant on doit
reproduire parfois des modèles en plâtre ou en cire, et
il faut alors recourir à la gélatine. Celle-ci est plus élastique encore que la gutta-percha; elle moule plus facilement les objets très fouillés; mais elle s'altère dans
les bains, et quand on a un moule de cette substance, il
faut opérer très vite, ce qui ne se fait qu'avec un courant énergique : alors le dépôt est dur, cassant, impropre
à une foule d'usages. Pour être beaux, homogènes et
malléables, les dépôts galvaniques doivent se faire lentement et d'une manière très régulière.

Pour rendre la gélatine plus propre aux usages galvanoplastiques, on en préserve la surface extérieure par
un vernis épais ou une mince feuille de gutta. On coule
cette gélatine préparée entre deux chapes en plâtre, dont
l'une supporte le modèle, et l'autre présente les sinuo-

sités les plus fortes. La gélatine refroidit lentement; on la vernit ensuite et enfin on la porte à l'atelier de métallisation.

La confection des moules est la partie la plus délicate et la plus importante de la galvanoplastie. Pour les métaux, il faut par des décapages minutieux rendre la surface susceptible d'être portée dans le bain. Les substances plastiques doivent être rendues propres, par des métalisations très soignées, à recevoir les dépôts. « Telle surface, tel dépôt », répètent constamment, depuis l'origine, les industriels et les savants qui ont inventé ou perfectionné cet art.

GALVANOPLASTIE MASSIVE

La coquille galvanoplastique, c'est-à-dire le dépôt de cuivre isolé du moule, n'est solide que lorsqu'elle représente des objets massifs et lorsqu'elle est très épaisse. Alors seulement le dépôt se tient seul et ne risque pas de se briser. Généralement l'épaisseur en est faible, et la coquille a besoin d'un support. On a, par exemple, un moule creux; le dépôt reproduira avec une fidélité étonnante et rapide les sinuosités du modèle; la reproduction sera en relief, et après qu'on aura enlevé le moule, le dépôt restera seul. Mais derrière cette surface il s'est formé un creux, représentant grossièrement les principales anfractuosités du modèle; et si l'épaisseur est faible, si l'objet, par exemple, est une longue tige sculptée, une baguette ornementée, la coquille n'a plus aucune solidité.

Pour remédier à cet inconvénient, la maison Christofle comble le vide intérieur de la coquille avec un métal particulier. On remplit ces creux de fils et de morceaux de laiton, puis, avec un chalumeau ordinaire, on chauffe ces fils. Le cuivre jaune fond à une température bien plus basse que celle qui est nécessaire pour la fusion du cuivre rouge. Le laiton intérieur fond, remplit le vide, se répartit uniformément partout, et l'enveloppe n'est ni fondue, ni même déformée : elle conserve exactement la forme de la surface sur laquelle elle a été déposée. On laisse solidifier le laiton par le refroidissement, et il reste des pièces massives.

On a reproduit par ce moyen des pièces d'une délicatesse et d'une légèreté extrêmes. Ces baguettes si finement travaillées qui décorent les panneaux de certains meubles ; ces festons composés de fleurs, de guirlandes détachées les unes des autres, reliées à peine entre elle par un mince fil de cuivre, sont obtenues par ce procédé. On leur donne même par le bronzage une couleur foncée, ce qui leur fait imiter assez bien les anciennes dentelures de bois, si patiemment burinées par les ouvriers d'autrefois.

GALVANOPLASTIE RONDE-BOSSE

Lorsqu'on veut reproduire une ronde-bosse, on doit prendre diverses précautions. Les objets arrondis, les statues ou les bas-reliefs dans lesquels certaines parties en relief sont cachées par d'autres, sont difficiles à mouler tout d'une pièce, et le moulage s'enlevera difficilement du dépôt galvanique. Ainsi, dans une statue, il faut reproduire à la fois la face antérieure et la face postérieure ; et pour que la statue sorte complète, il faudra briser le moule. On obtient cependant par la galvanoplastie des objets complets avec tous reliefs, tous les fouillés qu'ils présentent naturellement.

Le plus souvent ces objets sont reproduits par parties
séparées : on fait plusieurs moules, un pour chaque partie

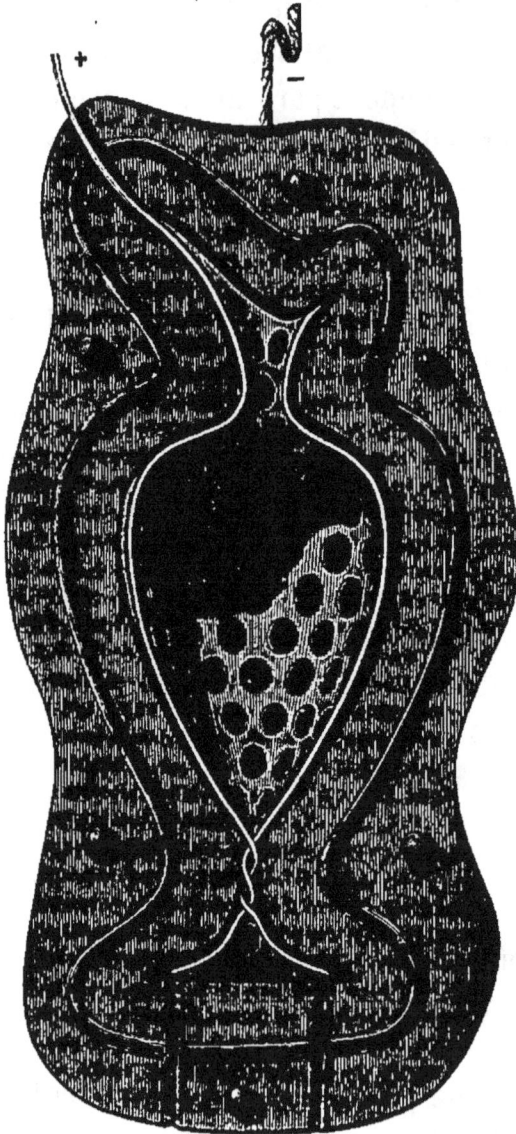

Fig. 122. — Moule pour la galvanoplastie ronde-bosse.

essentielle, et on assemble ensuite ces parties diverses.
Dans une statue, on fait la face antérieure, puis la face

postérieure, puis chaque bras lorsqu'ils sont séparés du corps ; ces portions, reproduites par la galvanoplastie, sont réunies ensemble par une soudure habilement faite, de telle sorte que, la soudure étant achevée et effacée, la statue soit complète.

Il y a pourtant un moyen que l'on emploie quelquefois, et qui permet de faire les rondes-bosses d'une seule pièce. On fabrique un moule total, soit en plusieurs parties intimement collées l'une et l'autre, soit en une seule partie. Ce moule simple est creux, et c'est sur la surface interne que se déposera le métal. On introduit dans l'intérieur une carcasse en fils de platine, présentant grossièrement la forme de l'objet. Ces fils métalliques sont attachés ensemble et suivent le moule dans ses sinuosités principales, mais sans le toucher ; puis on plonge cette masse dans le bain, en ayant soin de la suspendre dans l'appareil composé dont on se sert pour la dorure. Le liquide pénètre dans le moule par la base ouverte, et le dépôt s'opère à la fois sur toute la surface intérieure. L'électricité arrive par les fils de platine qui communiquent avec le pôle positif de la pile, traverse le liquide en le décomposant, et refoule le métal sur la surface du moule. Celui-ci a été plombaginé avec soin, et il communique avec le pôle négatif. Le dépôt se forme donc lentement dans chaque partie.

Il faut prendre garde à un léger inconvénient : le courant électrique décompose non seulement le sel de cuivre, mais encore l'eau qui le tient en dissolution. Il en résulte une grande quantité de bulles de gaz qui se dégagent sur des fils de platine. Dans les bains ordinaires, les gaz s'échappent facilement dans l'atmosphère ; mais ici, comme l'ouverture de la base est très petite, les gaz, même lorsqu'ils se dégagent et qu'ils quittent le fil de platine, viennent s'accumuler à la partie supérieure et gênent l'opération. Aussi a-t-on bien soin ménager de petites ouvertures à l'intérieur du même moule, pour laisser échapper les gaz à mesure qu'ils se forment. Avec cette précaution, on obtient facilement la ronde-bosse.

Il faut encore avoir soin que les fils ne touchent le moule en aucun point; car il ne se déposerait pas de métal sur ce point, puisque l'électricité passerait directement d'un pôle à l'autre sans traverser le liquide. Aussi, à leur sortie, pour traverser la base étroite, les fils sont entourés de petits tubes de verre mince qui les isolent des contours du moule.

Ce procédé, inventé par un Anglais, Parker, et appliqué par lui en 1841, a été depuis lors grandement perfectionné et simplifié, surtout en France, où on l'emploie souvent tel que je l'ai décrit.

Ordinairement on reproduit par ce procédé la statue entière. Mais quand il y a des membres, bras ou jambes, isolés du reste du corps, on les reproduit à part, parce que la carcasse de fils serait trop compliquée. Ces membres faits isolément sont soudés au corps de la statue par les procédés ordinaires.

Généralement le moule est fait de deux portions fortement attachées ensemble par des fils de cuivre; puis, le dépôt achevé, on sépare les deux parties du moule, et le métal intérieur reste isolé, formant la statue elle-même. De cette façon, le moule peut servir plusieurs fois.

Nous donnons comme exemple la statue de Henri IV enfant, reproduite en argent par la maison Christofle d'après ce procédé. L'original se trouve au Louvre, dans une des salles de l'ancien musée des souverains. On

a suivi de point en point la méthode qui vient d'être
exposée, et les bras ont été soudés à part. C'est une
des plus belles reproductions qu'on ait obtenues.

Fig. 123. — Statue de Henri IV reproduite par la galvanoplastie.

La soudure des diverses parties isolées d'un même
objet peut se faire de diverses manières. Le plus souvent
on soude à l'argent ou à l'étain. Lorsque lasoudure est

achevée, on en avive la surface en la décapant avec un
acide ; puis, avec du mastic de vitrier, on fait au point
de jonction une sorte d'auge qui sera remplie de dissolution métallique. Dans ce liquide est introduit le fil
positif de la pile, pendant que la statue communique
avec le pôle négatif, et le métal se dépose sur la soudure.
On se sert ainsi du dépôt galvanique, non point pour
souder, mais pour dissimuler les soudures et les rac-
corder exactement aux parties voisines. Quand il y a
une légère protubérance, on la fait disparaître avec une
lime douce.

DIVERSES REPRODUCTIONS

Le principal avantage de la galvanoplastie est de reproduire avec une fidélité scrupuleuse le moule sur
lequel se fait le dépôt, quelque finesse ou quelque
vigueur qu'aient les différentes parties de l'objet, quelque déliés qu'en soient les traits ; le dépôt galvanique
est comme un métal coulé à froid, c'est-à-dire débar-
rassé du retrait, du recuit, de la trempe, de la liqua-
tion, phénomènes qui accompagnent toujours plus ou
moins complètement le coulage à chaud ordinaire.

Si le moule est en relief, le dépôt sera en creux ;
mais sur cette première reproduction on pourra dresser
de nouveaux moules pour avoir l'objet en relief. Il ne
faut pas oublier que la principale condition du succès
est de faire de bons moules, et que si le premier a le
plus léger défaut, ceux que l'on construira sur le premier dépôt reproduiront le même défaut, agrandi peut-
être par les diverses manipulations. Aussi, toutes les
fois qu'on peut plonger l'objet lui-même dans le bain,
est-on certain d'éviter toute imperfection. Si l'on veut.

par exemple, reproduire le cachet d'une lettre, on fait chauffer un petit fil de métal que l'on applique sur la cire à une partie inutile ; puis on métallise la surface du cachet, sans oublier le point d'attache, et on plonge le tout dans le bain. Le dépôt se forme. On sépare ensuite le cachet de sa reproduction et l'on a en creux l'imitation parfaite du relief. C'est, dit-on, le moyen dont se sont servis quelquefois des agents chargés de décacheter les lettres suspectes pour en prendre connaissance. Une fois lues, les lettres étaient recachetées avec l'empreinte galvanique, et il ne restait aucune trace visible de cette violation du secret des correspondances.

Le plus ordinairement, on prend les moules des objets, et on opère comme il a été dit précédemment. Quand ce sont des modèles plats, des médailles, des bas-reliefs, on les suspend au milieu du bain, de manière qu'ils soient couchés horizontalement et non pas debout. Si les bas-reliefs ont de grandes dimensions et présentent de fortes saillies, on fait en sorte que le fil positif envoie des ramifications dans les creux ; ou bien encore on termine ce pôle par une plaque métallique reproduisant grossièrement la forme de l'objet et placée vis-à-vis. Sans cette précaution, il pourrait arriver que le courant électrique ne passât point par les points éloignés, et que ceux-ci ne fussent recouverts que par une épaisseur très faible. C'est ainsi qu'ont été obtenus les bas-reliefs du piédestal de la statue de Gutenberg, à Strasbourg.

C'est aussi par ce procédé qu'ont été reproduits les bas-reliefs de la colonne Trajane. Au mois de juillet 1864, ces bas-reliefs obtenus en cuivre galvanique furent déposés dans les salles de rez-de-chaussée du Louvre, pour y être exposés en permanence. Ce précieux travail, sorti de l'usine électro-métallurgique de M. Oudry, à Auteuil, près de Paris, a été exécuté sur des plâtres envoyés directement de Rome et moulés sur la colonne elle-même, en 1861 et 1862. Déjà plusieurs fois, et notamment sous les règnes de François Ier et Louis XIV, on avait essayé de transporter en France ces bas-reliefs, dont l'intérêt est inappréciable. Lors de la fondation de l'école française à Rome, on se fit envoyer des plâtres incomplets qui restèrent au château de Fontainebleau et s'y détruisirent peu à peu. La Convention voulut transporter la colonne elle-même et en orner la place Vendôme. Aucun de ces projets n'avait réussi : le succès était réservé à notre temps. C'est sur les cuivres galvaniques eux-mêmes que M. W. Frochner a expliqué complètement ces sculptures romaines. Depuis, ces études et ces explications ont été publiées, et la gravure a reproduit les bas-reliefs presque complets de la colonne Trajane. C'est ainsi que, grâce à la galvanoplastie, l'histoire romaine des Antonins a pu être étudiée avec de nouveaux documents. Il était à peine besoin de cet exemple pour faire comprendre que toutes les sciences et tous les arts sont intéressés au développement de la science de l'électricité.

FABRICATION DES CANDÉLABRES

Dès 1865 on comptait à Paris environ 30 000 becs de gaz, donnant une lumière équivalente à celle de 300 000 bougies. Il y a cent ans, la capitale de la France n'était éclairée que par 6 000 lanternes à chandelles, dont M. de Sartine avait doté la ville en 1765.

La facilité prodigieuse avec laquelle on fabrique les

candélabres a certainement beaucoup contribué à l'ac-
croissement de leur nombre : ils sont en fonte, recouverts de cuivre galvanique, et c'est là le principal
travail de l'usine de M. Oudry, à Auteuil.

Un candélabre est formé de deux parties, le pied et la
tige; la lanterne est fabriquée à part. Les pièces en
fonte, portées à l'usine, sont vernies avec un mélange
de substances résineuses. Ce vernissage est une heureuse
invention de M. Oudry lui-même. Le cuivre n'adhérait
pas sur les pièces de fer; de plus, le bain galvanoplastique est toujours fortement acide, et il attaque violemment le fer, le corrode et le rend impropre à tous
usages. Quand il fallait cuivrer une pièce de fer, on
était obligé de la plonger dans un bain de cyanure, ce
qui augmente considérablement le prix de revient.

Le vernis de M. Oudry rend le dépôt cuivreux adhérent à la fonte. Cette adhérence se conserve assez longtemps; mais, après quelques années, soit par suite des
secousses auxquelles les candélabres sont exposés, soit
à cause de la formation d'une rouille sur le fer intérieur,
le cuivre se détache tout d'une pièce; l'âme intérieure
en fonte est alors recouverte d'une gaine de cuivre, qui
ne la touche plus, et ne la préserve plus de l'action de
l'air humide. Aussi les candélabres sonnent-ils creux et
deviennent-ils rapidement hors d'usage. On les enlève
alors pour les reporter à l'usine.

Les pièces de fonte, étant vernies, n'ont plus besoin
d'être décapées; aussitôt que l'enduit est sec, on le
recouvre encore d'une couche de plombagine et on
porte la pièce dans le bain de sulfate de cuivre ordinaire. — Chez M. Oudry, ce liquide est placé dans de
grandes cuves, où l'on opère sur plusieurs pièces à la
fois. On pose les sacs de sulfate d'un côté de chaque

Fig. 124. — Fabrication des candélabres à l'usine de M. Oudry, à Auteuil.

candélabre, et de l'autre les vases poreux contenant le zinc et l'acide.

Le cuivre se dépose lentement, et l'épaisseur augmente de plus en plus. Au bout d'une huitaine de jours, on a obtenu une couche de 1 à 2 millimètres d'épaisseur. On enlève alors les deux parties du candélabre, et on les passe séparément au bronzage.

Le bronzage de toutes les pièces en cuivre galvanique a pour but de les préserver du vert-de-gris et de leur donner un aspect agréable. Exposé à l'air humide, le cuivre se couvre d'une rouille verte; sans parler des dangers que présente ce poison exposé publiquement, on doit tenir compte de l'aspect repoussant que prennent les objets, devenus rouges ou verdâtres par places. Aussi bronze-t-on toutes les pièces en cuivre quelles qu'elles soient, statues, candélabres, bas-reliefs, etc. Cette opération consiste à frotter la surface cuivreuse avec une huile contenant une substance particulière, jaunâtre et à odeur infecte, que les chimistes appellent le sulfhydrate d'ammoniaque; elle a la propriété de déterminer un composé de cuivre très adhérent à la surface et complétement inaltérable à l'air.

On passe donc plusieurs couches de bronzage sur les candélabres, et on leur donne la couleur qu'ils ont ordinairement, au lieu de les laisser rouges, comme l'est le cuivre galvanique. Les candélabres sont alors achevés, il ne reste plus qu'à réunir les pièces séparées, à les maintenir par une forte soudure, et à les poser dans Paris en surmontant chaque tige de sa lanterne. Ainsi fait, un candélabre coûte environ 220 francs. La grande économie provient surtout de ce que les ornements et les ciselures sur le moule en fonte n'ont pas besoin d'être travaillés avec autant de soin qu'auparavant. En se recouvrant d'une couche épaisse de cuivre, les moulures s'adoucissent et perdent leurs raideurs et leurs irrégularités. Un candélabre dure, en moyenne, dix ans.

Le cuivre galvanique est très pur et très beau et d'un aspect presque cristallin. Aussi M. Oudry en a-t-il profité pour faire diverses applications de ce métal, par exemple la fabrication de couleurs, très belles et très vives, à base de cuivre, et complètement inaltérables.

Elles ne ternissent pas, ne se détruisent que très difficilement, résistent à l'air, à l'eau, à tous les agents de destruction connus. On s'en sert pour les constructions. Le cuivre qui entre dans ces compositions est donné par la galvanoplastie en lames plus ou moins épaisses, puis réduit en poudre impalpable dans l'intérieur de l'usine même. Les ouvriers qui font ce travail sont exposés à respirer des poussières métalliques vénéneuses; aussi ont-ils la tête recouverte d'un linge et ne pénètrent-ils que masqués dans la pièce où le métal est pulvérisé mécaniquement.

Toute pièce de fer, ou d'autre métal, peut être recouverte d'une couche épaisse de cuivre. Des statues, de grands vases, des bas-reliefs sont faits tout d'une pièce. Les fontaines qui décorent la place de la Concorde à Paris sont un exemple de ce procédé : ce travail gigantesque a été la première œuvre capitale de l'usine de M. Oudry. Les différentes parties de fonte furent recouvertes d'une épaisse couche de cuivre, puis elles furent bronzées et assemblées. Depuis plus de huit années, le cuivre ou le fer n'ont subi aucune altération. — La fontaine de la place Louvois est encore une œuvre de la galvanoplastie due au même industriel.

CHÂPITRE III

APPLICATIONS DIVERSES DE LA GALVANOPLASTIE

Les procédés galvanoplastiques peuvent s'appliquer toutes les fois que l'on veut recouvrir de cuivre un objet quelconque. Quel que soit le support employé, on le rend conducteur de l'électricité par la plombagine, et on le plonge dans le bain avec des précautions convenables. Toutes les substances, la soie, les fruits, les feuilles, les tiges dorées, sont ainsi transformées en métal ; les feuilles de cerfeuil, de fenouil même, dont le limbe est si finement découpé, ont servi à faire des bijoux imitant parfaitement la nature. Bien plus, on a présenté un jour, à l'Académie des sciences, le corps d'un pauvre enfant, mort en naissant, recouvert d'une couche de cuivre. Ce fait, trop excentrique, montre du moins que rien ne limite dans ce sens les applications de la galvanoplastie.

Ajoutons toutefois que, dans beaucoup de circonstances, il y a nécessité, comme nous allons l'indiquer, de modifier légèrement les procédés ordinaires.

ÉLECTROTYPIE

La galvanoplastie est devenue l'auxiliaire active de l'imprimerie : elle sert à reproduire les gravures sur bois, de telle sorte que, par son aide, on peut tirer d'un même dessin un nombre considérable d'exemplaires. Autrefois on tirait les épreuves sur le bois lui-même, tel qu'il avait été livré par le graveur ; le dessin était promptement fatigué et usé, les contours s'émoussaient, et bientôt on était obligé de faire recommencer la gravure. On s'est ensuite servi de clichés en plomb. Aujourd'hui, on coule sur le bois de la gutta-percha, et l'on porte ce moule dans un bain de cuivre; le cliché obtenu est dressé au tour ou bien au rabot, fixé sur un bois d'épaisseur et il est utilisé tout à fait comme une planche gravée sur cuivre. Si le dépôt est très lent, le cuivre est très dur, et l'on peut, sans usure apparente, tirer soixante à quatre-vingt mille épreuves.

Ces diverses manipulations n'augmentent pas le prix de revient. Avant la galvanoplastie, un atlas composé de 80 grandes cartes coûtait environ 300 francs, prix exorbitant et accessible seulement aux grandes bibliothèques ou aux riches familles. Une seule carte gravée sur bois revient à 1800 francs, et en tirant sur le bois même, on ne peut avoir que 2000 épreuves convenables; encore les dernières commencent-elles à être défectueuses. Par la galvanoplastie, on reproduit la planche aussi souvent qu'on le veut, sans recourir à de nouveaux frais de gravure, et toutes les épreuves sont aussi parfaites que le dessin buriné par l'artiste. Aujourd'hui le même atlas ne coûterait guère qu'une trentaine de francs. Cette réduction provient uniquement de ce que le tirage n'est plus limité.

Quant à la reproduction des planches stéréotypées, des clichés ou des caractères d'imprimerie, il est rare qu'on ait recours aux procédés électriques; les moyens industriels sont assez perfectionnés et assez économiques pour être généralement employés.

Certains dessins veulent être reproduits avec la fidélité la plus scrupuleuse, par exemple les timbres-poste, les billets de banque, etc. Un dessin qui serait fait

d'après un modèle, en différerait toujours par quelque
point, et ne tromperait pas des yeux très exercés. Il faut
que l'administration puisse reproduire à volonté des
épreuves entièrement identiques au modèle, et que le
type, une fois arrêté, ne soit plus exposé à être refait.
Voici comment on procède. Un timbre-poste a été
buriné avec soin sur une plaque d'acier et on a pressé
sur cette plaque une lame de plomb qui en a pris exactement la contre-épreuve. Cette lame de plomb forme la
matrice des timbres-poste; c'est sur elle qu'il reste à
opérer.

On dépose d'abord du cuivre galvanoplastique sur le
creux, un certain nombre de fois; l'on a ainsi autant
de reproductions du modèle, primitif qu'on le désire,
reproductions parfaitement identiques à ce modèle et
qui pourront le remplacer pour toutes les opérations
suivantes. On agit sur les premières reproductions
comme sur le modèle primitif, et les secondes épreuves,
assemblées en planches, servent à la gravure.

Lorsque, par suite d'un long usage, une de ces planches est usée et déformée, on en fabrique une autre
avec la première reproduction; on n'a donc que très
rarement besoin de recourir à la matrice.

On a établi à Vienne une imprimerie célèbre. Tous
les ouvrages sortis des presses de cette imprimerie
impériale sont parfaits, sous le rapport typographique.
Dans cet établissement, la galvanoplastie joue un rôle très
important : elle reproduit non seulement les gravures sur
bois ou sur planches, ainsi qu'il vient d'être dit, mais
encore les fleurs, les tiges des plantes, les feuilles, etc.
On place ces objets entre une lame de plomb et une
lame d'acier; puis on presse brusquement et avec
force. Le plomb rend l'empreinte exacte de l'objet,

usque dans ses détails les plus délicats; on fait un
moule en gutta-percha, et on prend l'empreinte en
cuivre, que l'on soumet à la même opération que la
matrice des timbres-poste. Il est vrai que, par ce procédé, les organes végétaux doivent être plus ou moins
écrasés et déformés; mais il paraît que la déformation
est moins grande qu'il ne semble naturel de le sup-
poser.

GRAVURE GALVANIQUE

La gravure galvanique, telle qu'elle a été inventée
par M. Smée, donne des effets identiques à ceux de la
gravure en taille-douce ordinaire, mais plus beaux et
plus nets que ceux de la gravure à l'eau forte. On se
rappelle que, dans un bain de dorure, on met au pôle
positif une plaque d'or qui se dissout peu à peu et entretient le bain toujours à un même état de saturation. Ce
que l'on fait dans le bain d'or peut se faire également
dans le bain de cuivre, si l'on a soin de prendre alors
pour le cuivrage un appareil composé. C'est d'après
cette observation que M. Smée a été conduit à inventer
la gravure galvanique.

Sur une plaque de cuivre entièrement recouverte d'un
léger vernis isolant, on a tracé un dessin; la plaque est
plongée dans le bain de cuivre et placée au pôle positif.
Le pôle négatif mis en regard du premier est formé par
une lame de métal de même dimension que la première.
Quand le courant passe, le cuivre se dépose sur la plaque négative et se dissout peu à peu au fond des traits
marqués sur la plaque positive d'où le vernis isolant a
été enlevé. A la fin de l'opération, la planche reproduit
le dessin de la façon la plus nette et la plus régulière.

M. le prince de Leuchtenberg a renversé le résultat
de M. Smée. D'après son procédé, on dessine sur le
cuivre même, avec une encre grasse, la plus fluide
qu'on puisse avoir : on dessine avec soin, effaçant, cor-
rigeant le trait aussi souvent qu'on le veut. Puis cette
planche est portée dans le bain de cuivre au pôle positif.
Quand le courant passe, le métal qui n'est pas recouvert
d'encre isolante se dissout, et les parties qui en sont
couvertes restent en relief. Plus l'encre est épaisse,
plus le relief est accusé. L'épreuve qu'on obtient ainsi
est le dessin lui-même.

PLANCHES DAGUERRIENNES

On a longtemps essayé de graver les épreuves du
daguerréotype de manière à pouvoir tirer à l'encre les
images obtenues par le soleil. La galvanoplastie a permis de résoudre ce problème, quelle que soit l'image
daguerrienne.

On sait qu'on obtient les épreuves du daguerréotype
sur une plaque d'argent poli; les ombres sont produites
par la surface brillante de l'argent lui-même, et les
clairs par des gouttelettes de mercure attachées à l'argent,
d'après le procédé même de Daguerre. Plus cette couche
de mercure est épaisse, plus le point sera clair. Divers
moyens avaient été successivement essayés pour graver
la plaque; M. Grove y est arrivé en appliquant le procédé imaginé par M. Smée pour la gravure.

La plaque daguerrienne est couverte, sur sa face postérieure, d'un vernis de gomme laque, qui protège
les parties inutiles au dessin. Puis elle est plongée
dans un bain au pôle positif; ce bain n'est composé que
d'acide chlorhydrique dissous dans l'eau. Tandis que

l'argent est promptement attaqué par cet acide, le mer-
curé ne l'est que lentement et peu à peu. Aussi opère-
t-on très vite. On place le pôle négatif, qui est une lame
de platine de même dimension que la plaque, très près
de celle-ci. Le courant passe, et au bout de trente
secondes environ on retire la plaque daguerrienne, où
l'argent seul a été attaqué. On lave avec une eau ammo-
niacale pour dissoudre les composés formés, et il reste
une épreuve où les noirs sont représentés par des creux,
les clairs par des pleins. On peut tirer à l'encre cette
planche, ou bien en prendre une contre-épreuve par le
cuivrage galvanique.

Cette reproduction est d'une fidélité extraordinaire.
M. Grove ainsi obtenu un écusson de $0^m,0025$ de hauteur, sur lequel étaient tracées cinq lignes d'inscrip-
tions. Après la reproduction, on a pu lire très distinc-
tement cette inscription, avec la même loupe dont on
était obligé de se servir pour l'écusson lui-même.

Ce procédé et celui de M. Smée ont été appliqués à
l'imprimerie impériale de Vienne, et les épreuves obtenues ont toujours été magnifiques. On peut en voir de
beaux modèles dans les galeries du Conservatoire des
arts et métiers. Le seul inconvénient qu'on puisse reprocher à ces planches est une fragilité qui ne permet de
tirer qu'un petit nombre d'exemplaires. Mais on peut
reproduire les mêmes épreuves par les moyens précédemment indiqués.

M. Charles Nègre, en France, a perfectionné cette gravure hélio-galvanique et a rendu les plaques plus solides. L'épreuve daguerrienne est portée dans un bain
d'or ordinaire. Toute la surface libre se recouvre d'une
légère couche d'or, mais les clairs où s'est attaché le
mercure sont préservés. Les épreuves en taille-douce

obtenues par M. Nègre (voir les épreuves de la cathédrale de Chartres) sont plus belles encore que celles de M. Grove.

PROCÉDÉ DE M. DULOS

Le procédé de gravure de M. Dulos tient à la fois à la gravure ordinaire et à la galvanoplastie; il est d'autant plus ingénieux qu'il est susceptible d'être modifié sans cesse pour être appliqué dans des cas particuliers.

On dessine comme à l'ordinaire, sans le faire à rebours, sur une plaque métallique, avec une encre grasse et isolante; d'autres fois on dessine sur une plaque enduite d'un vernis isolant et que le crayon enlève dans son tracé. Sur la plaque ainsi préparée, on verse un métal liquide, par exemple le mercure ou l'alliage fusible de d'Arcet, qui fond dans l'eau bouillante. Quand cet alliage, composé de plomb, bismuth et étain, se refroidit peu à peu, il redevient solide et reste aussi dur et aussi solide qu'un autre métal.

On peut remarquer que lorsqu'on verse de l'eau sur un corps couvert de graisse ou même de poussière, cette eau ne se répand pas uniformément sur toute la surface; elle se divise en gouttelettes rondes et isolées les unes des autres. Quand un liquide ne mouille pas la surface sur laquelle il est répandu, il tend à se mettre en gouttelettes, et ce fait est appelé un *phénomène de capillarité.*

Lorsque M. Dulos versa un métal sur la plaque, il remarqua que le métal mouillait le support, mais ne mouillait pas l'encre grasse. En toute place où le métal est mis à nu, l'alliage fusible se répand uniformément; mais, sur les points recouverts d'encre grasse, l'alliage ne se répand pas; il se forme sur la plaque

une série de rigoles dont les traits sont le fond, et qui,
par leur ensemble, reproduisent le dessin tracé avec
autant d'exactitude que de sensibilité. Les moindres
points, les traits plus faibles, sont représentés et forment
des creux très fins dans la répartition du métal liquide.

Quand cette couche d'alliage fusible a été répandue
sur la plaque, quand on en a régularisé l'épaisseur, on
laisse refroidir et on enlève l'encre grasse; il reste alors
une planche fortement gravée. On la porte dans un bain
de cuivre, et on obtient la contre-épreuve en relief.
Lorsqu'on a refondu l'alliage, la plaque peut servir
plusieurs fois encore.

Si l'on dessine sur un vernis, il faut avoir soin, avant
de commencer cette série d'opérations, de déposer une
couche d'argent aux points où le vernis a été enlevé
par le crayon. La couche d'argent suit les traits et les
linéaments du dessin; et elle agit comme l'encre grasse,
en déprimant l'alliage fusible.

Tel est le principe du procédé de M. Dulos. Mais le
procédé en lui-même est sans cesse perfectionné et
modifié suivant la nécessité, et ce principe peut être
appliqué de plusieurs façons différentes.

On n'a voulu indiquer ici que les procédés qui parais-
sent les plus utiles et les plus commodes, ceux du
moins dont on fait le plus souvent usage. Il en existe
beaucoup d'autres. On a appliqué d'autres principes et
on a trouvé d'autres combinaisons aussi ingénieuses que
celles que j'ai rapportées. Dans l'impossibilité d'énumérer toutes les applications de ce genre, je laisse ce
qui a rapport à la gravure pour parler d'autres applications galvanoplastiques.

DÉPOT DE DIFFÉRENTS MÉTAUX

Beaucoup de métaux peuvent être déposés, comme l'or, l'argent et le cuivre. Les précautions qu'il faut prendre sont encore les mêmes, et aussi les appareils. Mais le but que l'on se propose est généralement différent. Avec les corps précédents, on cherchait surtout l'ornementation des objets, la reproduction de certains modèles. Les autres métaux, au contraire, sont déposés dans le but de conserver les supports. On sait en effet que les métaux usuels, exposés à l'air et surtout à l'air humide, se couvrent d'une couche d'oxyde. Et même dans certains corps, tels que le fer, aussitôt qu'un des points de la surface est rouillé, l'oxydation marche rapidement et l'objet tout entier est bientôt transformé en une éponge de rouille. C'est là un fait que l'on explique par les actions électriques. La rouille et le métal forment les deux corps hétérogènes nécessaires à la constitution du couple de Volta; l'air humide est le liquide qui les baigne, et l'électricité produite dépose l'oxygène sur le pôle positif qui est le métal; celui-ci s'oxyde alors très rapidement, à travers la rouille qui est poreuse et perméable à l'air.

C'est en tenant compte de cette explication que l'on réunit deux corps particuliers convenablement choisis. On sait que, dans le couple voltaïque, le métal le plus facile à la rouille est toujours le pôle positif; dès lors le courant qui se formera dans l'air humide déposera l'air sur le métal facilement oxydable et l'éloignera de l'autre solide. Ainsi on se sert fréquemment aujourd'hui du fer galvanisé, c'est-à-dire recouvert d'une mince couche de zinc; dans le couple formé par le fer, l'air humide et le zinc, celui-ci est le pôle positif; il va s'oxyder aussitôt qu'une crevasse aura mis le fer à nu. Mais comme l'oxyde de zinc n'est pas poreux, la rouille du pôle positif s'arrêtera immédiatement, grâce à cette sorte de vernis, et le fer restera intact.

C'est dans ce but de conservation que l'on dépose sur les métaux usuels de minces couches d'autres métaux rebelles à l'action de l'air humide.

Le *platine* se dépose sur les métaux ordinaires; on emploie un bain formé par la dissolution du chlorure double de platine et de potassium, et pour que l'opération soit bien conduite, le bain est alcalinisé avec de la potasse. Les couches de platine se déposent quelquefois sur certains points réservés des objets dorés : la couleur mate et blanche du platine ajoute alors à l'ornementation. Mais, le plus souvent, des couches excessivement minces de ce métal sont déposées sur le fer, l'acier, le cuivre, pour les préserver de l'oxydation. Ainsi, on platine des armes, des ustensiles de laboratoire, des pièces d'horlogerie, pour les rendre entièrement inoxydables et par conséquent inusables; le prix n'est pas plus élevé que si l'on faisait recouvrir ces objets d'une couche d'argent, à cause de la faible épaisseur du dépôt.

Le *plomb* se dépose assez facilement sur la fonte. On emploie un bain d'acétate de plomb, ou mieux encore une dissolution de litharge dans la potasse. On fait quelquefois usage des chaudières en tôle plombée pour remplacer les chaudières en tôle.

Quelquefois on dépose le *fer* sur du cuivre. Lorsqu'on se sert d'une planche de cuivre pour la gravure, on peut tirer un nombre assez considérable d'épreuves; mais, à la fin du tirage, la finesse des traits est altérée,

et il faut rejeter la plaque pour en faire une nouvelle,
si l'on veut recommencer à prendre des épreuves; on a
proposé de déposer sur la planche de cuivre une mince
couche de fer, qui résiste très bien à la pression. Lorsque, par suite de l'usage, l'aciérage commence à disparaître, on peut le renouveler, et le dessin reste toujours
aussi fin qu'en sortant des mains du graveur. On ferre
la plaque de cuivre en la plongeant directement dans
un bain préparé : le dépôt se fait sans l'emploi de l'électricité. Le bain s'obtient en plongeant une plaque de fer
dans un bain de chlorure d'ammoniaque : la plaque de
fer est le pôle positif, et une lame de platine placée
dans le liquide est le pôle négatif. L'électricité n'intervient ici que pour la formation du bain.

En Amérique, les objets *nickelisés* sont très répandus.
Le nickel, déposé en couche galvanique, est poli, blanc
jaunâtre et très dur. Il ne s'oxyde pas facilement et
conserve ses propriétés bien plus longtemps que le platine.
En France, le goût du nickel commence également à se
répandre. On dépose la couche de nickel dans des bains
chargés du chlorure de ce métal. Les préparations qui
précèdent ou suivent le dépôt, la composition exacte du
bain[1], sont encore tenues secrètes par la plupart des
industriels. Malheureusement la couche de ce métal
adhère difficilement au support, elle s'en détache souvent
par le brunissage, ou même par la dilatation spontanée
sous l'action de la température ambiante. Cependant on
est arrivé à de très bons résultats en déposant le nickel
sur un métal bien poli et bien travaillé d'avance. Le
dépôt est alors obtenu très compact et très beau.

1. Le plus souvent on emploie, pour les bains de nickel, le sulfate
double d'ammoniaque et de nickel; il faut de plus que le bain
soit acide.

ZINGAGE

On vient d'expliquer la longue conservation du fer galvanisé, c'est-à-dire du fer recouvert d'une couche de zinc, et de laisser pressentir les fréquents usages auxquels est employé ce produit industriel.

Pour galvaniser le fer, on le décape dans un bain d'eau seconde. En faisant longuement macérer des tourteaux de colza, l'eau se charge des acides qui ont servi à extraire l'huile, et elle devient propre à enlever la couche de rouille qui recouvre toujours le fer. Lorsque le métal est tiré de ce bain de décapage, il est plongé dans un creuset en tôle épaisse rempli de zinc fondu; puis les pièces zinguées sont plongées dans un bain ammoniacal, où elles sont débarrassées de l'excès de zinc. Elles sont ensuite livrées au commerce.

Les fils du télégraphe, qui doivent être tous zingués, sont plongés en paquet dans un bain de décapage: ils sont ensuite enroulés sur un cylindre, et conduits dans le creuset de zinc; le fil ne pénètre dans le métal fondu qu'en traversant une épaisse couche de graisse, laquelle préserve le liquide métallique du contact de l'air. En sortant du creuset, le fil passe dans un trou de filière qui exprime l'excès du zinc et en régularise l'application; puis il va s'enrouler sur des bobines en tôle.

Le zingage du fer augmente de 5 à 6 pour 100 le poids primitif du métal. Cette industrie est en ce moment très importante dans toute la France.

ÉTAMAGE

On dépose l'étain sur les objets pour les conserver inaltérables. Les ustensiles destinés à la cuisine, et dont la plupart sont en cuivre, doivent être étamés avec grand soin pour éviter les accidents qu'occasionne l'oxydation du cuivre; de même, les couverts en fer, dont se servaient avant la découverte de la galvano-plastie tous ceux qui ne pouvaient avoir de l'argenterie massive, devaient encore être étamés soigneusement, pour être propres et sains.

Autrefois, après avoir bien décapé les objets et les avoir chauffés au rouge, on versait directement sur eux de l'étain fondu. La couche d'étain était régularisée avec un tampon d'étoupe. Ce procédé très simple et très élémentaire est encore souvent employé.

De même pour étamer la tôle, c'est-à-dire pour fabriquer du fer-blanc, après avoir bien décapé ces plaques, on les trempe, pendant un certain temps, dans un bain de suif qui les sèche complètement; on les plonge ensuite dans l'étain fondu, où elles restent pendant une heure; on laisse égoutter le métal en excès, et on coupe le bourrelet qui s'est formé inférieurement. Il ne reste plus qu'à laver le fer-blanc, à le réchauffer pour égaliser la couche d'étain et enfin à le brillanter avec de l'étoupe et du blanc d'Espagne.

Aujourd'hui ces procédés ne sont plus usités que pour les objets de grandes dimensions. Pour les petites pièces, telles que clous, épingles, etc., on emploie un étamage électrique. On forme un bain dont la composition a été donnée par M. Roseleur, et qui contient de l'hypophosphate de soude et du chlorure d'étain : ce bain, tout bouillant, est agité continuellement pour être rendu homogène. Puis les objets sont mis sur une plaque de zinc percée de trous. Cette sorte de crible est enfoncée dans le bain. On agite fortement, on retourne les objets et l'étain se dépose peu à peu.

Ce dépôt se fait par l'action électrique. Le métal formant le clou et le zinc formant le crible sont séparés par un liquide, comme il arrive dans la pile de Volta : le liquide est décomposé, le zinc se dissout et l'étain se dépose sur le fer ou le laiton.

Les bains, en vieillissant, deviennent pauvres en étain et restent chargés de chlorure de zinc. On laisse reposer le liquide, et bientôt on le voit se séparer en deux couches très nettes : l'une est claire et très riche en sel de zinc ; l'autre, troublé et chargée de toutes sorte d'impuretés, est rejetée ; la première est décantée, mise dans des *baquets de conservation*, où l'on vient placer les pièces à étamer pendant le temps qui s'écoule entre le décapage et l'étamage définitif. Dans ces baquets, il se produit un commencement d'action électrique ; la première couche d'étain qui se dépose dans ce baquet de conservation a toutes les propriétés des dépôts galvaniques : ainsi elle adhère fortement au métal et elle laisse l'action se continuer ; il se précipite bien encore de l'étain métallique, mais cette nouvelle couche n'est due qu'à des actions chimiques, les conditions du couple voltaïque étant changées, et elle n'est plus adhérente au support.

CONSERVATION DU DOUBLAGE DES NAVIRES

Les navires, surtout lorsqu'ils naviguent vers l'em-

bouchure des fleuves où l'eau douce se mélange à l'eau
salée, sont rapidement attaqués par certains insectes,
les tarets, qui percent la carène et font bientôt une
foule de trous par où pénètre l'eau de la mer. En outre,
d'innombrables coquilles s'attachant au bois du vaisseau, en augmentent considérablement le poids, et
causent à la navigation les plus grands dommages, soit
en retardant la marche, soit en diminuant le fret. Ces
dépôts de coquilles sont tellement durs et adhérents,
qu'il faut un temps très long et une force très considérable pour les détacher.

On s'est occupé de tout temps à préserver les carènes
des vaisseaux de ces deux causes de destruction. Il y a
environ un siècle, les Anglais essayèrent sur quelques
vaisseaux isolés de doubler les carènes avec du cuivre.
L'avantage fut immédiat, et lors de la guerre de l'Indépendance, la marine anglaise put rendre de très grands
services et obtint une supériorité incontestable sur les
autres flottes, parce qu'elle se composait de vaisseaux
entièrement doublés en cuivre. Mais on remarqua
bientôt que ce dernier métal s'usait rapidement et que
l'eau de mer était un puissant corrosif. En 1814, les
lords de l'amirauté engagèrent l'illustre Davy à s'occuper de cette question, et lui fournirent tous les
moyens de la résoudre.

Après quelques expériences dans son laboratoire,
Davy annonça à la Société royale de Londres que le
cuivre couvert de quelques morceaux de zinc et de fer
convenablement répartis est entièrement préservé de la
corrosion. L'explication que Davy donnait de ce fait n'est
plus admise aujourd'hui, et on a reconnu que la préser-
vation du cuivre par le zinc avait la même cause que
celle du fer par le même métal. Les expériences, que

l'on avait si bien faites dans le cabinet, furent recommencées dans les ports de Chatham et de Porstmouth. Quelques morceaux de zinc, de fer ou de fonte furent répartis sur des plaques de cuivre exposées à l'action de la marée pendant plusieurs semaines; les plaques restèrent nettes et propres. Mais bientôt il se forma sur le cuivre un léger dépôt terreux ; et aussitôt il se rassembla des quantités de plantes et de coquilles marines que les propriétés vénéneuses du cuivre tenaient éloignées. Un vaisseau ainsi protégé entraînerait toute une forêt avec lui.

La proposition de Davy ne fut donc pas adoptée. Depuis lors, malgré bien des travaux, il ne paraît pas qu'on soit arrivé à des résultats pratiques nets et acceptables. La seule modification qu'on ait apportée au doublage des navires est de les faire maintenant en un bronze, alliage de cuivre et d'étain. Ce doublage est moins altéré par l'eau salée que le cuivre, et on a remarqué qu'une carène, qui avait déjà subi dix ans de navigation, ne présentait aucune trace sensible de corrosion.

DÉPOT DES ALLIAGES

Il serait très important de pouvoir déposer sur les métaux une couche d'alliage. Ainsi, le laiton, qui rend de si grands services et qui est formé de cuivre et de zinc, s'altère peu à l'air; il se conserve longtemps intact, alors que le cuivre rouge se couvre de vert-de-gris. On a, par suite, cherché à déposer sur les objets, et par l'électricité, un mélange de cuivre et de zinc dans des proportions qui donnent le laiton.

Le problème est difficile : l'électricité ne dépose pas

les matières suivant nos désirs, mais elle suit toujours
des lois régulières plus ou moins faciles à distinguer.
La quantité d'un métal déposé au pôle négatif varie avec
une foule de circonstances, avec la force du courant,
avec les proportions des matières qui composent le bain,
et encore avec la température du liquide : l'effet produit
est toujours excessivement complexe. Tant qu'il ne s'agit
que d'obtenir un résultat simple, comme les précipi-
tations d'un métal unique, les diverses circonstances
extérieures étaient assez indifférentes, car il ne pouvait
se déposer que du métal désiré. Mais aussitôt qu'on
cherche un résultat complexe, tel que le dépôt d'un
alliage, les influences étrangères ne peuvent plus être
négligées : de leur ensemble dépendent les proportions
des corps déposés.

En formant un bain avec les quantités relatives nécessaires à la composition du laiton, on aurait, avec les
courants de la galvanoplastie ordinaire, du cuivre rouge
pur. Si, au contraire, on prend un courant très intense,
le dépôt est formé de zinc blanc unique. Il faut donc
chercher un courant convenablement fort, faire des
essais continuels, marcher longtemps à tâtons avant
d'obtenir ce que l'on recherche. C'est pourquoi les dépôts d'alliage sont si peu usités dans la pratique. Pourtant on emploie encore assez souvent les bains de laiton
et ceux de bronze.

Les bains de laiton s'obtiennent en mettant dans le
bain de cuivre et au pôle positif une lame de zinc, de
sorte que pendant que, sous l'influence du courant
électrique, le cuivre se dépose d'un côté, le zinc, se
dissout de l'autre. Au bout de quelques heures, lorsqu'il
se dépose un mélange de cuivre et de zinc de la couleur
qu'on demande, on s'arrête, on conserve le bain ainsi

préparé, dans lequel on plonge les pièces à couvrir :
mais il faut opérer très rapidement, comme dans la
dorure ordinaire. On ne laitonise que les pièces de fonte,
fer ou zinc; on leur donne ainsi l'apparence du cuivre
jaune, ou même l'aspect du métal de différentes couleurs. — Comme les proportions du bain changent à
mesure que le dépôt s'opère, on doit avoir soin de prendre
pour pôle soluble une lame formée d'avance et composée de l'alliage qu'on recherche.

Les bains de bronze s'obtiennent en mélangeant, suivant des proportions dépendant de l'effet désiré, des
dissolutions de carbonate de potasse et d'azotate d'ammoniaque, avec du chlorure de cuire et du chlorure
d'étain. Le bronze ordinaire des bouches à feu contient
du cuivre et de l'étain : cet alliage se dépose lentement
quand on prend les mêmes précautions que pour le laiton.
On bronze ainsi les métaux ordinaires pour les rendre
moins altérables au contact de l'air et leur donner un
aspect spécial.

DÉPOT DES OXYDES

Il serait très avantageux de recouvrir les métaux que
l'on veut préserver de l'oxydation, non pas d'une couche
de métal moins oxydable, mais d'une couche de métal
déjà oxydé, et assez adhérente pour former une gaine
protectrice. Quand il faudrait porter les objets à de
hautes températures, l'oxydation de la couche extérieure
ni celle du métal interne ne pourraient avoir lieu. Ces
oxydes inaltérables à toutes les actions sont le peroxyde
de plomb et surtout le peroxyde de fer, qui se forme
spontanément sur les pièces de fer rougies, mais qui,
dans ce cas, n'est pas adhérent au métal. La solution

du problème a été donnée par M. Becquerel dès 1843 ;
mais il est à remarquer que ces procédés trop délicats
ne sont pas encore passés dans l'industrie.

Le bain qui déposera du peroxyde de fer est assez
difficile, non à obtenir, mais à conserver : il faut le
tenir à l'abri de l'air dans un bocal bouché à l'émeri et
placé dans le vide. C'est une dissolution de sulfate de
fer dans l'ammoniaque. Versée dans un vase poreux,
cette dissolution forme le second liquide de la pile où
plongera le pôle positif ; à l'extérieur du vase poreux
est placée la composition ordinaire d'acide sulfurique
et de zinc qui contient le pôle négatif. En réunissant
les pôles, le courant s'établit ; l'eau est décomposée,
l'oxygène est poussé dans le vase poreux et il y oxyde
le sel de fer, lequel se déposera à l'état de peroxyde sur
la lame positive. Après quelques minutes, on a obtenu
un dépôt brun rouge, très adhérent, et il faut s'arrêter.
Il se déposerait ensuite un oxyde d'un violet foncé moins
adhérent. Ce procédé pourrait servir à préserver les
pièces de fer, de fonte, d'acier, de zinc qui sont d'un
usage journalier.

Les bains qui déposent le peroxyde de plomb s'obtiennent de la même façon, en remplaçant seulement
l'ammoniaque par la potasse : ils sont beaucoup plus
faciles à conserver. Le mode d'action est le même ainsi
que les précautions à prendre ; il se dépose au bout de
quelques instants une couche brune adhérente. Cette
couche préservatrice pourrait être déposée sur le fer,
le cuivre ou le laiton, et elle donnerait à ces corps l'aspect du bronze artistique.

Cette couche de peroxyde de plomb affecte même
diverses couleurs suivant les précautions que l'on prend,
et M. Becquerel en a conclu un moyen pour obtenir

des dépôts colorés. La plaque de métal est toujours fixée au pôle positif dans un bain formé de potasse et de plomb; puis, avec le pôle négatif, on touche un des points de l'objet pendant quelques secondes. On voit aussitôt se former en ce point une série d'anneaux colorés, très brillants, comme ceux qui parent les bulles de savon. Ces anneaux sont dus à des couches de différentes épaisseurs de peroxyde de plomb. Les colorations des bulles de savon ont été expliquées par Newton. Un savant italien, M. Nobili, les avait formées sur les métaux. M. Becquerel a fixé par ce procédé l'apparence fugitive des anneaux de M. Nobili.

Au lieu de toucher un point unique de la plaque positive, il faut promener la pointe négative rapidement et sur toute la surface, sans la toucher. Alors les anneaux se mêleront, se brouilleront les uns les autres, et on aura une couleur unique produite par une épaisseur uniforme de la couche déposée. On voit ainsi l'objet prendre toutes les couleurs, depuis le rouge jusqu'au violet, et l'on s'arrête à celle que l'on désire. Cette curieuse expérience n'exige cependant qu'une grande habileté et un tour de main que l'usage donne rapidement.

Aussitôt que l'objet est coloré, on le retire du bain; on le lave à grande eau et on le sèche avec de la sciure de bois chauffée. La coloration apparaît enfin, très adhérente et très stable. La surface peut être touchée, frottée doucement sans être altérée, et elle se conserve longtemps en cet état. M. Becquerel montre divers objets ainsi colorés depuis plus de vingt ans; la vivacité des teintes n'en est pas diminuée.

Mais si l'air n'a aucune action sur ces couleurs, il n'en faut pas moins user de grandes précautions pour la conversation de ces objets. L'eau acidulée, les mains humides, les émanations sulfureuses effacent et ternissent rapidement ces teintes en agissant chimiquement sur la couche plombeuse. Lorsqu'on ne veut pas les mettre sous verre, on les recouvre d'une épaisse couche de vernis incolore qui empêche l'action de l'air. Ce vernis, déjà saturé d'oxygène, est formé par la dissolution, dans l'huile de lin, de litharge et de sulfate de zinc. Comme il contient déjà du plomb, il ne peut avoir aucune action sur la couche colorante.

Il y a lieu de s'étonner que l'industrie n'ait pas, jusqu'à présent, usé de ces moyens. Le principe est certainement applicable, quoiqu'il n'y ait encore là qu'un travail de laboratoire, une expérience scientifique; on doit s'attendre à en voir sortir une nombreuse série d'applications usuelles. Ce qui n'est pas fait se fera un jour.

CONCLUSION

Le développement de l'étude théorique et des applications de l'électricité est sans exemple dans l'histoire des sciences. Il y a cinquante ans à peine, réduite à un ensemble de faits isolés, plus ou moins bien établis, la science électrique embrasse aujourd'hui un champ si vaste, qu'il est impossible d'en rendre compte en quelques pages.

Ces deux volumes ont groupé, dans leurs lignes générales, les applications les plus importantes de cette manifestation du travail universel. Nous espérons avoir initié nos lecteurs aux moyens dont dispose l'industrie électrique actuelle; et, sans nous laisser aller à de longs développements théoriques, nous avons essayé de faire comprendre le but et le fonctionnement des machines et appareils de cette industrie.

Mais le manque d'espace nous a obligés de passer à côté d'une multitude d'applications secondaires intéressantes. Nous profitons de ces dernières pages pour en citer quelques-unes.

Un grand nombre de physiciens et de médecins ont étudié l'action de l'électricité sur le système nerveux. Les expériences sont difficiles à faire, et le sujet est ardu, comme tout ce qui touche à la machine si complexe qu'on appelle le corps humain. Quelques résultats assez nets ont été obtenus, et l'électricité est considérée maintenant comme un agent thérapeutique pouvant servir dans certaines conditions.

Lorsqu'on veut entourer un membre, ou le corps tout entier, d'une sorte d'atmosphère électrique, lorsqu'on veut que chaque point de la partie malade reçoive la même dose d'électricité, on se sert d'un bain traversé par un courant d'induction. Les premiers bains électriques furent employés par M. A. Becquerel, qui en avait introduit l'usage dans son service à l'hôpital de la Pitié.

Un autre mode d'emploi physiologique de l'électricité est à signaler. Le courant a la propriété de rougir un mince fil métallique, et de le rougir d'autant plus vite et d'autant plus énergiquement que l'intensité du courant est plus forte. Donc, lorsqu'on veut brûler un organe où un tissu, on met quelquefois un mince fil de platine au-dessus de la partie affectée, et on lance un violent courant : le fil rougit aussitôt, et le tissu est cautérisé sans que le malade ait eu le temps de se récrier.

On a reconnu que le courant continu d'une pile avait une action sur l'organisme autre que celle des courants alternatifs. Ces derniers sont beaucoup plus dangereux, et l'électricité a déjà enregistré plusieurs cas de foudroiement ayant entraîné la mort. Mais les individus foudroyés ne succombent pas à l'action directe du courant; celui-ci produit la paralysie des organes respiratoires qui provoque l'asphyxie. Aussi a-t-il plusieurs fois été possible de rappeler à la vie les personnes atteintes en pratiquant immédiatement la respiration artificielle, au moyen de l'électricité même, convenablement employée.

Les Américains, qui ne reculent devant rien, se sont emparés de ces propriétés du courant et en ont proposé l'emploi dans les exécutions capitales.

Dans ces dernières années, on a appliqué les propriétés électrolytiques du courant à l'extraction de divers métaux et surtout à la fabrication industrielle de l'aluminium. Dans les procédés qui servent à préparer l'aluminium, on a combiné les pouvoirs calorifique et électrolytique du courant avec la propriété réductrice du charbon sur l'alumine. Le prix de l'aluminium a, par suite, baissé considérablement.

Les actions calorifiques du courant, expliquant encore le procédé de soudure électrique que M. Elihu Thomson a montré à l'Exposition. Les deux pièces à souder sont fixées entre deux mâchoires et les surfaces de contact sont fixées l'une contre l'autre. On fait alors passer un courant d'une intensité formidable; les points en contact, à cause de leur grande résistance, rougissent, fondent, et comme le courant est facile à régler, on arrête l'opération dès que les deux pièces n'en forment plus qu'une seule. On arrive par ce procédé à souder les pièces les plus grosses comme les plus délicates, et les soudures ne laissent rien à désirer au point de vue de la solidité.

Le courant étant susceptible de produire de la chaleur, on devait naturellement songer à l'appliquer en lieu et place des divers combustibles. C'est ainsi que rien ne s'oppose à ce que nos ménagères fassent la cuisine à l'électricité. M. Siemens a même combiné une bouilloire électrique; mais le pot-au-feu que l'on peut y produire reviendrait encore fort cher.

Nous devons borner ce rapide exposé. Bientôt on ne comptera plus toutes les applications dont l'énergie électrique est susceptible; elle envahit tous les domaines de l'industrie humaine; le progrès va en s'accélérant, et bientôt rien ne se fera plus sans que l'électricité n'ait une part au travail et au succès.

FIN

TABLE DES MATIÈRES

PRODUCTION DE L'ÉLECTRICITÉ

LIVRE I

PILES HYDRO-ÉLECTRIQUES

LIVRE II

MACHINES D'INDUCTION

APPLICATIONS DE L'ÉLECTRICITÉ

LIVRE I

MOTEURS ÉLECTRIQUES

LIVRE II

LUMIÈRE ÉLECTRIQUE

LIVRE III

GALVANOPLASTIE

20366. — Imprimerie A. Lahure, rue de Fleurus, 9, à Paris.

LIBRAIRIE HACHETTE & Cie

BOULEVARD SAINT-GERMAIN, 79, PARIS

EXTRAIT DU CATALOGUE

—

BIBLIOTHÈQUE DES MERVEILLES

PUBLIÉE SOUS LA DIRECTION DE M. ÉDOUARD CHARTON

FORMAT IN-16, A 2 FR. 25 C. LE VOLUME

La reliure en percaline bleue avec tranches rouges se paye en sus 1 fr. 25 c.

Deleveau (P.) : *La matière et ses transformations*. 1 vol. avec 89 gravures d'après Chauvet.

Demoulin (M.) : *Les paquebots à grande vitesse et les navires à vapeur*. 1 vol. avec 45 gravures.

Depping (G.) : *Les merveilles de la force et de l'adresse*; 2ᵉ édition. 1 vol. avec 69 gravures d'après E. Ronjat et Rapine.

Dieulafait : *Diamants et pierres précieuses*; 3ᵉ édition. 1 vol. avec 150 gravures d'après Bonnafoux, P. Sellier, etc.

Ouvrage couronné par la Société pour l'Instruction élémentaire.

Du Moncel : *Le téléphone*; 5ᵉ édition. 1 vol. avec 167 gravures par Bonnafoux.

— *Le microphone, le radiophone et le phonographe*. 1 vol. avec 119 gravures d'après Bonnafoux et Chauvet.

— *L'éclairage électrique*, 1ʳᵉ partie : *Générateurs de lumière*; 3ᵉ éd. 1 vol. avec 70 gravures d'après Bonnafoux, Chauvet, etc.

— *L'éclairage électrique*, 2ᵉ partie : *Appareils de lumière*; 3ᵉ éd. 1 vol. avec 121 gravures d'après Chauvet.

Du Moncel et Geraldy : *L'électricité comme force motrice*; 2ᵉ édit. 1 vol. avec 113 gravures d'après Alix, Léger et Poyet.

Duplessis (G.) : *Les merveilles de la gravure*; 4ᵉ édition. 1 vol. avec 34 gravures d'après P. Sellier.

Flammarion (C.) : *Les merveilles célestes*, lecture du soir; 8ᵉ édition. 1 vol. avec 89 gravures et 2 planches.

Fonvielle (W. de) : *Les merveilles du monde invisible*; 5ᵉ édit. 1 vol. avec 120 gravures.

— *Éclairs et tonnerre*; 3ᵉ édition. 1 vol. avec 39 gravures d'après E. Bayard et H. Clerget.

— *Le monde des atomes*. 1 vol. avec 9 grav. hors texte d'après Gilbert et 40 figures dans le texte.

— *Le pétrole*. 1 vol. avec 28 gravures d'après J. Ferat.

— *Le pôle sud*. 1 vol. avec 33 gravures d'après Thuillier, Th. Weber, etc.

Garnier (E.) : *Les nains et les géants*. 1 vol. avec 80 gravures d'après A. Jahandier.

Garnier (J.) : *Le fer*; 2ᵉ édit. 1 vol. avec 70 gravures d'après A. Jahandier.

Gazeau (A.) : *Les bouffons*. 1 vol. avec 63 gravures d'après P. Sellier.

Girard (J.) : *Les plantes étudiées au microscope*; 2ᵉ édit. 1 vol. avec 208 gravures.

Girard (M.) : *Les métamorphoses des insectes*; 6ᵉ édition. 1 vol. avec 378 gravures d'après Mesnel, Delahaye, Clément, etc.

Ouvrage couronné par l'Académie des Sciences.

Graffigny (De) : *Les moteurs anciens et modernes*. 1 vol. avec 106 gravures d'après l'auteur.

Guillemin (A.) : *Les chemins de fer*, 1ʳᵉ partie : La voie et les ouvrages d'art; 7ᵉ édit. 1 vol. avec 96 grav.

— *Les chemins de fer*, 2ᵉ partie : La locomotive, le matériel roulant, l'exploitation; 7ᵉ édition. 1 vol. avec 75 gravures.

— *La vapeur*; 3ᵉ édit. 1 vol. avec 117 grav d'après B. Bonnafoux, etc.

Guignet : *Les couleurs*. 1 vol. avec 60 gravures.

Hanotaux : *Les villes retrouvées*; 2ᵉ édition. 1 vol. avec 75 gravures d'après P. Sellier, etc.

Hélène (M.) : *Les galeries souterraines*; 2ᵉ édition. 1 vol. avec 66 gravures d'après J. Ferat, etc.

— *La poudre à canon et les nouveaux corps explosifs*; 2ᵉ éd. 1 vol. avec 41 gravures d'après Ferat.

Hennebert (Le lieut.-colonel) : *Les torpilles*. 2ᵉ édit. 1 vol. avec 82 gravures.

— *Les merveilles de l'artillerie*. 1 vol. avec 79 gravures.

Jacottet (H.) : *Les grands fleuves*. 1 vol. avec 54 gravures.

Jacquemart (A.) : *Les merveilles de la céramique*. 1ʳᵉ partie (Orient). 4ᵉ édition. 1 vol. avec 53 gravures d'après H. Catenacci.

— *Les merveilles de céramique*. 2ᵉ partie (Occident); 3ᵉ édition. 1 vol. avec 221 gravures d'après J. Jacquemart.

Jacquemart (A.) (Suite) : *Les merveilles de la céramique*. III° partie (Occident); 3° édition. 1 vol. avec 833 monogrammes et 49 gravures d'après J. Jacquemart.

Joly (H.) : *L'imagination*; 2° édition. 1 vol. avec 4 eaux-fortes par L. Delaunay et L. Massard.

Lacombe (P.) : *Les armes et les armures*. 4° édition. 1 vol. avec 60 gravures d'après H. Catenacci.

— *Le patriotisme*; 2° édition. 1 vol. avec 4 héliogravures.

Laffitte (P.) : *La parole*. 1 vol. avec 24 gravures.

Landrin (A.) : *Les plages de la France*, 5° édit. 1 vol. avec 107 gravures d'après Mesnel.

— *Les monstres marins*; 3° édit. 1 vol. avec 66 grav. d'après Mesnel.

— *Les inondations*. 1 vol. avec 24 gravures d'après Vuillier.

Lanoye (F. de) : *L'homme sauvage*; 2° édit. 1 vol. avec 35 gravures d'après E. Bayard.

Lasteyrie (F. de) : *L'orfèvrerie*, depuis les temps les plus reculés jusqu'à nos jours; 2° édition. 1 vol. avec 62 gravures.

Lefebvre (E.) : *Le sel*. 1 vol. avec 49 gravures.

Lefèvre (A.) : *Les merveilles de l'architecture*; 6° édition. 1 vol. avec 60 gravures d'après Thérond, Lancelot, etc.

— *Les parcs et les jardins*; 3° édition. 1 volume avec 29 gravures d'après A. de Bar.

Le Pileur (D') : *Les merveilles du corps humain*; 5° édit. 1 vol. avec 45 gravures d'après Léveillé et 1 planche en couleurs.

Lesbazeilles (E.) : *Les colosses anciens et modernes*; 2° édit. 1 vol. avec 53 gravures d'après Lancelot, Goutzwiller, etc.

— *Les merveilles du monde polaire*. 1 vol. avec 38 gravures d'après Riou, Grandsire, etc.

— *Les forêts*. 1 vol. avec 43 gravures d'après Slom, etc.

Lévêque : *Les harmonies providentielles*; 4° édit. 1 vol. avec 4 eaux-fortes.

Maindron (M.) : *Les papillons*. 1 vol. avec 94 gravures d'après Clément.

Marion (F.) : *L'optique*; 3° édit. 1 vol. avec 68 gravures d'après A. de Neuville et Jahandier.

— *Les ballons et les voyages aériens*; 4° édit. 1 vol. avec 34 gravures d'après P. Sellier.

— *Les merveilles de la végétation*, 4° édit. 1 vol. avec 45 gravures d'après Lancelot.

Marzy (F.) : *L'hydraulique*; 3° édit. 1 vol. avec 39 grav. d'après Jahandier.

Masson (M.) : *Le dévouement*. 3° édit. 1 vol. avec 14 gravures d'après P. Philippoteaux.

Ménant : *Ninive et Babylone*. 1 vol. avec 107 gravures.

Mellion : *Le désert*. 1 vol. avec 50 gravures.

Menault (E.) : *L'intelligence des animaux*; 5° édit. 1 vol. avec 58 gravures d'après E. Bayard.

— *L'amour maternel chez les animaux*; 2° édit. 1 vol. avec 78 gravures d'après A. Mesnel.

Meunier (Mme S.) : *L'écorce terrestre*. 1 vol. avec 75 gravures.

— *Les sources*. 1 vol. avec 50 gravures.

Meunier (V.) : *Les grandes chasses*; 5° édit. 1 vol. avec 58 gravures d'après Lançon.

— *Les grandes pêches*; 3° édition. 1 vol. avec 85 gravures d'après Riou.

Millet : *Les merveilles des fleuves et des ruisseaux*; 2° édition. 1 vol. avec 66 gravures d'après Mesnel et 1 carte.

Moitessier : *L'air*; 2° édition. 1 vol. avec 95 gravures, d'après B. Bonnafoux, etc.

— *La lumière*; 2° édition. 1 vol. avec 121 gravures d'après Taylor, Jahandier, etc.

Moynet (G.) : *L'envers du théâtre ou les machines et les décors*; 2° édit. 1 vol. avec 60 gravures ou coupes d'après l'auteur.

Narjoux (F.) : *Histoire d'un pont.* 1 vol. avec 80 gravures d'après l'auteur.

Perez : *Les abeilles.* 1 vol. avec 119 figures.

Petit (Maxime) : *Les sièges célèbres de l'antiquité, du moyen âge et des temps modernes* ; 2ᵉ édit. 1 vol. avec 52 gravures d'après C. Gilbert.

— *Les grands incendies.* 1 vol. avec 34 gravures d'après Deroy.

— *Le courage civique.* 1 vol. avec 29 gravures.

Portal et 'de **Graffigny** : *Les merveilles de l'horlogerie.* 1 vol. avec 120 gravures d'après les auteurs.

Radau (R.) : *L'acoustique* ; 3ᵉ édit. 1 vol. avec 116 grav. d'après Lœschin, Jahandier, etc.

— *Le magnétisme* ; 2ᵉ édition. 1 volume avec 104 gravures d'après Bonnafoux, Jahandier, etc.

Renard (L.) : *Les phares* ; 3ᵉ édit. 1 vol. avec 49 gravures d'après Jules Noël, Rapine, etc.

— *L'art naval* ; 4ᵉ édition. 1 vol. avec 52 grav. d'après Morel Fatio.

Renaud (A.) : *L'héroïsme* ; 3ᵉ édition. 1 vol. avec 15 gravures d'après Paquier.

Reynaud (J.). *Histoire élémentaire des minéraux usuels* ; 6ᵉ édition. 1 volume avec 2 planches en couleurs et 1 planche en noir.

Roy (J.) : *L'an mille.* Formation de la légende de l'an mille. État de la France de l'an 950 à 1050. 1 vol. avec 30 gravures.

Sauzay (A.) : *La verrerie,* depuis les temps les plus reculés jusqu'à nos jours ; 4ᵉ édition. 1 vol. avec 66 gravures d'après B. Bonnafoux.

Simonin (L.) : *Les merveilles du monde souterrain* ; 5ᵉ édition. 1 vol. avec 18 gravures d'après A. de Neuville et 9 cartes.

— *L'or et l'argent.* 1 vol. avec 67 gravures d'après A. de Neuville, P. Sellier, etc.
    Ouvrage couronné par l'Académie française.

Sonrel (L.) : *Le fond de la mer* ; 5ᵉ édition. 1 vol. avec 93 gravures d'après Mesnel, etc.

Ternant (A.) : *Les télégraphes.* 2 vol. qui se vendent séparément : — Tome I : Télégraphie optique. — Télégraphie acoustique. — Télégraphie pneumatique. — Poste aux pigeons ; 2ᵉ édition. 1 vol. avec 65 gravures.

Tome II : Télégraphie électrique. 1 vol. avec 230 gravures,

Tissandier (G.) : *L'eau* ; 5ᵉ édition. 1 vol. avec 77 gravures d'après A. de Bar, Clerget, Riou, Jahandier, etc., et 6 cartes.

— *La houille* ; 4ᵉ édit. 1 vol. avec 66 grav. d'après A. Jahandier, A. Marie et A. Tissandier.

— *La photographie* ; 5ᵉ édition. 1 vol. avec 79 gravures d'après Bonnafoux et Jahandier.

— *Les fossiles* ; 2ᵉ édit. 1 vol. avec 188 grav. d'après Delahaye.

— *La navigation aérienne.* 1 vol. ill. de 99 gravures d'après Barclay, Langlois, etc.

Viardot (L.) : *Les merveilles de la peinture.* Iʳᵉ série ; 4ᵉ édition. 1 vol. avec 24 reproductions de tableaux par Paquier.

— *Les merveilles de la peinture.* IIᵉ série ; 2ᵉ édition. 1 vol. avec 14 reproductions de tableaux par Paquier.

— *Les merveilles de la sculpture* : 4ᵉ édition. 1 vol. avec 62 reproductions de statues, par Petot, P. Sellier, Chapuis, etc.

Vuillaume : *Le bronze.* 1 vol. avec 70 gravures.

Zurcher et **Margollé** : *Les ascensions célèbres aux plus hautes montagnes du globe* ; 4ᵉ édition. 1 vol. avec 59 gravures d'après de Bar.

— *Les glaciers* ; 4ᵉ édition. 1 vol. avec 45 gravures d'après E. Sabatier.

— *Les météores* ; 4ᵉ édition. 1 vol. avec 23 gravures d'après Lebreton.

— *Volcans et tremblements de terre* ; 5ᵉ édition. 1 vol. avec 62 gravures d'après E. Riou.

— *Les naufrages célèbres* ; 4ᵉ édition. 1 vol. avec 30 gravures d'après Jules Noël.

— *Trombes et cyclones* ; 2ᵉ édit. 1 vol. avec 42 gravures d'après A. de Bérard et Riou.

— *L'énergie morale* ; Beaux exemples. 1 vol. avec 15 gravures d'après P. Fritel et A. Brouillet.

20749. — Imprimerie A. Lahure, 9, rue de Fleurus, à Paris. 5-90. 15000

Format in-16

BIBLIOTHÈQUE DES MERVEILLES
Publiée sous la direction de M. ÉDOUARD CHARTON
Chaque volume broché : 2 fr. 25 c.
RELIÉ EN PERCALINE BLEUE, TRANCHES ROUGES, 3 FR. 50 c.

Imprimerie A. Lahure, rue de Fleurus, 9, à Paris.